19世紀における高圧蒸気原動機の発展に関する研究

［水蒸気と鋼の時代］

小林 学 著

北海道大学出版会

A Study of the Development of the High Pressure Steam Engine in the 19th Century: The Age of Steam and Steel
©2013 by Manabu KOBAYASHI
All rights reserved. No part of this publication may be reproduced or transmitted in any form or by any means, electronic or mechanical, including photocopy, recording, or any information storage and retrieval system, without permission in writing from the authors.

Hokkaido University Press, Sapporo, Japan
ISBN978-4-8329-8207-9
Printed in Japan

はじめに

　蒸気機関と聞いて，多くの読者は蒸気機関車を思い浮かべるかもしれない。蒸気機関車は，ほぼ鉄道運輸の主役としては姿を消しており，蒸気機関の時代はすでに終わったと思っておられる方も多いだろう。しかしながら，蒸気機関の時代は終わっていない。それは蒸気タービンという形で今も発電の主力の1つである。現在，液化天然ガスを使ったコンバインドサイクル発電があるが，これはガスタービンで天然ガスを燃焼し発電した後の余熱で水蒸気を発生させ，蒸気タービンを駆動させるのである[1]。また原油・石炭を使った火力発電でも蒸気タービンは健在だ。原子力発電は，熱源が化石燃料から核燃料に変えただけで，その基本的な仕組みは火力発電と同じであり，原子炉は複雑な構造を持つ巨大なボイラである。今日，風力，太陽光など自然エネルギーの利用や燃料電池などの開発が進められてはいるが，そもそも蒸気タービンは大出力に向いており[2]，それによる発電がすぐになくなるとも思えない。

　一方で，蒸気機関を含めた熱機関は，化石燃料を使用した結果生じると考えられている地球温暖化や原子力発電の是非をめぐって，その存在や今後のあり方についても，世界的に大きな議論を呼んでいる。

　現在，注目されている自然エネルギーだが，人類は昔から畜力，風力，水力などを使ってきた。それらはもちろん今日も使われてはいるが，動力源の主流は熱機関である。自然エネルギーはなぜ動力源の主流にならなかったのか，熱機関が動力源の支配的な地位についたのはなぜか。歴史は，単に過去の出来事ではない。現在は，すべて歴史の産物であり，各時代時代の試練を経て，現在に至っているのである。熱機関がどのように誕生し展開したかについての歴史を調べることで，現在の熱機関が様々な問題を持つように至った理由がわかるかもしれない。本著が，そういった現代の諸課題を検討する

際の一助になれば幸いである。

　本著は，主として19世紀における高圧蒸気機関の展開について論じたものである。しかし，その議論の範囲は17〜18世紀に発明されたセーバリーやニューコメンらの蒸気機関やワットの改良型蒸気機関にまで及んでいる。その点，本著は，18世紀から19世紀に至る蒸気機関の高圧化への歴史を論じたモノグラフである。以下，各章の要約を述べる。

　第1章では，本著の問題意識，先行研究や研究目的を述べる。本著の問題意識の1つは蒸気機関の用途と蒸気機関に関する理論が，具体的な蒸気機関の形式をどのように変えたかという点である。現在の蒸気原動所で使用されている水蒸気の温度と圧力はますます高くなっている。これはカルノーの啓示—理想的熱機関の熱効率は，高温熱源と低温熱源の温度によってのみ決まるというカルノーの定理—によるものである。実際の科学史・技術史の記述でも，水蒸気の温度と圧力の上昇は既定路線となっている。カードウェルは熱力学の成立過程の解明において大きな業績を残したが，熱素説を基礎とした蒸気機関の理論と実際の蒸気機関の展開については十分に論じていない。石谷清幹は，ボイラ発達史の中に技術発達の一般性を追求しようとして，ボイラはその単位蒸発量(1台のボイラが毎時間発生する蒸気量[3]，以後，蒸発量と呼ぶ)が大なる方向に常に発展してきたと結論した。しかしながら，具体的な蒸気機関の使用状況を見ると，それは必ずしも史実を正しく表現していない。そこで蒸気機関の歴史を蒸気機関が駆動する労働手段との関連で分析すること，19世紀以降の高圧蒸気機関に関して水蒸気と熱に関する理論展開を分析すること，高圧に耐えうるボイラ製造技術の変遷を分析することを目的として設定する。

　第2章では，具体的な蒸気機関の用途，すなわち，揚水用，工場用，蒸気機関車用，舶用の蒸気機関の形式を調査して，用途によってそれぞれ異なる蒸気機関が使われ，使用された蒸気圧力もまちまちであったことを明らかにする。結局，この問題は，何を動かすかというその用途目的とそれを動かす労働手段(ポンプ，工場用に動力を分配するための軸，車輪と車軸，外車やスクリュー)

との関係で規定されていたのである。

　第3章では，水蒸気と熱に関する理論展開を述べる。18世紀，蒸気機関の製造・販売を独占していたワットは高圧蒸気機関の使用に反対であったが，19世紀にワットの独占が終わると共に，高圧蒸気機関の開発がイギリス・コーンウォール地方で始まる。当時の技術者や科学者が考えていた水蒸気と熱の理論は，熱の本性を重さのない流体とする熱素説，具体的に言えば，水力機関とのアナロジーによって検討されたのであり，それは高圧蒸気機関へ一定の展望を与えたのである。しかし，熱素説は間違っており，特に，ある重量の飽和水蒸気が持つ熱量は常に一定だとする「ワットの法則」は，高圧蒸気機関の有用性を説明しなかった（ワットは低圧・低温で水蒸気を発生させた時に，熱が節約できるのではないかと考え実験を行ったが，結果は，潜熱が増えたために，熱の節約にならないことを発見したのである。これは後にある重量の飽和水蒸気が持つ全熱量は常に一定だとする「ワットの法則」と拡大解釈されることになるが，ワット自身は「ワットの法則」には懐疑的であったようである）。後に，「ワットの法則」を基礎として「蒸気機関の理論」が提唱され，パンブールによって膨張作動原理を用いた凝縮器付きの高圧蒸気機関の理論的な説明もなされたが，実際のコーンウォール機関の性能と理論との乖離は大きくなっていった。さらに，実際の蒸気機関の性能を測定する道具としてのインジケーターが蒸気機関と理論との溝を埋める手段として機能したことを述べる。

　第4章では，舶用蒸気機関の高圧化について述べる。19世紀中葉以降，特に舶用蒸気機関で問題になっていたのが，飽和水蒸気が断熱膨張した際に発生する復水（一般に初期復水と呼ばれる）であった。ワットは，膨張途中の水蒸気を再熱するために蒸気ジャケットなるシリンダーの保温装置を発明・導入していたが，「ワットの法則」を信じた後世の技術者はこれを不要としていたのである。初期復水は，水蒸気が膨張過程で仕事をしたために起こる熱の消費に起因するのだが，これは熱力学第1法則を理解したイギリス・スコットランドの技術者ジョン・エルダーによって，再度，蒸気ジャケットを採用することによって解決されたのである。さらに1850年代後半，舶用蒸気機関への高圧蒸気機関の導入は，技術者への熱力学の正しい理解によってなさ

れ，高圧に耐えうる円筒形ボイラが採用されたことを指摘した。そしてジョン・エルダーに熱力学がどのように蒸気機関の改良に役に立つかを伝えたのが，グラスゴー大学教授ランキンであり，グラスゴーが当時おかれた社会的経済的地理的な要因が技術者・科学者活躍のための土台となったのである。また，当時，舶用ボイラで一般的であった箱形ボイラは高圧蒸気を発生できなかったが，それが舶用で使用され続けた理由は，円筒形ボイラより箱形ボイラの方が効率・出力とも勝っていたからである。しかし，蒸気原動機全体の性能でいえば，箱形ボイラと低圧機関の組み合わせより，円筒形ボイラと高圧機関の組み合わせの方が勝っており，最終的には高圧蒸気機関が舶用にも使用されるようになったことを指摘する。

　第5章では，陸用定置蒸気機関高圧化のための技術的諸問題について述べる。陸用の蒸気機関のために，19世紀以降，高圧蒸気を発生させるために採用されたのが，円筒形ボイラであった。18世紀末，ヘンリー・コートによってパドル鉄という引張強度に優れた新材料が発明されていたが，パドル鉄は，人間の手作業で製造するため，それから製造される鉄板の大きさにはある限界があり，そのためパドル鉄製鉄板を使ったボイラは無数のリベットで接合されていた。それらリベットの継ぎ手がボイラ強度上の弱点となったために継ぎ目なしの円筒形容器が鋳造できる鋳鉄が使用された時期もあった。しかしながら，鋳鉄は引張強度に弱く，ボイラのような圧力容器には適さないために，パドル鉄の使用が広がっていった。さらに，圧延法の改良やフェアベアンによって機械によるリベット打ちが実用化されてパドル鉄使用によるボイラ強度の問題は改善される。さらに発明されたばかりのベッセマー鋼が最初に使用されたのが陸用ボイラであったことを述べる。

　第6章では，舶用蒸気機関高圧化のための技術的諸問題について述べる。舶用蒸気機関の場合は，陸用とは違った問題があった。それは海水をボイラに使用していたため腐食の問題が陸用より深刻であったこと，また大海原でボイラ事故が起こった場合の恐れもあって高圧蒸気機関実用化への障害になっていたのである。海水の代わりに純水を利用するため1830年代にサミュエル・ホールが水蒸気を凝縮させボイラに戻す表面復水器などの装置を

発明はしたが，すぐには普及しなかった。それは1860年代以降になるまで持ち越されることになる。表面復水器の他にも海水を純水にする蒸化器などの使用も広がり，舶用ボイラ供給水に純水が使用されるようになるのである。さらに，熱力学の普及が舶用蒸気機関への需要を刺激し，アレクサンダー・カーニージ・カークによって水管ボイラと舶用3段膨張機関の導入がプロポンティス号においてなされたが，2度のボイラ事故によって挫折する。ウィリアム・シーメンズの平炉鋼が舶用ボイラに使用された後，水管ボイラに代わって全鋼鉄製円筒形ボイラがカークによって採用され，水管ボイラが実用段階に入るまでの間，舶用ボイラで一般的に使用されるようになったことを明らかにする。

　第7章では，これまでの議論を総括すると共に，19世紀の高圧蒸気機関の展開は，具体的な使用目的に応じた作業機などの関連する他の労働手段との関係によって左右されてきたことを述べる。また，石谷のボイラ発達史研究は，ボイラの蒸発量すなわち「出力」に特に注目したものと言える。しかしながら，実際のボイラの展開は，蒸発量だけに依存しておらず，「効率」も関係している。19世紀半ば以降の熱力学の成立とその技術者への普及と共に高圧蒸気機関が出力のみならず機関の熱効率の改善に有効であることが明らかにされ，ボイラには蒸発量だけではなく，耐圧性能も求められるのであり，機関とボイラを含めた蒸気原動機全体の性能向上の観点から改良が進められたことを指摘する。

[注と文献]

[1] 現在，ガスタービン燃焼温度1600°C級コンバインドサイクル発電（MACCII）の計画がある。熱効率は約61%に達するとのことである。http://www.tepco.co.jp/cc/press/10012501-j.html
[2] 各動力源の「好適出力範囲」の概念については，石谷清幹『ボイラ要論』山海堂，1961年，36〜38頁を参照されたい。
[3] 石谷清幹『ボイラ要論』山海堂，1961年，68頁。

目　次

はじめに　i

第1章　序　　論 …………………………………………… 1

1. 先行研究と問題設定　3
2. 本書の課題　9
3. 本書の構成　11

第2章　蒸気機関の多様化──陸用・舶用蒸気機関の作動形態と各用途に対応した機構 ………………………………… 15

1. 最初の実用的な蒸気機関
　　──セーバリーとニューコメンの蒸気機関の違い　16
2. 揚水機関から回転機関へ
　　──作業機の変更のためのワットの挑戦　22
3. 舶用蒸気機関の成立──推進方式の模索から確立へ　24
4. 蒸気機関車用機関の発明と普及──高圧蒸気の使用　40
5. 揚水，蒸気機関車用，工場用，舶用における
　　蒸気機関発展形式の違い　41
6. 小　括　46

第3章　高圧機関への展望と限界
　　──水車の理論から熱素説に基づく蒸気機関の理論へ ……… 51

1. 高圧蒸気機関への道　52

2. 大気圧機関から蒸気圧機関へ
　　　――ワットによる膨張作動原理の発明と応用　56
　3. 水車の改良――水力が持つ最大効率の探求　58
　4. 水の持つ動力源――水位と速度と圧力との関係　60
　5. 熱の本性に関する理論展開
　　　――水柱機関と蒸気機関とのアナロジー　65
　6. 熱運動説の登場と高圧蒸気機関開発への影響について　68
　7. デービス・ギディとコーンウォール地方の技術者たち　72
　8. 熱素説に基づく熱理論の混迷と「蒸気機関の理論」の誕生　79
　9. カルノーの功績と熱素説の限界　83
　10.「蒸気機関の理論」の展開にインジケーターが果たした役割　85
　11. 小　　括　90

第4章　舶用ボイラの高圧化と舶用2段膨張機関の開発……… 95

　1. 舶用蒸気機関の高圧化の背景　96
　2. 海洋運航を目的とした改良――箱形ボイラの登場　99
　3. 船体構造と推進方式の変更による効率の改善とその限界
　　　――ブルネルの挑戦　102
　4. 19世紀中葉におけるイギリスの船舶技術者の熱に対する理解
　　　――熱素説に基づく熱理論　105
　5. イギリスにおける新しい技術革新の土台　108
　6. ジョン・エルダーによる舶用2段膨張機関の導入と
　　　熱力学の普及　110
　7. イギリス海軍における高圧蒸気の使用と2段膨張機関について
　　　――コンスタンス号と2段膨張機関　117
　8. 箱型ボイラ vs. 円筒形ボイラ――高圧蒸気への誘因　118
　9. 箱形ボイラの終焉――H. M. S. *Thunderer* のボイラ事故(1876)　120
　10. 小　　括　121

第5章　陸用定置蒸気機関高圧化への技術的諸問題 ……………… 125

1. ボイラ事故とボイラ製造技術について　126
2. 18世紀のボイラ製造技術　129
3. トレビシックによる円筒形1炉筒ボイラ(コーニッシュ・ボイラ)と使用材料の変化について——鋳鉄からパドル鉄への移行　134
4. ウルフの2段膨張機関——ウルフの熱に対する理解とボイラ開発とボイラへの鋳鉄の採用　138
5. アメリカ合衆国における高圧蒸気機関の開発　141
6. 初期の高圧蒸気機関が鋳鉄製であった理由　144
7. 円筒形2炉筒ボイラの開発とボイラ製造技術の発展　147
8. 陸用高圧蒸気機関と円筒形ボイラへの鋼の使用　156
9. 高圧陸用蒸気機関用ボイラにおける材料技術の影響　169
10. 小　括　175

第6章　舶用蒸気機関高圧化への技術的諸問題 ………………… 177

1. 舶用蒸気機関高圧化への道のり　178
2. 初期の舶用円筒形ボイラ導入の試みとその挫折　180
3. 海水から純水へ——表面復水器の発明，挫折とその再導入　184
4. 舶用3段膨張機関と全鋼鉄製円筒形ボイラ　195
5. 水管ボイラの導入と管の製造技術について　208
6. 帆船から蒸気船の時代へ　210
7. 舶用蒸気機関用ボイラの蒸気供給圧力と石炭消費量の推移　212
8. 小　括　217

第7章　結　論 ……………………………………………………… 221

注と文献　233
引用・参考文献一覧　279
あとがき　293
索　引　299

第1章 序　　論

イギリス・コーンウォール地方の大西洋に面する断崖絶壁にあるレバント鉱山に建つ蒸気機関の建屋（左）とそこに設置されているコーニッシュ・ボイラ（右）。これらを含むコーンウォールと西デボンの鉱山景観は2006年に世界遺産に登録された。著者撮影。

本章では，高圧蒸気機関への発展を，その個別的な蒸気機関に要求される動力の形態を関連する労働手段との関係において分析すること，高圧蒸気機関開発に携わった技術者たちの熱と水蒸気に関する自然学的理解を分析すること，高圧蒸気に耐えるボイラがどのようにして製造されたかを分析することを課題として設定する。

蒸気機関の歴史は，これまで多くの歴史家，特に技術史家や経済史家の興味を駆り立ててきた。蒸気機関は，19世紀に入ると，18世紀に始まったイギリス産業革命を強力に推進したのである。工場の水車や畜力のような動力源から蒸気力への移行は，中世的な生産様式と生活様式を廃止し，近代的な生産様式と生活様式へと世界を変えた。蒸気機関による運輸手段の改良もまた資本主義の発達に不可欠であったし，同時に，人々の生活に関わる幾つかの概念を革命的に変えた。蒸気機関車は，大量の物資の輸送を可能にした。同時に鉄道は，大量の兵士を戦場へ送ることを可能にし，これまでなかったような大規模な戦闘を可能にした。また鉄道時刻表は，工場制度の確立と共に人々の時間に対する概念を一変させた。ある出来事がある決まった時刻に起こる，現代では当たり前のこの概念は，鉄道より前には決して当たり前の社会事象ではなかったのである。

　船舶用蒸気機関は，船が大河を遡上させることを可能にし，河川交通に革命を起こし始めた。1842年には，蒸気船によって曳航されたイギリス艦隊が長江をさかのぼって南京に迫り，海上帝国イギリスが陸上帝国であった清を屈服させた。当時のイギリスの戦列艦では，河川を遡上することはまず不可能で，アヘン戦争は蒸気船が勝敗を決したといっても過言ではない。また蒸気船による輸送は，世界の距離を大きく縮めた。さらに19世紀末になると，大西洋を横断する旅行は，これまで自然力に頼っていたどの輸送手段よりも，安全で確実なものとして普及していった。

　以上のように，蒸気機関が社会に与えたインパクトについては，いくらあげてもつきることがない。蒸気機関の用途が限定されていた18世紀においては，当時の人々が，蒸気機関の意義を認識することは容易ではなかったかもしれない。しかし，19世紀に入り，その用途が劇的に拡大すると，蒸気機関が近代的産業の基礎となりつつあることは，多くの人の目にも明らかになっていったと思われる。例えば，1824年「カルノーの定理」によって熱の挙動について現代的な解釈の最初の1ページを刻んだサディ・カルノー (Nicolas Léonard Sadi Carnot, 1796-1832) は次のように述べている。

　「こんにちのイギリスからその蒸気機関をとりあげることは，それか

ら石炭と鉄をいちどに奪うことになろう。そうすれば，イギリスは繁栄のためのあらゆる手段が破壊されてしまうことになろう。それは，この巨大な強国を無に帰してしまうということが意味するであろう。イギリスの最も堅固な支柱とみなされている海軍の壊滅さえ，たぶんそれほど致命的ではないであろう[1]。」

このように，19世紀中頃までに蒸気機関は，国の繁栄を支える象徴と見られ始めた。また蒸気機関は，今日の経済体制のみならず文化や人々の概念の基礎となるべきものであった。したがって多くの歴史家が，蒸気機関の問題にとりつかれたのも当然である。また蒸気機関の発明に関わったジェームズ・ワットやスティーブンソンらなどの技術者の伝記は，一般の人々の関心も大いに引き起こした[2]。こういった蒸気機関の歴史を明らかにすることは，現代を支える技術がどのように変化・発達するかについてのモデルを与えてくれよう。

1. 先行研究と問題設定

以上のように蒸気機関の歴史研究は，これまで多くの歴史家，特に技術史家や経済史家や科学史家の興味を駆り立ててきた。技術史研究者は，特に*Transactions of the Newcomen Society*(2009年より The International Journal for the History of Engineering & Technology に変更)誌に掲載され続けているような，いわば産業考古学的な研究を中心にする者もいるし，一方，経済史家はアシュトン[3]に代表されるような，産業革命期の蒸気機関が果たした経済的役割についての研究を行った者もいる。一方，科学史家は，カードウェルに代表されるように，蒸気機関の発達が熱力学の成立にどのような影響を及ぼしたのかの研究が際だっている[4]。技術史家，経済史家，科学史家のそれぞれの研究は，それぞれの目的において，大きな成果を収めてきたと思われる。

一方で，科学史・技術史・経済史を統合して見る視点が必要と考える。技術の発達は，社会的経済的諸条件と自然法則の両方に規定される。その点，蒸気機関の歴史的展開は，社会的経済的諸条件と，熱および蒸気に関する人

間の自然科学的知識の蓄積との相互影響を強く受けた初期の典型的事例である。換言すれば，蒸気機関技術の歴史は，社会的経済的諸条件と自然科学的知識体系との関係の歴史であると言えるだろう。

　この点に関して言えば，1850年頃からのジュール，ウィリアム・トムソン，クラウジウス，ランキンら以降の熱力学の成立と蒸気機関との関連は比較的明確であると思われているようだが，実際にはそれほど明らかにはなっていない。これまでの学説史を中心とした科学史研究では蒸気機関のような科学外部の問題は取り扱うことができなかった。蒸気機関が熱力学の発達に影響を与えたという主張は度々されてきたが，これについて積極的に述べた研究は，カードウェルの研究[5]以外にはほとんど見当たらない。しかし，このカードウェルでさえ，19世紀のイギリスの主要な技術者の熱の理解についてはあまり検討していないのである。さらに熱力学がどのように技術者に普及していったかについては，カードウェル，ヒルズ[6]以外には研究されていないように思われる。また企業が熱力学に基づいた蒸気機関を採用した経緯については，これまでの科学史研究では着目されてこなかった[7]。さらに，18世紀末〜19世紀半ばの熱力学成立までの蒸気機関の発達と熱と蒸気の理論的研究との関係は，熱力学成立後以上によくわかっていない。特にジェームズ・ワット(James Watt, 1736-1819)の分離凝縮器を中心とした一連の特許[8]が失効して以降の19世紀初頭，リチャード・トレビシック(Richard Trevithick, 1771-1833)が用いたような蒸気圧力 100 psi ($7.0\ \mathrm{kgf/cm^2}$)[9]といった当時の機械製造技術の水準からすれば高い圧力が使われた事実と，当時の熱と蒸気の自然科学的理解との関係については，全くといってよいほど明らかではない。これまでの技術史における一般的理解では，ワット自身は高圧蒸気の使用には反対であったし，またワットが1769年に取得した蒸気機関に関する特許に抵触することなく(具体的にはワットの分離凝縮器を利用することなく)，ワットの機関の熱効率を超える機関を作ることが困難であった。しかし，1800年にそのワットの特許がなくなったために，高圧化が始まったと考えるのが普通であった[10]。

　しかしながら，この見解は，熱力学を知っている後世の歴史家による後知

恵ではなかろうか。実際，ベリキンドを始め多くの技術史家は，蒸気機関の高圧化は，研究の出発点における当然の前提のものとして考えている[11]。つまりワットの特許失効後における一連の蒸気機関の開発における高圧化について，これまでの技術史研究では，満足な説明がなされていないのである。熱力学が成立していない当時は，高圧化(正確には高温化)が熱効率の向上に本質的に重要であるとは思われていなかった。実際，トレビシックのような高圧蒸気機関の先駆者たちは，高圧蒸気機関を効率の悪いものと考えていたし[12]，19世紀の最初の50年間は，高圧蒸気機関の利点は，必ずしも明らかになってはいなかったのである。また当時の高圧蒸気機関に関する記録では，7〜8気圧という蒸気圧力が使用されており[13]，当時の機械製造技術を考慮すると，この圧力ではかなりの危険があったとことは容易に想像できるし，実際に事故も発生している[14]。そういった危険を冒してまで彼らを高圧蒸気機関へと駆り立てたものは，なんだったのだろうか。このことについてディキンソンは，彼なりの解答(小型化とそれに伴う初期投資の節約[15])を与えてはいるが，それで十分な説明ができるだろうか。この問題は，これまでの技術史研究では十分に解明されていない。

　したがって，ボイラの発達を蒸気圧力の向上を中心として検討していくためには，蒸気機関の高圧化を進めた「最初の一撃」が何であったのかを明らかにする必要がある。そのためには，技術者の高圧蒸気に対する理解を解明することが必要と考える。そこで本書では，当時の技術者の熱と蒸気に関する考えが，どのようなものであったのかを明らかにする。

　熱力学成立の歴史的過程の解明において，科学史研究史上，最も大きな仕事をしたのはD.S.L.カードウェルである。カードウェルはその著書 *From Watt to Clausius* の中で，蒸気機関の原理に関する理論的考察から熱力学の成立までの歴史を描いた[16]。この著作の中でカードウェルは，19世紀の最初の50年間——すなわち高圧蒸気機関の開発開始と1850年のクラウジウスによる熱力学の成立まで——における蒸気機関の発達と熱と蒸気の性質に関する理論との相互関係について述べている。しかし，当時の熱素説に基づく熱理論の説明としては，現代のいわゆる熱力学の成立に関係したところを中心

に述べているにとどまっている[17]。カードウェルは，熱力学の成立過程を重視したため，当時の熱素説に基づく熱理論が当時の技術者に及ぼした影響について，あまり考慮していない。

　当時の熱と蒸気に関する理解と蒸気機関の展開を考慮するとき，現代の熱力学から判断して間違っているとか正しいとかいうことは可能であるが，あまりに「ウィッグ的歴史解釈」をすれば，当時の実状を正確に判断できなくなろう。当時の技術者が使い得た知識を当時の技術水準で考えることによって，当時の技術者が行った設計の根拠を知ることができるのである。

　高圧蒸気機関開発の先駆者であったトレビシックやその後のイギリスの技術者の熱と蒸気に関する見解について検討するとき，特に熱物質説が，19世紀以降の蒸気機関の高圧化とその後の発展を説明する鍵になると考える。

　また蒸気機関史の先行研究としては，石谷清幹のボイラ史研究について述べないわけにはいかない。石谷の研究は，出発点においては，「次のボイラはどんなボイラか」という具体的問題から出発したが，その研究の深化は，日本における技術論分野の論争を通して行われた。石谷の主張の前提は，蒸気ボイラの発達史を出力の増大の歴史と見ることであった。

　まず石谷は，ボイラの形式の変化に着目し，蒸気を除去する方式によってボイラ形式をまるボイラ(浸漬原理)・水管式ボイラ(循環原理)・貫流式ボイラ(貫流原理)に区分した。さらに石谷は，ボイラでいう好適蒸発量範囲[18]は，まるボイラよりも水管式ボイラ，水管式ボイラよりも貫流式ボイラの方が大きいことを指摘し，歴史的にもこの順序で発達してきたことを明らかにした。また石谷によれば，これらボイラ形式によって，好適蒸発量範囲(動力)と蒸気除去方式(制御)が決定され，ボイラの発達の度合いは，単位出力の大小によって表現される。石谷は，ボイラの根本要因を，量的には「蒸発量」，質的には「蒸気除去方式」の2つとし，この2要因の矛盾によってボイラは発達するとした[19]。そしてこれら2つの要因のうち，ボイラ発達を規定する根本要因を，「出力」すなわち蒸発量[20]としたのである。石谷は，動力と制御という矛盾する関係をボイラから蒸気機関，さらに技術一般に拡大して適用し，この「動力と制御の矛盾」を「技術の内的発達法則」として，発展的に

一般化したのである。

　石谷はまず，『機械の研究』に論文を発表し(1952年)[21]，ボイラの歴史，現状の火力発電所における動力需要の分析および蒸気の諸性質から起因する各形式のボイラ性能を分析して，次の時代のボイラは，貫流式ボイラであると予言した。その後，雑誌『科学史研究』に一連の論文を発表し，日本における蒸気機関に関する歴史研究に大きな功績を残すと共に，その後の日本の技術史研究にも大きな影響を及ぼしたことは周知の通りである[22]。

　石谷が蒸発量に特に着目した理由は，人類が求める動力は常に増大する[23]，という前提にあると見られる。これら石谷の研究は，言うなれば，出力増大の歴史観であったとも言える。また石谷の研究は，日本の戦後復興期・高度経済成長期になされたのであり，当時の社会的経済的影響を強く受けていたと著者は考えている。実際，石谷が『機械の研究』に投稿した論文[24]では，当時の社会的要請として，動力需要の増大の問題があったことは明らかである。したがって石谷のこのような主張は，当時の社会的状況の中では，一定の意味を持っていたと考えられるが，エネルギー問題が叫ばれる21世紀において，石谷が提起した以外の問題も，つまりボイラや機関などの原動機全体の熱効率の問題もまた社会的に問題となっていると言えよう。

　最も元来技術者であり，後に大阪大学工学部に転じた石谷にとって，原動機の熱効率の問題は十分に理解していたはずである。石谷は，『機械の研究』に掲載された論文の最後を次のように締めくくっている。

　　「なお，本文の題目はずい分大きな問題で小さくまとめるために簡略にしか記し得なかった。特に高温高圧化の動向とその理由は大切なことであるのに省いてしまったので，あるいは判りにくいものになっているかと思うが，諸賢の寛容をこう次第である[25]。」

　石谷が，蒸気原動機における高温高圧化の問題を十分に意識しながら，それを省いたのは，1950年代の日本社会が動力技術に対して持っていた需要が，動力量を中心としたもので，効率の問題ではなかったことを反映していると考えられる。石谷の諸論文は，歴史研究でありながら，一方で，当時の社会によって制約されていたと考えることもできる。歴史家も社会的な存在

であるから，その歴史家による歴史記述も当然社会による影響を受ける。その意味では，著者自身も，その制約から逃れることはできない。どんなに中立的な立場から過去の事実を見ようとしても，それが歴史家が今立つ社会的諸関係に影響を受けるのなら，今日の原動機が抱える諸問題から，歴史を見直しても良いだろう。一方，歴史家は社会的な存在であって，それ故に解釈の違いが生じるとはいっても，歴史的事実まで各時代によって違うということにはならない。したがって，歴史記述が社会によって影響を受けることを自覚しつつも，出来る限り史実に基づいて実証的に研究を行うことが必要だと考える。したがって石谷理論が現実の歴史過程の高圧蒸気機関史を解明できるかどうかを検証してみる必要がある。本書では，この過程を念頭におきつつ，実際の高圧蒸気機関史を探っていく。

なお石谷批判としては，山口歩によるボイラ発達の実証的な歴史研究がある(1992)[26]。山口は，明治20年頃〜昭和初期にかけて，日本の火力発電におけるBabcock & Wilcox社のボイラが市場独占した理由を，実証的に明らかにしたのである。B & W社製のボイラは，緩傾斜型自然対流式ボイラであったが，それ以外にもハイネ缶や宮原缶など，緩傾斜型ボイラがあったのであり，石谷が言うような循環方式による好適出力範囲論では，日本における市場独占の理由を説明できないとした。山口によると，B & W社製のボイラが日本市場を独占した理由は，第1に欧米での実績があったこと，第2にボイラの安全性，耐久性が高かったこと，具体的には，維持費と修理費の安さにあったことをあげた。その耐久性の高さを実現したのは，熱膨張率の違いに基づくひずみを軽減するセクショナル構造であり，そしてその要となる部品がサイン型ヘッダーであることを明らかにしたのである。

山口の研究は，ボイラ発達における単純な出力増大史観を否定している。あるボイラ形式が社会に需要される理由として，社会的経済的諸要因と共にその要求に応えることが出来た要因としてボイラを構成する部品そのもの，つまりボイラを製造する技術に求めていることも画期的であると思う。

山口のような石谷論に対する実証的批判は，どんな論理的な批判よりも説得力があるように思われる。一方，山口の批判は，日本の固有の発展形態に

ついて言及したのみであり，その他の国における主要な歴史においては，当てはまらない，と石谷の説を弁護することも可能であろう．石谷は，日本だけではなく，セーバリーやニューコメン，ワット，さらには19～20世紀にかけて使用されたボイラ全般を例にあげて，自説を展開しているので，石谷の説を正面から検討するには，イギリスの産業革命期および19世紀におけるボイラ史において，その説を検証する必要が生じてくる．

そこで，実際に，18～19世紀後半にかけて，主にイギリスでの動力の使用状況を歴史的に観察して見る．すると出力の量が常に重要視されてきたわけではなく，用途と時代背景によってはボイラの初期費用，効率や安全性・耐久性といった他の外的要因もボイラ発達に影響を与えてきたことがわかる．それは，ボイラが社会的に利用されるからには，当然の結果である．そしてこれらの問題に共通して関係しているのが，ボイラが発生する蒸気圧力である．石谷がボイラの発達において動力需要のみが主要な要因としたのは，社会的経済的要因を極度に単純化したものと言えるだろう．

2. 本書の課題

2.1 本書の課題

次に本書の課題だが，第1に，用途による高圧蒸気機関発達の違いを分析することである．19世紀以降の高圧蒸気機関の展開を一瞥すると，その用途によって，まったく異なる道筋をたどることがわかる．19世紀における蒸気機関の用途としては，揚水用，工場用，舶用，蒸気機関車用に大別される．このうち最初に高圧化が進んだのは，揚水用であり，その主な使用先は，金属鉱山地帯のため石炭の価格が高かったコーンウォール地方であった．その次に蒸気機関車用，工場用が続いた．一方，舶用は1860年頃まで低圧のままであった．

これら用途による蒸気機関の発展の違いを分析するためには，石谷の言うような出力といった量的な側面だけではなく，蒸気機関が駆動する機械が必要とする仕事の種類が問題となる．具体的には往復運動なのか回転運動なの

か，回転運動であれば，どのぐらいの長さの軸を回転させるのか，回転速度などの問題が関係してくる。

　第2に，ボイラが実際に使用される際には，単にボイラの性能だけではなく，機関とボイラという蒸気原動機全体の性能として捉える必要がある。つまり，蒸気機関なりボイラの歴史を書く場合，その個別的技術の記述だけでは全く不十分で，労働手段[27]体系全体として捉える必要があるということである。したがって本書では，駆動する機械を含めた技術体系全体の中で蒸気機関の歴史を分析する。

　第3に，以上のような機関とボイラといった蒸気原動機を構成する主要部分の相互関係が明らかになるのは，1850年代の熱力学の成立とそれの技術者への普及を待たなければならなかった。これまでの学説史を中心とした科学史研究では，蒸気機関の問題といった実際の技術との諸関係は，十分に扱われてこなかった。カードウェルも19世紀初頭〜1860年までの熱素説の発展およびその克服と高圧蒸気機関の個別的な展開については，十分に議論していない。そこで本書では，高圧蒸気機関への発展を，高圧蒸気機関開発に携わった技術者たちの熱と水蒸気に関する自然学的理解から明らかにする。

　第4に，熱力学よって高圧蒸気機関の有用性が理論的にも明らかになると，蒸気原動機の中でボイラが占める位置がいっそう重要なものとして捉えられるようになる。いかにして高圧を発生しうるボイラを製造するか，それが技術者の主な課題となっていった。本書では高圧蒸気に耐えるボイラの製造がどのようにして達成されたかを明らかにする。

2.2 「高圧機関」と「低圧機関」の定義

　具体的な議論に入る前に，本書で使う「高圧機関」を定義しておく必要がある。「高圧」と言う言葉は，時代によって定義が異なる。例えば，3〜4気圧と言えば，19世紀初頭としては相当な「高圧」であったことは確かである。しかし，現在のボイラでは，この蒸気圧は全く高圧の部類に入らず，暖房用のボイラでも使われるような圧力である。

　一方，ディキンソンは，「高圧」を「真空を用いずに大気圧以上の蒸気圧

のみによって作動する蒸気機関[28]」と定義している。ディキンソンの定義は，19世紀初頭使われていた用語に基づく定義である。確かに当時「高圧機関」は復水器を用いなかった。しかし，その後の陸用定置機関では，復水器と「高圧」蒸気を同時に用いるようになっていったので，ディキンソンの定義では，1810年以降のコーンウォール機関のような「高圧機関」を含むことができない。

そこで本書では，「高圧機関」を「蒸気の膨張力によって動作する機関」と拡大して考えよう。この分類によれば，ニューコメン機関は，シリンダ内に満たした蒸気を凝縮して大気圧より低い圧力にし，大気圧によって駆動される。これは「大気圧機関」と呼ばれている。

ただこの定義に従えば，用いる蒸気圧が大気圧よりも少しでも高ければ，すべて高圧機関になってしまう。この場合，19世紀半ば以降の蒸気機関の展開を分析する際には，大きな困難を伴う。すなわち19世紀に入り「蒸気の膨張力によって動作する機関」が一般的に使用されるようになるので，その場合，この定義に従えばすべてが「高圧機関」になってしまう。したがって19世紀以降は，「高圧」「低圧」機関という区分は，相対的なもので，他の用途と比べて「高圧」であるとか「低圧」であるとして説明すべきである。本書で「低圧」という場合，舶用箱形ボイラの限界の蒸気圧力であった35 psi($2.5\,\mathrm{kgf/cm^2}$)程度までを「低圧」とし，それ以上の蒸気圧力を「高圧」と定義したい。

3. 本書の構成

3.1 本書の構成

次に本書の構成について述べる。

第2章では，18世紀の蒸気機関の展開について概観し，ジェームズ・ワット以前の蒸気機関が高圧化できなかった理由と19世紀以降の蒸気機関の高圧化の過程を蒸気機関の用途，すなわち，揚水用，工場用，舶用，蒸気機関車用それぞれについて分析する。

第3章では，18世紀末〜19世紀初頭にかけて，特にコーンウォールの技術者たちを高圧蒸気機関へ駆り立てた要因について分析する。それは熱力学成立前の高圧蒸気使用の理由が何であったのかを，当時の熱と水蒸気に関する自然哲学的理解の展開とコーンウォールで高圧蒸気機関開発に携わった技術者たちの見解から明らかにすることで行われる。

第4章では，舶用ボイラにおける蒸気圧力の向上を，熱と蒸気に関する理解の深化および機関とボイラとの相互関係の中で解明する。

また社会的経済的な外的需要に応じる形でボイラが変化する時，それは単にボイラ単独で発達するわけではない。必要とする動力性能を発揮するために，蒸気原動機全体の性能を勘案して全体の性能が決定される。したがって著者は，蒸気原動機を構成する主要部分をボイラと蒸気機関として，その相互関係を論じる。

さらにこの章では19世紀中頃，熱に関する自然科学的な性格が明らかになり，それから数年をかけてそれが技術者の知るところとなることが述べられる。

熱経済への要求は，蒸気圧力の高圧化なしには達成できないことが，技術者だけではなく企業家にも明らかになる。したがっていかにして高圧に耐えるボイラを製造するか，それが技術者の課題になった。もはやボイラ蒸気圧力の上昇を妨げるものは，ボイラの強度の問題だけになったのである。

第5章では，陸用定置蒸気機関の高圧化のための技術的諸要因について分析し，ボイラ形式と材料技術との関連について明らかにする。

第6章では，舶用蒸気機関の高圧化のための技術的要因について分析し，舶用機関への表面復水器の導入過程，3段膨張機関と水管ボイラとボイラへの鋼の利用との関係を明らかにする。

第7章では，以上の歴史的分析を整理し，高圧蒸気機関の歴史的展開過程に関する結論を述べる。

3.2 本書で使用した資料について

本書で用いた一次資料は，イギリスの各アーカイブなどに保存されている

書簡類，イギリスの特許明細書，イギリス議会文書，*Philosophical Transactions*，*Minutes of Proceedings of the Institution of Civil Engineers*，*Proceeding of the Institution of Mechanical Engineers*，*Transactions of the Institution of Naval Architects* などの学会誌および各技術者協会の会議録，さらに当時の技術者が書いたマニュアル，教科書および自伝・伝記を主に使用した．

3.3 単位について

本書記載の単位については，文献に用いられた単位系をそのまま示した．当時の単位は，同じ単位でも地域によって異なるが，主にイギリスで一般に用いられていた度量衡を用い，その上で SI 単位へ換算してある．有効数字は基本的には 2 桁で求めたが，それにこだわらなかった箇所もある．なお直感的にわかり易くするために SI 単位系にこだわらず cm，g も適宜用いた箇所もある．

本書記載の水蒸気圧力に関しては，すべてゲージ圧力である．絶対圧力に換算する場合は，1 気圧分足す必要がある．表記については，基本的に当時の資料で一般に使用されていた 1 ポンド毎平方インチ psi(pound per square inch)で表記し，kgf/cm^2 で併記した．また 1 atm＝1.03 kgf/cm^2 であるので，kgf/cm^2 を atm と読み替えても大した差はない．

仕事率に関しては，19 世紀は馬力が一般的な単位であるが，実際はいろいろな種類の馬力が使われていた．大まかには図示馬力(または指示馬力，indicated horse power, IHP)と正味馬力に大別される．正味馬力とは，原動機につながった軸端から取り出される仕事である．図示馬力は，インジケーターによって実際に測定された仕事から算定された馬力であり，機械的損失がない分，一般に正味馬力より高い．公称馬力(nominal horse power)は，カタログなどに表記されている，いわゆる呼び馬力であって，必ずしも同等の馬力を発揮するとは限らない[29]．本書でよく使う馬力は，図示馬力と公称馬力である．

以下に単位の換算表を示す．

温度：摂氏(℃)＝(華氏−32)×5/9
長さ：1 ft.＝12 in.＝0.31 m
　　　1 in.＝0.025 m
　　　1 yard＝0.91 m
　　　1 Linie＝1/10 in. もしくは 1/12 in.
重量：1 cwt(hundredweight)＝50.8 kgf
　　　1 pound(lb.)＝0.454 kgf
　　　1 ctr(セントナー)＝112 Pfd＝54.8 kgf
　　　1 Pfd＝0.4895 kgf
圧力：1 psi(pound per square inch)＝6895 Pa＝703 kgf/m^2＝0.0703 kgf/cm^2
仕事：1 HP＝746 W

第2章 蒸気機関の多様化
―― 陸用・舶用蒸気機関の作動形態と各用途に対応した機構

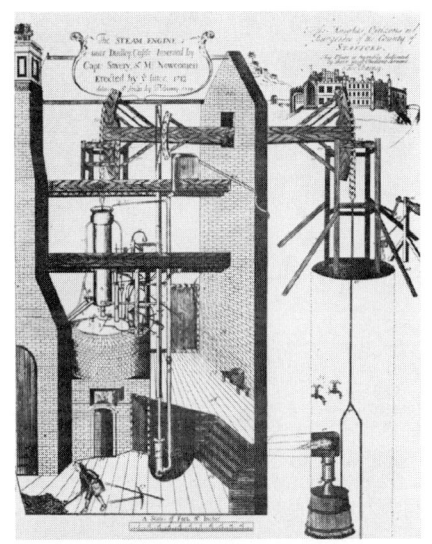

1719年 T. バーネイによる版画。左上に「ダッドリー城の近くの蒸気機関。キャプテン・セーバリーとニューコメン氏によって発明され，後者によって1712年に建造された」と刻まれている。Dickinson, *A Short History of the Steam Engine* (1939) Plate II. より。

本章では，初期の蒸気機関であるセーバリーとニューコメンの蒸気機関を比較し，ポンプの有無すなわち蒸気機関が駆動する作業機との関連でその成否が規定されたこと，またワットの蒸気機関の揚水機関から回転機関への適用は，作業機という関連する労働手段と合わせて検討することで理解できること，舶用蒸気機関では外車と低圧機関との統合があったこと，蒸気機関車用蒸気機関では，小型化と大出力という目的に対して高圧蒸気が最初から使用されたということを指摘，こういった大気圧機関から高圧蒸気機関への展開は，何を動かすかというその用途目的の労働手段との関係で規定されていたことを明らかにする。

1. 最初の実用的な蒸気機関
　　――セーバリーとニューコメンの蒸気機関の違い

　17世紀末,ほぼ同じ時期に,それもほとんど目と鼻の先ほどの近いところで二人の男が,石炭を用いて水を汲み上げる試みに挑戦していた。ところが彼らは,互いに競い合っているどころか,お互いのこともお互いがやっていることも知らずにいた。その二人の男こそ,トーマス・セーバリー(Thomas Savery, 1650?-1715)とトーマス・ニューコメン(Thomas Newcomen, 1663-1729)である[30]。

　彼らは,水を汲み上げるという目的を達するために石炭の燃焼によって生じた蒸気を用いようとし,その目的を達成した。したがって彼らは「蒸気機関」の発明者として知られるに至ったわけである。しかし,二人が取ったやり方は,全く異なっていた。すなわち,セーバリーの蒸気機関は,高圧機関であり,ニューコメンの蒸気機関は低圧(大気圧)機関であったのである。そして実用的な蒸気機関となったのは後者の方であった。本章では,セーバリーの高圧機関が一般的に使用されず,ニューコメンの低圧機関が普及した理由を,その構造から明らかにする。

1.1　セーバリーの揚水機関とボイラ――失敗の原因について

　世界で最初に火を用いて動力を得る試みに成功したのは,セーバリーである。彼はまた史上初めて蒸気を用いて実用的な動力を得ることに成功したのであった。用途は揚水である。セーバリーの蒸気機関に関する特許は,1698年7月25日に取得されたものである(特許番号356)。件名は「火の推進力によって水を揚げ,すべての機械仕事の駆動することについての新しい発明。これは鉱山の排水,都市への給水,水力や恒常的な風に恵まれない地域におけるすべての機械仕事に広く利用され,大きな利益となるだろう[31]」である。

　セーバリー機関の作動原理は次のようなものであった。すなわち,「水は密閉容器中の蒸気を凝集させることによって,大気圧の作用でほぼ26〜28

ft.(7.9 m〜8.5 m)の高さまで吸い上げられてそこに貯められる。そしてコックを手で操作することによってさらに蒸気を送り込み，その力で水をもっと高いところまで押し上げる[32]。」セーバリーが1699年7月14日に王立協会(Royal Society)にて実演した蒸気機関は図1に示すようなものであった。

　セーバリーの機関では，水は大気圧による作用によって汲み上げられ，さらに蒸気圧力によってさらに上方へ押し出される。大気圧による揚水は約10 mが限度であり，実際にはもっと低かったであろう。したがって高い圧力を使用しなくては，それ以上の揚程を上げることはできない。しかし，蒸気が水を押し上げる際，水蒸気が水に触れれば蒸気はたちまち凝結してしまう。だから水を押し上げるときには，水蒸気が接触する水面の温度がある一定以上，上がらなければならない。水蒸気が圧力容器の中で水と接触して冷却されるときに，蒸気が過熱されているほど，水面の加熱が速くなり，その結果凝結による熱の損失がそれだけ少なく，蒸気が節約されることになる[34]。したがって，セーバリーの揚水機関は高圧の蒸気を用いれば用いるほど調子良く作動したのである。導水管と圧力容器がこの機関の動作の中心的部分であることは確実ではあるが，ボイラを除く機関のほぼ全ての部分が揚水機関としての機能を全体として担っていたと考えて良い。つまり，機関以外に，ポンプなどのような作業関連の他の労働手段部分を必要としない構造であった。

　ディキンソンによると，このセーバリー機関の揚程は，おおよそ50 feet(15 m)であったとのことである。この機関を鉱山の排水用として使用するには，立坑の縦50 feet毎にこの機関を設置しなければならず，鉱山においてこのような機関を使用することは，ほとんど考えられなかった，としている[35]。ポンプなど

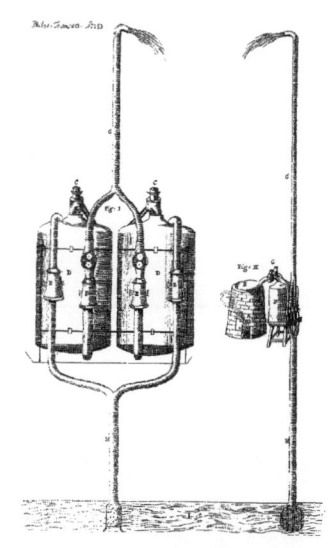

図1　セーバリーの揚水機関(1699年)[33]

のような他の揚水，つまり作業労働手段を用いない方法であったので，セーバリーは，揚程を上げるために，高圧蒸気の使用に挑戦することになった。

　1705年頃，セーバリーはロンドン中西部ストランドのヨークビルディングに水道用揚水機関を建設した。この機関はセーバリーの以前の機関をそのまま大型化したもので，あらゆる部分を前の機関の2倍にしている。この機関はそれぞれ2つの蒸気ボイラおよび圧力容器を持っていた。彼はこの機関において蒸気圧を大気圧の8ないし10倍（1 cm² 当たり 117〜147ポンド）にまで上げようと試みた。そのため通常のハンダは熔けてしまい，圧力で機械の継ぎ目の幾つかがはずれて吹き飛んでしまった。そのため彼は多くの労力と経費をかけて全ての継ぎ目の接合を亜鉛や硬鑞[36]で行わざるをえなかった[37]。このことをディキンソンは次のように述べている。「10気圧に相当する蒸気の温度は華氏357度であるから，ハンダの融点はこれより低いため，このようなことが起こったのは当然であろう[38]。」

　またセーバリー機関は，蒸気圧が高いほど機関がいっそう具合良く作業するというので，ボイラが過熱し爆発する危険が常につきまとっていたといえるだろう。

　次にセーバリーが用いたボイラとその使用材料について詳しく見ていこう。ケンジントンのカムデン・ハウスに設置されたセーバリー機関のボイラと蒸気管と圧力容器は銅製で，水を汲み上げる管は木製であった[39]。当時の図には，球形のボイラが描かれている[40]。

　またセーバリーの揚水機関の詳細は「鉱山の友」(miner's friend)に詳しく述べられており，その中にボイラについての記述もある。「鉱山の友」に掲載されたセーバリーの蒸気機関は図2に示すようなものであった。

　「鉱山の友」は，パウルス(Powles)も詳しく紹介し，ディキンソンやジェンキンスも取り上げている。パウルスの解説によると，

　　「セーバリーの使用したボイラは，垂直な銅製シリンダーのように見える。頂部は，半球状で，直径2 ft. から2 ft. 6 in.，高さは2 ft. 6 in. から3 ft. である。パーティングトンは，セーバリーは，最初の蒸気機関にてさおばかりでできた安全弁を使用したが，これは疑わしいもので

あったように思える，と述べた。セーバリーは 45 psi を超える蒸気圧力を使用したに違いない。だから彼のボイラは相当に頑丈であったに違いない。そしてある者は，そのためにセーバリーはなにがしかの安全弁を使用したにちがいない，と考えたかもしれない[42]。」

以上のように，セーバリーのボイラの大部分は銅製で，頂部と底部の2つの部分に分かれており，その接合には，ハンダや硬鑞が用いられていたと思われる。セーバリーは継ぎ目を亜鉛や硬鑞で塞いで解決を試みるが，結局完全に解決できなかったのである。

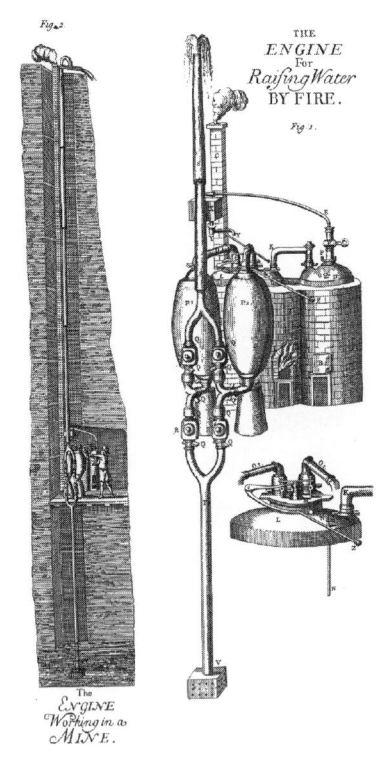

図2 セーバリーの揚水機関[41]

先に述べた事故の他にも，セーバリー機関ではボイラの破裂事故がしばしば起きている。ベックはその原因に気圧計の不備を挙げている[43]。すなわち「何らかの気圧計も取り付けられておらず，ボイラ焚きが気圧がどのくらい上がったかを知る目安がなかったためである。」というのである。しかし，この問題は基本的にはボイラの耐圧性能に属することで，例え蒸気圧計がついていて内部の蒸気圧力が把握できたとしても，爆発の可能性は十分にあったと思われる。なぜなら19世紀以降の高圧蒸気機関におけるボイラ事故が，気圧計がついていても防ぐことができなかったからである。

ディキンソンによると，今日ならば，セーバリーの図面によって，正常に動作する機関を作ることは何の問題もないとのことである。例えば，1872年にニューヨークのハーリーが導入した気圧揚水機関はセーバリーの機関と

本質的に同じものであると論じている。ディキンソンは，18世紀初頭の高圧蒸気を用いたセーバリー機関の失敗は，機関としての構造が不適切であったわけではなく，「工作技術が未熟であったことと，高圧蒸気に耐える満足な材料がなかったことである」としている[44]。しかしながら，この歴史判断は，果たして事実を適切に指摘しているのだろうか。このセーバリー機関の歴史的判断については，ニューコメン機関との比較を通じて，次節で説明していきたい。

1.2 揚水機関における新しい機関の機構

セーバリーの失敗に対しニューコメンは，大気圧によって，すなわちシリンダ内で蒸気を凝縮させ，その負圧によってピストンを駆動する機関を開発した[45]。用途はセーバリーと同じく揚水である。ニューコメンの蒸気機関は，ポンプと組み合わされて揚水という目的を達成したのだが，ニューコメンが使用していたポンプについては，これまでの蒸気機関についての歴史書では，ほとんど取り上げられていない。ディキンソンの著作でも，ニューコメンが使用したポンプについては，何も書かれていない。セーバリーの機関では，蒸気機関とポンプは一体となって揚水という機能を実現していた。だからディキンソンは，セーバリー機関がどのようにして揚水するかを書く必要があった。しかし，ニューコメン機関では，動力を発生する部分とポンプは完全に分離している。したがって，ディキンソンは，*A Short History of the Steam Engine* と題する著書の中で，揚水の仕組みについて，もはや書く必要がなくなったのである。しかし，蒸気機関は，伝達機構を介してポンプを駆動することで，揚水という目的を達成しているのだから，ニューコメン機関と伝達機構とポンプについても記述されるべきで，それが重要なことは，ポンプを使うか使わないかが，蒸気機関そのもののあり方にも影響を及ぼすからである。作業手段としてのポンプと，駆動力を発生する機関との相互関係，および共同（組み合わせ）として，それぞれの展開を把握することができなければ，個々の発展のあり方を捉えることはできない。

ニューコメン機関が駆動する作業労働手段つまり揚水関係部分については，

ビームを揺動させチェーンを引っ張り上げる形式であることが，残された銅版画からも明白である[46]。ディキンソンは，ニューコメン機関を構成する部品が，これまですでにあった部品を組み合わせたものに過ぎないという，興味深い事実を指摘している[47]。作業機であるポンプも，従来から使用されていたものを使ったと考えられる[48]。18世紀に使用されていたポンプは，筒と吸い上げ棒から構成され，円筒の内部の体積を変化させることで，大気圧の作用によって水を吸い上げる形式であったと考えられる。ただ，この形式のポンプでは，大気圧以上，すなわち水柱10 m以上に水を汲み上げることができないので，それより深いところから揚水するには，このようなポンプを複数組み合わせなければならなかっただろう。ニューコメンはこのような吸い上げ式のポンプを駆動するため水車の代わりに蒸気機関を使用したのである。

　いずれにせよ，本節では，セーバリーの機関とニューコメンの機関は全く異なる構造と作動原理であったことを指摘しておきたい。そして，そのことが両者の蒸気圧のあり方に影響を与えた。セーバリーの蒸気機関は，大気圧の作用によって直接水を吸い上げ，蒸気圧力によって水を押し上げる。ここでは，作業機と伝達機構と原動機は一体となっている。それに対し，ニューコメン機関は，それ自体はポンプとしての機能を有していない。ニューコメン機関は，シリンダとピストンを用いて動力を発生し，その動力はビームを通じて，当時，鉱山などで一般に使用されてきた吸上式ポンプを駆動する。このシリンダとピストンから構成される機関とビームによる動力伝達する機構の組み合わせこそ，ニューコメンが達成した大きな，そして決定的な技術的変化であると考えられる。その結果，既存のポンプが使えると共に，燃料の消費量や耐久性の面で，社会的に受容可能になったと言える。そしてこのシリンダ内でピストンが往復するというニューコメンの方式こそ，その後に続く全ての往復動蒸気機関の基本的形式となったのである。またシリンダとピストンからなる原動機の構成は，今日でも内燃機関の基本形式になっているのであり，その意味でニューコメンが達成した成果は，チャールズ・アルジャーノン・パーソンズ(Charles Algernon Parsons, 1854-1931)が達成した蒸気

タービンに匹敵するものであったと言うことができよう。

　以上のように考えると，ディキンソンが言うような「今日ならば，セーバリーの図面によって，正常に動作する機関をつくることは何の問題もない[49]」といったセーバリー機関に関する評価は，問題があるように思われる。確かに，セーバリー機関は，原理的には可能であるかもしれない。しかし，セーバリー型の機関は，後に製作・使用されはしたが，現実の社会において決して主流にならなかったことを，ディキンソンは見落としている。ディキンソンはセーバリーの蒸気機関が失敗した原因を，当時「工作技術が拙かったこと，および素材に信頼性のなかったこと[50]」としているが，それだけでは不十分であろう。ある技術が社会に受容されるかどうかは，原理的に(科学的に)可能かという問題だけではなく，その基本原理と構造が，企業や国家や個人が実際に使用するにあたって，その機械が持つ出力・経済性・安全性といった様々なファクターを許容できるかということにかかっている。セーバリー機関の持つ作動原理と構造と，その使用がもたらす仕事・燃料の消費量・安全性といった諸ファクターは，社会がそれを許容するには，あまりにも現実離れしていたと考えられるのである。

2. 揚水機関から回転機関へ——作業機の変更のためのワットの挑戦[51]

　ニューコメン機関を改良したのがワットの蒸気機関であることは周知の通りであるが，このワットの技術的改良は，燃料消費量の削減に関するものであった。その改良の主なものが分離凝縮器である。この改良されたワットの揚水機関は，金属鉱山地帯であるコーンウォールに主な販路を見い出すことになった。コーンウォール鉱山における排水の問題は，深刻であり，当時，すでにニューコメン機関では，排水が十分に行えなくなってきていた。また金属鉱山地帯であったコーンウォールは，炭坑と違い，石炭を買って輸送しなくてはならなかったが，その費用の増大によって，鉱業の事業は行き詰まりをみせてきていた[52]。1777年ついにボールトン・ワット商会は，コーンウォールからの最初の注文を受けた。それはセント・デイ近くのチングタン

グへの機関であり，その次にチェスウォーター近くのフィール・ビジーへの機関である。これら機関の建造に，ワット自らコーンウォールに赴き，その製作を指揮したのであるが，運転までには大変な努力を必要とした。またニューコメン機関の製作に関与していたコーンウォールの技術者も，ワットの新しい機関を歓迎しなかった[53]。しかし，実際に動き始めたワットの機関を見て，この新しい機関への懐疑は払拭された。ワット機関は，ニューコメン機関より出力でも燃料消費量でも優れており，特に燃料消費量は，ニューコメン機関の4分の1であった[54]。1780年までに，ボールトン・ワット商会が建造した40基の機関のうち，20基はコーンウォールで建造され，ニューコメン機関は1，2台を残すのみとなる[55]。1784年には，コーンウォール最後のニューコメン機関が撤去され，ワット機関に置き換えられた[56]。ワットとボールトンの揚水機関は，その優れた熱効率によって，コーンウォールの鉱山経営者に受け入れられたのである。

　一方，時は，イギリス産業革命の全盛期であり，紡績，綿布などの生産は拡大し，大きな動力源を必要としていた。しかし，それまで水車に頼っていたこれら産業は，山間部に立地するしかなかった。蒸気機関を利用する場合でも，いったん水を汲み上げ，それを水車に利用していた。

　ワットが蒸気機関の効率改善のために行った分離凝縮器，蒸気ジャケット，膨張作動原理といった一連の改良は，その後の熱理論に重大な影響を与えたが，作業機と原動機との関係にはなんら影響を及ぼさなかった。それはやはり揚水機関であった。作業機の革新への要求すなわち回転用機関は，イギリス産業革命の進展と共に，工場用動力の不足が深刻化する中で，産業界から強烈に求められる。当時，使われていた水車では，工場の立地が川の周辺に限られるし，また水量は，季節や気候による影響から免れられない。資本主義的な生産様式は，このような不確かさを我慢できなかった。蒸気機関をポンプから工場用動力へと変化させるためには，単純な往復運動から回転運動に変更しなくてはならなかった。このためにワットが行わなければならなかった蒸気機関の機構の変更は，次のようなものであった。まず往復運動を回転運動に変換しなくてはならない。そのためにワットが考案したものが遊

星歯車機構である。現在の視点から見れば，クランクを使用することが最も簡単なのだが，それは 1780 年にジェームズ・ピカードによってすでに取得されていた特許のために使用できなかった[57]。また死点を超えてピストンを動かすために，フライホイールを取り付けた。また回転を一定にさせるために，ピストンは両方向に駆動させる必要があり，蒸気をピストンの両方から吹き込むことにした(複動機関)。それまでの揚水用蒸気機関であれば，ピストンを下に引っ張るだけだったので，ポンプに動力を伝導させるにはチェーンで十分であり，ポンプロッドは自重によって下向きに動いたのだが，回転機関のように，上向きにも下向きにも力を発揮させる場合には動力をチェーンで伝達することは不可能である。そのためにワットは，チェーンの代わりに棒を取り付けることにした。この棒はピストンがある水平面に対し垂直に動かす必要があるが，ビームは支点を中心に円運動をするため，それができない。これを解決するためにワットが考案したのが，平行運動機構である[58]。こういった蒸気機関の機構の変更は，作業機側の需要に対応する形で実行されたのである。

　なおワットによる回転機関の発明の基礎として，分離凝縮器等の燃料消費量の削減を通じて，機関速度の増加があったことを指摘しておきたい。1712 年のニューコメン機関では，1 分間に 12 往復し，その出力は 5.5 馬力であったことがわかっている[59]。一方，ワットによってウィルキンソンのために作られた分離凝縮器付き蒸気機関は，1777 年にワットからボールトンに宛てた手紙によると，毎分 60 回転であったとされる[60]。

　以上のように，18 世紀後半，回転式機関の社会的需要は，作業機の変更を通して行われた。そして作業機に必要な動力を発生させたために動力機の変更が起きるのである。

3. 舶用蒸気機関の成立——推進方式の模索から確立へ

　蒸気機関が実用的に発展したのは，これまで述べてきた工場用原動機への発展と共に，輸送機関つまり蒸気機関車と舶用の原動機すなわち舶用蒸気機

関であった。本節では，まず陸用の工場用原動機と対照的な発展形態を示した舶用蒸気機関の展開を見ることにする。そして蒸気機関車の特殊性については本章第4節で検討する。

さて，舶用蒸気機関の開発の本格化は18世紀末以降であり，実用化は19世紀に入ってからである。19世紀に入り，ワットの蒸気機関に関する一連の特許が失効し，陸用機関では高圧化が進む。しかしながら，舶用機関における高圧化は，陸用機関と比べ50年は遅れることになった。本節では，この問題を船舶動力技術に固有の問題を，その使用形態との関連で分析したい。

蒸気機関はワットによって大きく前進したが，一方で，ワットは第三者に自身の特許を使った蒸気機関製造を基本的に認めなかったため，18世紀末には，一時停滞の時期を迎える。当時，ワットの分離凝縮器なしにワットの蒸気機関を上回る効率を発揮させる機関を作ることは困難であった。それは舶用の蒸気機関の開発においても同様で，彼の協力が得られない限り連合王国内で舶用の蒸気機関を製造することは，まず不可能であったのである。イギリスから独立した後のアメリカ合衆国で，舶用蒸気機関の建造が盛んであったのも，ワットの特許の制約がなかったことが大きかったためであろうことは想像に難くない。

だが，舶用蒸気機関開発の問題は，ワットの特許だけが主要な問題ではなかった。蒸気力を使って船をどうやって推進させるか，その方法がよくわかっていなかったのである。すなわち，単に原動機としての単体的な発展史に限定しては具体的な実際の発展史は見い出せない。本節では，その原動機が，他のどのような労働手段と結合して具体的に使用可能になったのか，また，その他の労働手段との関連でどのような特殊性を持つようになったかが明らかになる。18世紀，特にイギリス本国以外の地域で，蒸気力によって船を推進させるために様々な推進方式が模索されたのである。

3.1 船舶用推進方式の模索——フィッチとラムゼーによる舶用蒸気機関の開発

実際に使用できたと見られる最初の蒸気船は2人のアメリカ人，ジェームズ・ラムゼー(James Rumsey, 1743-92)とジョン・フィッチによってそれぞれ

独立に製造された。実際は，彼らより以前にイギリスとフランスで幾つか蒸気船の試みがなされている。しかし，この2人が舶用蒸気機関の実用化に向けて大きな貢献を果たしたことは間違いないだろう[61]。この2人は，1785年頃からほぼ同時期に舶用蒸気機関を建造している。しかし，その推進部分の形態は全く異なるものであった。

ラムゼーは1774年9月6日に舶用蒸気機関の実験を開始している。彼の目的は，機械によって急な川の流れを溯ることであった。ラムゼーによる蒸気船の推進方式は，ジェット推進方式である。すなわち，いったん水を船内のタンクに汲み上げ，その水を船尾にある先細りの管から噴出させて推進力を得るのである[62]。ラムゼーが行った推進器と蒸気機関の製造に関する苦労を逐一述べること[63]は，本書の目的からすれば不要であるが，どのようなボイラが使用されていたかについては，簡単に述べておこう。

ラムゼーが初期に使用したボイラは鉄製のポットとほとんど同じものである。それにリベットかハンダで接合した蓋が付けられていた。何度か実験を行ったが，よく蒸気漏れを起こしていたと言われており，修理が必要であった[64]。

1785年夏，平張の木製船体が，バージニア州バス(現在はバークレー・スプリング)近くに住む彼の義兄弟ジョセフ・バーネスによって建造された。この船はその年に，実験的な蒸気駆動による水の噴出器を搭載するためにポトマック川をシェファーズタウンまで下った。シリンダは，トーマス・ジョンソン兄弟会社(Messrs. Thomas Johnson and Brother)によってメリーランド州フレデリックタウンのカトクティン製鉄所で鋳造された。直径は11〜12 in. である。縦一列に並んだピストンのストロークは，約20 in.(0.51 m)である。他の機械部品は，フレデリックタウンの鍛冶屋，ジマーズ・トンボー社(Messrs. Zimmers and Tombough)によって製造された。真鍮製のバルブ・コックは，バルティモアのチャールズ・ウィアー社(Messrs. Charles Weir and Co.)によって鋳造された[65]。

その後，1785年冬，ラムゼーは鉄製の管を曲げたボイラを開発した。直径は2 in.(0.051 m)，長さは200 ft.(61 m)，高さは2.5 ft.(0.76 m)，このボイラ

の管は熱によって傷みやすかった。この管は 150 ft.(46 m)にわたって上方に据え付けられる。「その管の表面すべてが炎にさらされる。この管は，燃えさかる燃料の中に据え付けられるからである。管は，平らな鉄の棒から製造される。この棒3本を互いに鍛接する。それから求める形に曲げる。両端は，DD で接合される。十分な数のボイラになるまでこの接合部を増やすことができる。」この管の端には雄ねじが切られた。DD は鉄でできた樽状のもので，管より大きく作られて，雌ねじが切られている。それは管の端に切られた雄ねじを受けるためである[66]。

スプラットによると，このボイラは，メリーランドのアンティターム鉄工所(Antietam Ironworks)にて製造されたものとのことである。ボイラの詳細についての記述には，ラムゼーの記述とスプラットの記述とは異なる部分がある。スプラットによると，燃焼室は 2 ft.^{2}(0.19 m^2)で，曲げて巻かれた長さ 120 ft.(37 m)，直径 2 in.(0.051 m)の鉄の管が収められた。ボイラは高さ 3.5 ft.(1.1 m)，加熱面積 62 ft.^{2}(5.8 m^2)で，火格子面積は，4 ft.^{2}(0.37 m^2)である。燃料消費量は，12 時間に 4 ブッシェルを超えなかったとされている。蒸気機関は，ニューコメンの大気圧機関であったので，蒸気圧力は 2 psi(0.14 kgf/cm^2)を超えなかったとされている[67]。

このボイラは図3に示すようなものであった。

ラムゼーは，1786 年冬に，新しくボイラを発明し，春になる前に船に据え付け，実験の準備を整えた[69]。1786 年 3 月 14 日，最初の実験がポトマック川沿いのシェパード・タウンで，数百人の面前で行われ，大成功を収めた[70]。しかし，この実験で船は川の流れに逆らって航行しはしたが，機械が不完全だったので蒸気が漏れて，蒸気力によっては航行できなくなった。この新しいボイラは，蒸気の熱が高くなりすぎるので，軟

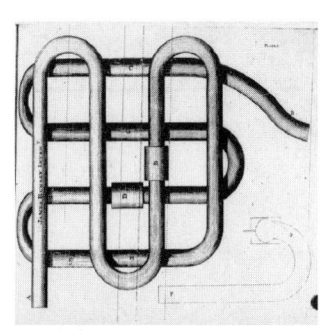

図3 ラムゼーが開発したパイプボイラ(1785 年)[68]

質ハンダが溶け出してしまったのである。修理には硬質ハンダを使用しなければならなかったので，ずいぶん時間がかかった。1787年春には，船体と機械類の修理が終わり，9月には試験のための準備が整った。船は，機械類の他に2トンの積み荷を積んで，ポトマック川を時速2マイルで遡上した。しかし，新しいボイラは出来がとても悪かったので，接合部の幾つかが壊れてしまい，そこから大量の蒸気が漏れ出してしまった[71]。

1787年12月3日，ラムゼーの船は，ポトマック川で流れに逆らって2トンの積み荷を載せて，毎時3マイルで航行した[72]。

1788年にラムゼーはイギリスへ渡り，ロンドンで2つの特許を取得した(1788年11月6日：特許番号1673，1790年3月24日：特許番号1734)[73]。ラムゼーはワットの協力を得て，舶用蒸気機関の建造に取り組んだ。ラムゼーの死後，出版された書簡集によると，1792年12月15日，彼は次のように記録している。蒸気弁のバネは「その機能をうまく果たすには，弱すぎたことがわかった[74]。」

ワットは後になって次のように述べている。「多くの出力が水の噴出口で失われた。それはポンプ用容器の穴よりとても小さすぎたのだ。」1793年2月，テームズ川で蒸気船の試験航行に成功はしたが，残念ながらそれは彼の死後であった。ラムゼーは脳梗塞になり，1792年12月21日に死亡していたのだ[75]。

以上のように，ラムゼーによる蒸気動力を船舶の推進手段として使う試みは，途中で挫折した。歴史を知っている我々は，ポンプで水を汲み上げ，その水の噴出する力によって推進手段を得るという試みは，その後，継続的に発展しなかったことを知っている。しかしながら，ラムゼーが単に間違っていたとかたづけるわけにはいかない。当時，水流による推進方式は，科学的には非常に先進的な試みであったからである。スプラットによると，この方式が最初に提案されたのは1661年で，その後，ジョン・アレンやダニエル・ベルヌーイ(Daniel Bernoulli, 1700-82)によって詳細に研究され，その後，ベンジャミン・フランクリン(Benjamin Franklin, 1706-90)が論文としてこの方法を提案している[76]。同じアメリカに住んでいたラムゼーがこれら研究とは

全く独立に水流による船舶の推進方式を考案したとは考えにくく，ラムゼーがこれら研究を知っていた可能性は十分にあると思われる。

しかし，実際，この水流による推進方式は，実験的な段階にとどまり実用段階にまでは発達しなかった。そして，この方法は，今日でも船舶の推進手段としては主流ではない。この事実を技術史的にどう捉えたら良いのだろうか。

この推進方式は，実際に船舶を推進させはした。その意味で，決して自然法則や工学的原理に反しているわけではない。しかし，ジェット推進方式は，実用上また商業的な成功に達するには，適切な方法ではなかった。技術革新が社会に受け入れられるかどうかは，自然法則的に実現可能かという問題と，商業的に可能かという2つの課題を解決しなければならない。石谷らも，すでに同等の見解を表明している[77]。著者もこの点では，基本的に石谷らの意見に賛成である。科学的成果の応用が有効であるのは，商業的成功という課題の解決に正しい道筋を与えるときに限られる。

次にラムゼーのライバルであったフィッチが採用した船舶の推進方式および蒸気機関を見ておきたい。フィッチが取り入れた推進方式も，非常に興味深いものである。1785年9月27日，彼はフィラデルフィアで開催されたアメリカ哲学協会で，舶用蒸気機関の図面を発表している。この蒸気船の推進方式は，無限軌道を持つパドルチェーンによるものである[78]。この蒸気船は図4に示すようなものであった。

1786年3月，フィッチはニュージャージー州から特許を取得し，14年間におよぶ同州における水域内での排他的営業権利を得た。1か月後，フィラデルフィア州からも同様の特許を得た。フィッチは，300ドルをもって会社を設立し，機関製造の会社を探した。ヘンリー・フォークト (Henry Voight) という，オランダ人の時計技師で熟練した機械工が，フィッチの会社に興味を持っていることがわかり，フィッチはフォークトと大いなる情熱を持って仕事に取り組んだ。彼ら

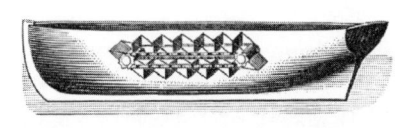

図4　1785年のフィッチの推進方式[79]

は無限軌道を持つチェーンを用いたが失敗，他の方法も試したが，どれもうまくいかなかった。最終的に，機関によってオールを駆動する方法で成功した[80]。フィラデルフィアで運行されたフィッチの蒸気船は図5に示すようなものであった。

なおフィッチによる最初の蒸気船の成功日に関しては諸説がある。スプラットは，1786年7月27日，フィッチはデラウェア川で最初の成功を果たしたとしている[81]。しかし，スプラットは，何の引用文献もあげていない。

またスミスによると，フィッチは1785～88年の3年間で，少なくとも3隻の蒸気船を建造したとしているのみである[83]。サーストンによると，フィッチによる最初の蒸気船は，フィッチが1788年に2番目に製造した機関を搭載したことになっている[84]。この船は図6に示すようなものであった。

さらにサーストンによると，フィッチは2隻の蒸気船を建造，都合3隻の船を1788年までに製造したことになっている。最終的な成功は，1788年7月で，フィラデルフィアからバーリングントンまでの20マイルを航行したとある[86]。

ウィアーは，『リースの百科事典』(Rees's Cyclopædia)の中で，フィッチが蒸気船の実験を1783年にデラウェア川で行っていると記述していることに触

図5　1789年に建造されたフィッチの蒸気船[82]。垂直に据え付けられたオールで水を漕ぐ。デラウェア川で運行され，毎時7.5ノットで航走した。

れ，これが真実ではないことを指摘している。またウィアーによると，デラウェア議会図書館の資料に，フィッチの最初の実験は1788年であるという記録があるとのことである。さらにウィアーは，1839年のN. Y. Reviewによるブルームフィールド将軍の証言を引用し，フィッチの実験の時期は，1788年であるとしている[87]。

一方，当のフィッチは何と述べているかと言うと，1787年5月初めに舶用蒸気機関の製造・据え付けが完了したこと，しかし，これはピストンからの蒸気もれによって失敗に終わったと述べている[88]。

図6 フィッチの最初の蒸気船[85]

またプラガーによると，ラムゼーはフィッチよりも先に大陸会議に報奨金の申請をして認められていたと述べている。フィッチは同様の申請をしたが大陸会議は認めなかった。そこでフィッチは各州で特許権を取得することにしたとのことである[89]。

これらの事実を考慮すると，ラムゼーが最初に蒸気船を製造したと思われる。ほぼ同時期に蒸気船の計画を練っていたフィッチが，各州で特許および蒸気船の排他的使用権を慌てて獲得したものと思われる。

1788年，フィッチは直径12 in.(0.30 m)のシリンダ一基の機関を備えた全長60 ft.(18 m)の蒸気船を完成させ，1788年10月12日，30人の乗客を乗せてフィラデルフィアからバーリントンへ約20マイルの距離を3時間10分，平均速度5.5ノットで運んだ。彼は後にデラウェア川で船尾に外車を用いた蒸気船を用いて，商業的営業を開始した。機関は，直径18 in.(0.46 m)のシリンダ一基のビーム式機関で，7ノットを発揮した。しかし，これは商業的には失敗であった。フィッチはまたミシシッピ川で運航させるために，パーザ

図7 1796年のフィッチのスクリュー船[91]

バランス号(Perseverance)を建造したが，建造途中で破損してしまった。彼の事業は成功しなかった。1793年には，フランスに渡り，特許を取得したが，フランス革命の混乱によって，翌年失意の内にアメリカへ帰国した。

1796年には，ニューヨーク，コレクト池でスクリュー推進方式の実験を試みた。蒸気船は全長18 ft.(5.5 m)，機関は二気筒のビーム機関で，ボイラは厚板で蓋をされた鉄の容器で，横に置かれた鉄の棒によって固定された。シリンダは木製で，外側は樽状で鉄のたがによって補強されていた。しかし，この実験も失敗した。彼はニューヨークからケンタッキーへ移り，かの地で1798年に死んだ[90]。フィッチのスクリュー船は図7に示すようなものであった。

フィッチは，推進方式の選択について多大な努力を払い，オールを蒸気機関で駆動するなど現在から見ればおかしな方式を使用したりしたが，最終的には外車にたどり着いた。彼の実験は成功し，この方式は実際に運航されたが，残念ながら商業的には不振であった。その理由は今日まだ定かではないが，少なくとも，フィッチは外車という推進方式と低圧の凝縮器付きビーム機関という，舶用機関においてその後主流になる方法への一つの道筋を示したと言える。

3.2 推進方式の決定——ミラーの外車とサイミントンの舶用蒸気機関

舶用蒸気機関の推進方式として採用されたのは外車(paddle wheel)である。外車による推進方式は，エジンバラの銀行家パトリック・ミラー(Patrick Miller, 1731-1815)によって試みられた。ただし動力は人力であった。ミラー

は，エジンバラ号を建造し，1786年10月リース港にて進水した。この船は3つの船殻を持ち，それぞれはビームによって接続されていた。エジンバラ号は，3本のマストを持つ帆船であったが，直径6 ft.(1.8 m)の2つの外車を持っていた。エジンバラ号は1787年6月フォース湾の入り江で試運転に成功した。

ミラーはさらに二重の船殻を持つ船を1787年6月2日フォース湾の入り江で実験した。さらにもう1隻の二重船殻を持つ船が，1787年リース湾でローリー(J. Laurie)によって建造された。この船は，30人の人力によって，4.3ノットを発揮したが，人間はすぐに疲れてしまった[92]。

ミラーの息子の家庭教師をしていたジェームズ・テーラー(James Taylor)は，外車の駆動に蒸気機関を使うように勧めた。テーラーは，ウィリアム・サイミントン(William Symington, 1763-1831)が蒸気機関の特許を取得していることを知り，サイミントンをミラーに紹介した。ミラーはサイミントンに蒸気船実験用の機関の設計の依頼をした[93]。

しかしながら，サイミントンの1787年の特許「全く新しい原理による新しく発明された蒸気機関 "New Invented Steam Engine on Principles Entirely New"」は，ワットの分離凝縮器の特許を含んでいたが，サイミントンはミラーのために機関を建設した。機関は2気筒で上部が開放されたニューコメンのシリンダで，直径は4 in.(0.10 m)であった。1788年10月14日にダンフリースに近いダルスウィントン湖で試運転が行われ，時速4マイルの速度で航行した。サイミントンはこの結果に満足せず，ワットに助言を求めたが，ワットはサイミントンの蒸気機関は自身の特許侵害であると指摘し，サイミントンは引き下がらざるを得なかった。サイミントンはワットの特許が満了となる1800年まで10年間待たなければならなかったのである[94]。ミラー，テーラー，サイミントンによる最初の蒸気船は図8に示すようなものであった。

19世紀になると，ワットの分離凝縮器を含む蒸気機関に関する一連の特許が順次失効し，蒸気機関は誰もが自由に作ることができるようになった[96]。サイミントンも舶用蒸気機関の開発を再開した。1801年サイミントンは特

図8 ミラー，テーラー，サイミントンによる最初の蒸気船(1788年)[95]

許「蒸気機関建造のための新しい方法と，レバーやビームを介することなしにそれらの出力を回転その他の運動に応用することについて"New Mode of Constructing Steam Engines and Applying their Power of Providing Rotatory and other Motions without the Interposition of Lever or Beam"」を取得した。そしてこの特許に従って，シャルロット・ダンダス号(*Charlotte Dundas*)のためのエンジンを設計した。エンジンは複動機関で直径22 in.の垂直シリンダーを持ち，ストロークは4 ft.(1.22 m)，ビームはなくコネクティングロッドを介してパドルホイールに動力を伝達する[97]。出力は石谷の推定値[98]で15 kwであった。シャルロット・ダンダス号は3〜4か月，故障1つなく運河曳船としての役目を順調に果たし，まさに世界最初の蒸気船であったと言えよう[99]。

　ミラーとサイミントンによって，**外車と低圧機関の統合**がなされたのは，その後の舶用蒸気機関の発展にとって大変重要なことであった。舶用の原動機として使用するためには，機関だけではなく推進方式も適切なものを選択する必要があると考えられるからである。そしてこのミラーの外車とサイミ

ントンの低圧機関が，蒸気動力によって船舶を推進させるためのその後の手本となったのである。

なおサイミントンの直動蒸気機関は，すぐには主流にならなかった。船舶においても陸用と同じビーム式揺動機関が使用されるのである。工学的に考えれば，ビーム機関より直動機関の方が優れているし，構造も簡単であるが，ニューコメン，スミートン(John Smeaton, 1724-92)，そしてワットによって築き上げられたビーム機関は多くの技術者が信頼を寄せていたと思われるし，彼らがそれを捨てるには，ビーム機関はあまりに発達しすぎていたのである。

3.3 舶用蒸気機関の最初の商業的成功——外車と低圧蒸気機関

3.3.1 高圧ボイラの開発と挫折——フランスにおけるフルトンの舶用蒸気機関(1803)

ロバート・フルトン(Robert Fulton, 1765-1815)は蒸気船の発明者であると一般に思われているが，これまで見てきたように，蒸気船の開発はフルトン以前に行われているので，フルトンは蒸気船の発明者ではない。しかし，一般に蒸気船と言えばフルトンと言われるのが普通である。それは彼が商業的に成功した蒸気船を初めて作ったからである。フルトンは1797年フランスに渡り，潜水艇や水雷の研究を行った[100]。その後，フルトンはパリ駐在アメリカ合衆国大使ロバート・リビングストン(Robert R. Livingston)の経済的な支援を受けて，蒸気船の製造に取り組み始め，1803年，パリで蒸気船を作った[101]。フルトンによって独自に設計されたボイラは注目に値する。それは今日「フラッシュ」(Flash)タイプと呼ばれているもので，赤く焼けた蒸気チャンバー(Steam chamber)に水を噴射して，必要な蒸気を得るものである。蒸気チャンバーは燃焼室の真ん中に置かれ，それは直径4 in.(0.10 m)の銅製シリンダであった。フルトンは大気圧の32倍もの蒸気圧を発生させようとしていた。しかし，エチエンヌ・カラ(Étienne Calla, 1760-1835)と何回か実験を行って，蒸気チャンバーが燃料によって劣化することがわかって，この装置は放棄された[102]。

当時のイギリスとフランスとの政治関係を考慮すれば，ワットの回転式機関を輸入するのは極めて困難であったので[103]，フルトンは独自に蒸気機関を

製造しなくてはならなかったのである。

　フルトンはその後，彼の友人であるジョエル・バーロー(Joel Barlow, 1754-1812)によって蒸気船のために発明され，1793年にパリで特許が取得された水管ボイラの原型となるものを使用したと言われている。これは全長 7 ft. (2.1 m)，全幅 5 ft. (1.5 m)，高さ 5 ft. (1.5 m)で，これもエチエンヌ・カラによって製造された。燃料は木材で，使用蒸気圧は，大気圧より 2 psi (0.14 kgf/cm^2)を超えない程度であったと推定される[104]。バーローの水管ボイラは，図9に示すようなものであった。フルトンの最初の蒸気船の図面は，図10

図9　バーローの水管ボイラ(1793年)[105]

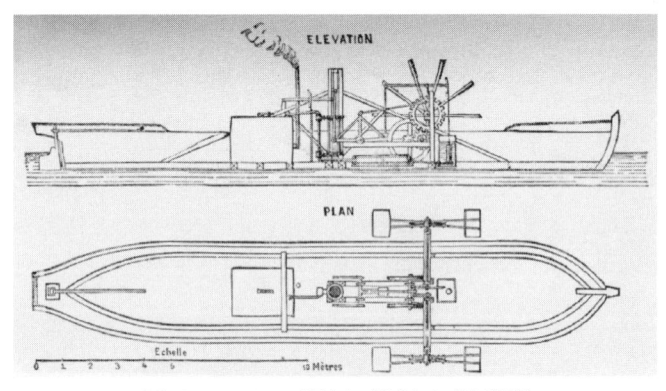

図10　フルトンが最初に製造した蒸気船[106]

に示すようなものであった。

3.3.2　既存技術の組み合わせ——アメリカ合衆国でのフルトンの成功

　最初に商業的に成功した蒸気船は1807年に就航したクラモント号(*Clermont*)である。これは海洋ではなく，ハドソン川で使用された。クラモント号に使用した蒸気機関をフルトンはボールトン・ワット商会に注文しており，その書簡が現存する。その一部がH. W. Dickinson, *Robert Fulton: Engineer and Artist, His Life and Works* (London: John Lane, 1913)に紹介されている。その書簡によると，注文の日付は1804年であり，この注文時には使用用途を明らかにしなかった。しかしながら，フルトンはボールトン・ワット商会に書簡でボイラに塩水を用いた場合の影響について質問しており，初めからこの機関が舶用，それも外洋もしくは河口付近での航海が目的であったことは明らかである。結局，クラモント号はハドソン川のニューヨークとオルバーニ間を航行することになり，外洋航海はしなかった。しかし，ニューヨークの埠頭はハドソン川の河口付近であり，この付近でボイラに給水したとしたら，海水を含んだ水を供給したことは明らかである。またアルバーニまで潮が遡上してきており[107]，クラモント号が航行する全ての流域において海水と淡水が混ざった水が存在し，ボイラ用としてこのような水を供給せざるを得なかったと考えられる。またフルトンは，蒸気機関と共にボイラも同時に注文しており，その書簡によるとそのボイラは銅製であった[108]。またボイラ形式は，1804年7月25日付けでボールトン・ワット商会がフルトンに送った書簡の中に添付されていたスケッチにワゴン型ボイラが描かれていたことからワゴン型であった可能性が高い[109]。クラモント号のボイラは全長20 ft.(6.1 m)，奥行き7 ft.(2.1 m)，幅8 ft.(2.4 m)[110]，外火式であった[111]。ボイラはケーブ社(Messrs. Cave & Son.)製であった[112]。

　さらに1804年にフルトンは最初の蒸気軍船を設計した。これは当初デモロゴス号(Demologos)と呼ばれたが，設計者の栄誉をたたえ後にフルトン一世(*Fulton the First*)と呼ばれた。

　デモロゴス号は図11に示すようなものであった。この図に描かれたボイ

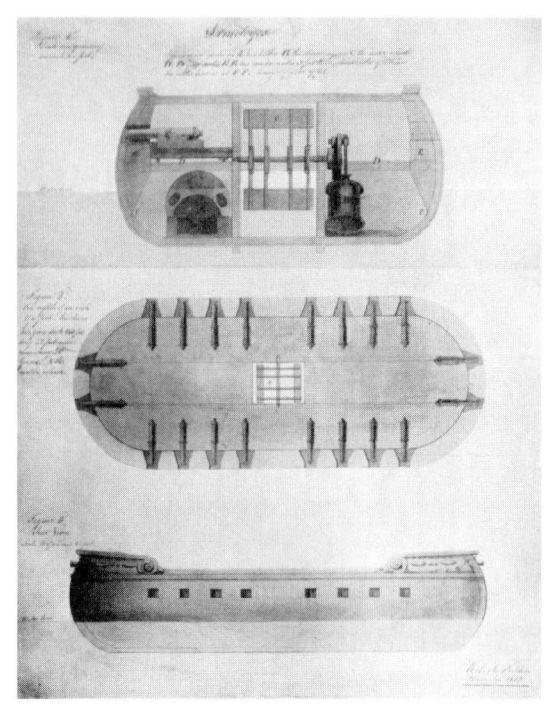

図11 デモロゴス号(1813年)[113]。ディキンソンによると，オリジナルの図は建設局にあり，ワシントンの海軍省で修復されたとある。

ラの断面図から，外火式のボイラに分類できる。また，燃焼室が凸状をしていることから，内圧に耐えるような形式ではなく蒸気圧もごく低い段階に抑えられていたと考えられる。この船は二重の船体構造で左右の隔壁から5 ft.(1.5 m)離して継ぎ合わせたものである。片方の船体にはボイラが，もう片方の船体にはシリンダが設置されていた[114]。船体は全長167 ft.(51 m)，全幅56 ft.(17 m)，高さ20 ft.(6.1 m)，喫水10 ft.(3.0 m)，総重量247.5トン[115]であった。機関出力は120馬力であり，蒸気シリンダは直径48 in.(1.2 m)，行程5 ft.(1.5 m)，ボイラは銅製で全長22 ft.(6.7 m)，幅12 ft.(3.7 m)，高さ8 ft.(2.4 m)であり，2つの船の間を直径16 ft.(4.9 m)のホイールが曲がって通っていた。しかし，フルトンはこの船の完成を見ることなく1815年2月24日に亡くなった。この船の艤装が完了するのは，1815年7月である[116]。

フルトンはこのようにして，実用的な蒸気船の開発と商業的成功を収めたのであるが，1802年にスコットランドでシャルロット・ダンダス号の成功を見学したことは彼の成功において大きな影響を与えたと思われる[117]。最終的には，フルトンはこれまでこだわってきた舶用の高圧機関を捨てて，ワッ

ト式の低圧機関を採用するのである。これまで実績があったワット式の低圧機関を採用したことは，彼のクラモント号の成功に大変大きな影響を与えたと思われる。フルトンによるクラモント号の成功は，新技術は，新しい技術革新によらず，既存の技術の組み合わせによってなされる例の１つにあげることができるだろう。

3.3.3　ヘンリー・ベルのコメット号（1812年）

イギリスも含めたヨーロッパにおける最初の実用蒸気船は，ヘンリー・ベル（Henry Bell, 1767-1830）[118]のコメット号である。コメット号はスコットランドのクライド川で就航した。コメット号は1811年に建造を開始し，1812年1月18日に完成した。コメット号は全長16 m，幅は外車覆い（パドルボックス）含めて4.6 m，喫水1.2 m，船体重量25トンであった。機関の詳細は，口径30 in. の直立シリンダ1個，ワットの4馬力複動蒸気機関を左舷寄りに据え付け右舷寄りに煉瓦積みで囲ったボイラを置いた[119]。このボイラは煉瓦積みであったことから，外火式であると考えられ，おそらくはワゴン型であると考えられる。『技術文化史』によると，設置された機関は，グラスゴー製の低圧機関で，縦型シリンダの両側に低く1対のビームが付いており，その点ではフルトンの機関に似ていたとのことである[120]。蒸気圧力は大気圧よりも若干高い圧力であったと考えられている[121]。ボイラはデビッド・ネイピア（David Napier, 1790-1869）によって製造された。他の多くのパイオニアと同じように，ベルも十分な財政的報酬を得ることが出来なかった。そしてまたネイピアにもボイラの料金を払うことは決して出来なかった[122]。コメット号の諸性能は表1のようになっている。この機関は現在，ロンドン，サウス・ケンジントンにある科学博物館（Science Museum）に保存されている。その機関は図12に示すようなものであった。

表1　コメット号の諸性能[123]

総重量	28 t
全長	51 ft
デッキの長さ	43.5 ft
竜骨の長さ	40.25 ft
全幅	11 ft
喫水線の幅	11 ft
船体全幅	11.25 ft
パドルボックスの幅	15 ft
船倉の深さ	5.6 ft
喫水	4 ft

本節では，18世紀末〜19世紀初頭におけるアメリカ合衆国，イギリス，フランスで行われた最初の舶用機関について説明してきた。使用されたボイラのいずれもその後連続して発展することがなく，やがて新しい舶用ボイラ形式となる箱形ボイラに取って代わることになる。ボイラの蒸気圧力は，当時，陸用機関の製造においてリチャード・トレビシックらが使用していたような高圧は用いられることはなく，ボイラの力学的強度における材料の役割は小さかった。それよりも塩水をボイラ供給水として使う以上，腐食の問題

図12 コメット号の機関[124]

が深刻だった。そのため鉄よりも腐食しにくい銅や真鍮が多く使用されていた。

4. 蒸気機関車用機関の発明と普及——高圧蒸気の使用

最初に軌道を走る蒸気機関車を発明したのは，リチャード・トレビシックであり，最初の商業用蒸気鉄道は，1825年ジョージ・スチーブンソン(George Stephenson, 1781-1848)によってストックトン＝ダーリントン間に設置された[125]。しかし，スチーブンソンより前に多くの人々によって先駆的な試みがなされている。蒸気機関車の歴史は，高圧化の歴史そのものであるが，すでに多くの調査・研究がなされているので，その技術的詳細を述べる必要はないと思う。本節では，軌道を走るという目的にどのような形で蒸気機関が適用したのかを述べたいと思う。

ロンドン，サウス・ケンジントンの科学博物館に訪れたことがある人なら，そこに保存されているトレビシックの蒸気機関車やスチーブンソンのロケッ

ト号が，ニューコメン機関やワット機関と比べ，格段に小型化されているのに気付く。蒸気機関車用機関は，陸用定置機関に比べ，小さいだけでなく機構も単純である。これは，第1に復水器を省くこと，第2にビームを省きクランクとコネクティングロッドによって回転軸を直接駆動することによって実現されている。仕事をした後の蒸気は，復水器を通らずに排気される[126]。したがってボイラへの給水を確実にするために，蒸気機関車の後ろに炭水車という石炭とボイラ水を積む車両が併設される[127]。しかし，その石炭と水の量にも限界がある。だから，各停車地点におけるボイラの給水設備は必須であったろう。

　以上のようにこれら蒸気機関車は，復水器を使わなかったために，ワット機関と比べれば石炭や水を浪費していたが，そういった浪費は大した問題ではなく，小型化と出力が重要視されていたのである。軌道と車両の大きさが決まっている以上，機関（シリンダとピストン）の大きさには限界がある。限られた機関の大きさで出力を稼ぐには圧力を増すより他に手段がない。例えば，ジョージ・スチーブンソンが製造し，リバプール＝マンチェスター鉄道で使用されたロケット号は，約 50 psi (3.5 kgf/cm^2) の蒸気圧力に耐えるように設計されていた[128]。小型化と大出力，この2つの目的を達成するために採用されたのが高圧蒸気機関であった。復水器を用いないこの機関の不経済ははっきりしていたが，石炭の消費量より，軌道を走る車両に原動機として蒸気機関を搭載するという目的がなにより優先されたのであった。

5. 揚水，蒸気機関車用，工場用，舶用における蒸気機関発展形式の違い

　19世紀に入ってまもなく，陸用では高圧機関が使用され始める。しかし，舶用機関では低圧機関が50年近く主流であった。ここでは，揚水用，蒸気機関車用機関の高圧化と，工場用機関と舶用機関の高圧化の遅れについて検討する。

　19世紀初頭の舶用高圧ボイラは失敗している。当時，高圧ボイラにどの

ような構造・材料が相応しいかは，全く手探りの状態であったからで，実際様々な高圧ボイラが試されている[129]。そして工場用，揚水用を問わず陸用機関でもボイラの製造の状況はほぼ同様に手探りの状態であったと考えられる[130]。そして高圧ボイラの作成は，困難を極めた[131]。1810年頃までは，低圧機関が陸用・舶用共に実用上唯一可能な機関であったと言える。事実，大工場用の標準の動力源は，1830年頃でさえワットのビーム機関で，蒸気圧力は2〜3 psi (0.14〜0.21 kgf/cm^2)程度であった[132]。

　しかし，1810年頃以降，陸用ではコーンウォール機関と呼ばれる高圧揚水機関が使用され始める。この機関のサイクルは，ワット機関と同じであったが，パドル錬鉄製のコーニッシュ・ボイラ[133]を使用することで高圧蒸気の使用を可能にすると共に蒸気の締め切りを早くすること(著者注：蒸気を節約すると共に，残りの膨張行程を断熱的に行わせること)で，驚異的な熱効率を得たものである[134]。これらは熱力学的理解の下に実行されたわけではなかったが，結果的に熱力学的熱効率の向上にかなうものであった。すなわち当時，高圧蒸気の膨張作動原理が熱効率の向上に効果があるという事実は，コーンウォールでの経験を通じて理論的にではなく経験としてわかってきていたのである。

　また高圧蒸気を揚水機関で使用できた理由は，吸い上げ式のポンプでは，単にポンプ棒を往復運動させるだけであり，揚程によって蒸気の量を変えて出力を容易に調整し得たからである[135]。またコーンウォール機関を始めとするビーム機関に使われていた鋳鉄製ビームは，安全率を極めて高く取ってあったので，高圧蒸気の高い負荷に対してもまず壊れる恐れがなかったからである[136]。

　一方，工場用機関や舶用機関は，コーンウォール機関と違って伝動軸なり外車(後にはスクリュー)を駆動するために，長い軸を回転させなければならない。だからあまり大きい蒸気圧力を使うと，回転軸に多大な負荷がかかるし，また軸受を過熱する危険が常につきまとう。だから工場用機関や舶用機関は，コーンウォール機関のようなビーム機関ほど単純には高圧蒸気および膨張作動原理の効果を得ることはできないのである。こういった回転機関に対し高

圧蒸気機関を使用する一連の技術的諸困難を克服させるには，ある程度の時間が必要であった。

このような工場用機関で使われていた伝動軸は，当初は木材か鋳鉄で作られていた。ミューレーの紡績工場では，大きな四角のシャフトと木製のドラムを回転させて動力を得ており，それらはたいがい直径 4 ft.(1.2 m)であり，伝導軸の回転数は 40 rpm を超えることはめったになかった。一方で，各機械の回転数は，100〜3,000 回転にも及ぶものもあり，それらは多くのベルトやプーリーを使って増速されており，工場内をひどく雑然としただけでなく，工場内の採光はひどい状態であった[137]。ウィリアム・フェアベアン(William Fairbairn, 1789-1874)は，軽いシャフトを導入し回転速度を従来の 2〜3 倍に上げ，より小さなドラムを用いて同じ速度で機械を駆動した。伝導軸の回転速度の増大や小さなドラムの使用は，機械と同じ速度での回転を実現しただけでなく，動力損失を減らすことにもつながった。また，フェアベアンは，伝動軸の材料として，鋳鉄から錬鉄に変更し，軸の重量を従来の 3 分の 1 に切り下げ，初期コストと動力の損失と維持費を削減した。軽い軸は，天井の梁の上に設置することを可能にし，採光や他の機械の邪魔になることはなくなった[138]。

したがって，高圧蒸気を工場用の回転機関に使うには，伝達機構の製造の点でかなりの困難があり，フェアベアンによってなされたような一連の改良を待たなければならなかったのである。

また伝達棒の鋳鉄から錬鉄への変更に伴い，高速回転が可能になると，今度は軸の触れ回りという問題も新たに発生するのである。三輪は，ランキンが高速回転する軸の触れ回り問題に対応したことを指摘している[139]。19 世紀を通じて，軸の回転速度が上がる度に，こういった問題が代わる代わる発生したのであり，高圧蒸気もそう簡単に使用することはできなかったのである。

一方，舶用機関も 1820 年代に入ると大西洋横断汽船が航行し始め，大洋での航海性能や燃料消費量が少ないことが求められた。スペースが限定される船舶において高圧機関の重要性は明らかであるが，舶用機関は輸送用機関

としての高圧機関の利点を捨て，凝縮器付きの低圧機関を使用し続けたのである。その理由は，それまでの伝統を別にすれば，第1に，陸用よりも安全性が求められたことと，第2に，高い圧力での機関運転は，必然的に速い回転を伴うが，船舶用としてはある一定速度以上の回転は必要がないからである。例えば1858年に進水したグレート・イースタン号は，推進器としてスクリューと外車の両方を備えていたが，スクリュー用の機関は，4,000図示馬力，スクリューの回転速度は45～55 rpm，外車用機関は，2,600図示馬力，回転速度は10～12 rpmであり，蒸気圧力は15～25 psi(1.1～1.8 kgf/cm^2)であった[140]。第3には，燃料の効率が重視されたためだと考えられる。

　こういった舶用機関特有の発展傾向は，安全性と推進方式と燃料の効率とから規定されたのであった。

　最後の低圧機関における熱効率の高さに関して，読者は奇異に思われるかもしれない。しかし，実際，当初の高圧機関には復水器がなく，それほど高圧化の恩恵を得ることが出来なかった。また等温変化出来るという水蒸気の性質から低圧機関でもある程度の熱効率を得られることも確かである。また19世紀中頃までの舶用機関の技術者は，高圧蒸気に対して誤った認識を持っていたのである。

　なおカードウェルとヒルズは，熱力学の成立と実際の技術(者)との相互関係を論じ，その中で舶用において高圧機関が使用されなかった理由を6つあげている[141]。すなわち，①必要な出力は，速度の3乗に比例して増す。このことが高速機関使用の阻害要因となった。②ボイラ爆発の恐怖から。③ボイラは船底の形に合うように設計されていたから箱形ボイラになり，高圧は不可能であった。④海水が使用されていたから。⑤より効率的な外車からスクリューへ，木製船体から鉄製船体の導入によって，機関効率の問題は不明確に。⑥船主は熱機械的効率によって機関を判断することに不慣れ。最後に，特にヨーロッパ・北アメリカ以外の地域での修理のための技術的資源の不足である。それらの一部は著者もすでに述べた。しかし，19世紀に舶用として一般的であった箱形ボイラが採用された理由が，船底に合わせるためだったからという評価は，不十分であると言わざるを得ない。カードウェルとヒ

ルズは,「熱力学の成立が科学と技術との関係を逆転させた」という点を強調しているので,高圧蒸気使用による機関の熱効率改善に着目する結果になり,したがって箱形ボイラの耐圧性能が円筒形ボイラより低いことを指摘するにとどまっている。しかしボイラ単体で見れば,箱形ボイラは円筒形ボイラよりも優れた技術的特徴があった。これについては第4章で述べる。

　一方,輸送目的の蒸気機関としては1820年代,高圧蒸気を用いた蒸気機関車が実用化される。蒸気機関車は一般に復水器を用いず,その分熱効率を犠牲にしたが,復水器を用いない高圧機関のメリットは,機関の小ささ,構造の単純さ,移動の容易さであり,まさにワット機関から復水器なしの高圧機関への転換によって蒸気機関車は誕生したのである[142]。なお,機関車も当然回転部分を持ち,その点,車輪の釣合せに関して問題が起こり,当時のイギリス機械技術者協会(The Institution of Mechanical Engineers, IMech)でも議論されている[143]。ただ車軸の長さに関して言えば,最も標準的な軌道の幅で,4 ft. 8.5 in. (1.4 m)ほどであったのであり[144],車軸や軸受の強度,またその回転の際に生じる触れ回りや問題は工場用の伝動軸や舶用の伝導軸に比べれば少なかったものと考えられる。鉄道用動力源における車軸と軸受の強度についての詳細な研究については今後の課題としておきたいが,当時の鉄道用機関の回転の釣合せの問題に関して三輪は,「ただ当時の釣合せは車輪のような薄円板状ロータだけが対象で,高度の解析は必要なかった[145]」としている。

　なお陸用機関における19世紀中頃以降の展開として,まず揚水機関としては,トーマス・ウィックステッド(Thomas Wickstead, 1806-71)によるコーンウォール機関の実験によってその機関の性能が公に確認されたのち,水道用としても工場用としても広く利用されるようになった[146]。ちなみに,1837年に水道用として設置されたコーンウォール機関は,1892年まで運転されている[147]。しかし,1848年以降になって,ウェストミンスターのシンプソン社がフライホイールを持つ高圧2段膨張回転式機関を製作してからは,これがイングランドでの標準的な形式になった[148]。

　次に,工場用としては,1845年ウィリアム・マクノート(John McNaught)が既存のビーム機関に高圧シリンダを取り付ける形の2段膨張機関を製造し

ている。この2段膨張機関の導入は，出力増大の需要に対応するためであって[149]，効率の問題ではなかった。しかし，この時期は，まだ熱力学の成立前であって，高圧機関の経済性は，実際の機関の測定でしか確認できていない。

これら陸用定置機関の性能を見てみると，揚水用としては，東部ロンドン水道会社が1854年に設置した機関が40 psi(2.8 kgf/cm^2)の蒸気圧を示している[150]。工場用としては，1860年頃作られ1914年まで使用された複動2段膨張復水ビーム機関が45 psi(3.2 kgf/cm^2)を発揮した[151]。

また蒸気機関車用における2段膨張機関の採用は，揚水用・工場用などの定置機関や舶用機関と比べると遅い。19世紀後半になってようやく2段膨張機関を採用した蒸気機関車が広く見られるようになる[152]。

6. 小　　括

以上，述べてきたことをまとめると次のようになる。

陸用の蒸気機関としてまず実用化されたのが，揚水用であった。セーバリーの揚水機関は，原動機全体のうち何が作業機としての役割を担うのか判別しにくいが，導水管と圧力容器がこの機関の動作の中心的部分であることは確実で，ボイラを除く機関のほぼ全ての機関が作業機としての役割を担っていたと考えて良いだろう。いうなれば，セーバリーの揚水機関は，機械を構成する各部分が未分化な状態であった。また蒸気圧力を高めれば高めるほど，調子よく動作する機械であった。しかし，当時の機械製造技術ではセーバリーが意図したような圧力を発生させることは不可能であった。一方で，現代の高圧に耐えるボイラがあったとしても，それが主流になったとは考えられない。

それに対し，ニューコメン機関は，それ自体はポンプとしての機能を有していない。ニューコメン機関は，シリンダとピストンを用いて動力を発生し，その動力はビームと連接棒を通じて，当時，鉱山などで一般に使用されてきた吸い上げ式ポンプを駆動する。すなわちニューコメン機関では，作業機と原動機は分離しており，動力は伝達機によって伝達されるのである。またシ

リンダとピストンによる原動機の形式と動力の伝達方式としてビームを採用したことが，ニューコメンが達成した大きなそして決定的な技術革新であると考えられる。この結果，既存のポンプが使えると共に，大気圧とほぼ同程度の蒸気圧を持つ蒸気で機関に仕事をさせることを可能にし，燃料の消費量や耐久性の面で，社会的に受容可能になったと言える。そしてニューコメンが実用化したシリンダとピストンによって構成される原動機の機構は，その後に続く全ての蒸気機関の基本的作動原理となったのであり，またこのシリンダ・ピストン機構は，今日，内燃機関にまで継続されて使用されており，中規模の出力における基本的形式になるのである。

　ワットが蒸気機関の効率改善のために行った分離凝縮器，蒸気ジャケット，膨張作動原理といった一連の改良は，その後の蒸気機関の展開に重大な影響を与えはしたが，作業機と原動機との関係にはなんら影響を及ぼさなかった。それはやはり揚水機関であった。動力機の革新への要求は，イギリス産業革命の進展と共に，工場用動力の不足が深刻化する中で，産業界から強烈に求められる。当時，使われていた水車では，工場の立地が川の周辺に限られるし，また水量は，季節や気候による影響から免れ得ない。資本主義的な生産様式は，このような不確かさを我慢できなかった。蒸気機関はポンプから工場用動力へと変化させるためには，単純な往復運動から回転運動に変更しなくてはならなかった。このためにワットが行わなければ機構の変更は，すでに述べた。作業機の変更に対応する形で，蒸気機関の形状を変えたのである。

　舶用蒸気機関の開発に関しては，機関やボイラの性能よりも推進方式が五里霧中の状態で，ジェット推進方式やオールを蒸気機関で駆動する方法などなど，様々なアイディアが試された。しかし，最終的に採用されたのが，外車であった。

　蒸気機関やボイラも18世紀末～19世紀初頭にかけて，舶用に特化した様々なものが製造された。特にフルトンによる高圧蒸気機関やサイミントンによる直動機関は注目に値する。しかし，実際に標準的に使用されたのが，ワットのビーム式蒸気機関であり，外車とビーム式機関が長く舶用機関の標準となるのである。

蒸気機関車用機関の開発に関しては，狭い軌道の上を走る車体に必要な出力を発揮する機関を設置しなくてはならなかった。小型化と大出力，この2つの目的を達するために採用されたのが高圧蒸気機関であった。

19世紀初期までの蒸気機関が低圧機関であった理由についてだが，1810年頃までは陸用・舶用のいずれのボイラにおいても高圧ボイラにどのような構造・材料が必要かは全く手探りの状態であり，様々なボイラが試されたが失敗に終わっている。従来のワット型の機関・ボイラが陸用舶用を問わず，実用上唯一可能な蒸気機関であった。

しかし，1810年以降，陸用ではコーンウォール機関と呼ばれる高圧揚水機関が使用され始める。この機関のサイクルは，ワット機関と本質的に同じであったが，パドル鉄製のコーニッシュ・ボイラを用いることで高圧蒸気の使用を可能にしたのである。

また高圧蒸気を揚水機関で使用できた理由は，吸い上げ式のポンプでは，必要とする揚程に合わせて，出力を容易に変更し得た。またビーム機関に使われていた鋳鉄製ビームは，安全率が過度に取られていたので，当時の蒸気圧力ぐらいの負荷に対してはまず壊れることは考えられなかった。

一方，工場用機関や舶用機関は，伝動軸なり外車なりスクリューを駆動するために，長い軸を回転させなくてはならない。だからあまり大きな蒸気圧力を使うと回転軸や軸受に多大な負荷がかかる。こういった回転機関に対し高圧蒸気を用いる一連の技術的困難を克服するには，フェアベアンらによる伝達機構の改良が必要であった。

蒸気機関車用機関は，一般に復水器を用いず，その分熱効率を犠牲にしたが，復水器を用いない高圧機関のメリットは，機関の小ささ，構造の単純さ，移動の容易さであり，ワット機関から復水器なしの高圧機関への転換によって，蒸気機関車は誕生したのである。なお機関車も当然回転部を持ち，車軸と軸受の強度の問題もあったと思われるが，その分析は今後の課題としておきたい。また機関車の車輪の釣合せについては問題が起こったが，これは車輪のような円板状ローターだけが対象であり，工場用機関の伝動軸のような大きな問題とはならなかったと思われる。

以上のように，大気圧機関から高圧蒸気機関への展開は，用途に応じた技術体系全体の構成によって制限されていたのである。

　しかしながら，19世紀を通じて蒸気原動機全体としては，大出力化と共に高圧化がなされ，2段膨張機関の採用がなされる。ただこれらの展開の背景として，必ずしも熱力学的な理解があったわけではない。次の章では，技術者における熱力学の成立前の熱と蒸気の理論的展開について検討する。

第 3 章　高圧機関への展望と限界
　　　——水車の理論から熱素説に基づく
　　　　蒸気機関の理論へ

デービス・ギルバートの胸像，ロンドン王立協会所蔵，著者撮影

　本章では，19 世紀からの蒸気機関の高圧化の要因を理論的側面から検討する．高圧機関の効率は水車のアナロジー，すなわち熱素説を基礎に検討が進み高圧機関へ一定の展望を与えたことや，当時の熱運動説と高圧蒸気機関開発との関係について検討する．またデービス・ギディらコーンウォール地方出身の科学者・技術者との相互交流についても述べる．また，熱素説には限界があったこと，特に飽和水蒸気が保持する熱量が常に一定だとする「ワットの法則」は熱素説と共に蒸気機関の性能を考える際の基礎として使用されたが，それはかえって高圧化への期待を削いだことや，後に，熱素説と「ワットの法則」を基礎として「蒸気機関の理論」が提唱されはしたが，実際のコーンウォール機関の性能との乖離は大きくなっていったこと，インジケーターがその乖離を埋める手段として機能したことなどを述べる．

1. 高圧蒸気機関への道

　ジェームズ・ワット(James Watt, 1736-1819)が1769年に取得した分離凝縮器を含む特許は，1775年に異例とも言える25年間の延長を許可され，アメリカの植民地を含む連合王国内の蒸気機関の製造は，長くボールトン・ワット社の独占状態にあった[153]。その結果，他の競争者たちは排除され，技術的進歩は停滞した。ワット機関はそれ以前のニューコメン蒸気機関に比べればはるかに効率的かつ経済的な機関であったが，依然，さらなる改良の余地が残されていた。それが**高圧蒸気の使用**である。

　イギリスにおいて，高圧蒸気機関と2段膨張機関のフロンティアになったのは，コーンウォール地方である。そもそもコーンウォールは，蒸気機関の発達において，非常に重要な地域であった。コーンウォール地方は石炭を産出しない金属鉱山地帯で，排水に利用する蒸気機関の燃料費が高くついたからである。この地方は，ワットの改良型揚水機関の主な販路になった。ワットが1783年に回転式蒸気機関を発明することで，蒸気機関の用途は揚水以外の用途に拡大するが，コーンウォール地方では，引き続き効率の良い揚水方法の発明の試みが続いた。後述するが，コーンウォールの技術者ジョナサン・ホーンブロワー(Jonathan Carter Hornblower, 1753-1815)は，1781年に2段膨張機関の特許を取得し，幾つかの機関を製作して[154]，ワットの蒸気機関製造における独占を破ろうと意図した[155]。1800年にワットが1769年に取得した特許が失効して以降，高圧蒸気機関の開発が始まったのだが，その先駆者であるリチャード・トレビシックやホーンブロワーの後に2段膨張機関の開発に取り組んだアーサー・ウルフ(Arthur Woolf, 1766-1837)の出身と主な活動の舞台もコーンウォール地方であった。

　18世紀にワットが使用していた蒸気圧力は，ゲージ圧力でおおむね5 psi (0.35 kgf/cm^2)程度である[156]。しかし，19世紀に入ったとたん，100 psi(7.0 kgf/cm^2)[157]以上という当時のボイラ製造の水準としては，高い蒸気圧力が使用され始める。この理由はいったいなんだったのだろうか。

これまで19世紀における高圧機関の開発には，おおむね次のような説明がなされていた。

1800年以前は，ワットが1769年に取得した蒸気機関に関する特許[158]が有効であったため，特許に抵触することなく，ワットの蒸気機関より効率の良い機関を作ることが困難であった。すなわちジョナサン・ホーンブロワーを始めとする技術者が，ワットの特許に抵触することなく効率の良い機関を作ろうと挑戦したが，それは不可能であったのである。またワット自身も高圧蒸気の使用には反対であった。しかし，1800年にワットの分離凝縮器に関する特許が失効して以降，ワットの特許による制約がなくなり，様々な用途を目的として，多くの種類の蒸気機関が製造される中で高圧蒸気機関の開発が始まった，とするものである[159]。すなわち，これまでの技術史の一般的理解では，ワット以前とその後という一線を画す1800年が，メルクマールとされているのである。

さらにディキンソンは，低圧蒸気機関は大型で製造・運転にも経費がかかったが，高圧蒸気機関は，「簡単な弁機構で場所もとらず初期投資もほとんど必要なく運転も容易な高速で直接作動の機関[160]」であったために，高圧蒸気機関が登場してきたと述べた。さらに，高圧蒸気機関は復水器を使用しなかったため，それだけ熱効率は落ちるが，高圧蒸気機関は，「特に燃料費が安いところでは」その欠点を埋め合わせたとのことである。つまり，高圧蒸気機関は，効率は悪いが，初期投資の費用が少なくてすんだので普及したというのである。

しかし，これはかなり不思議な説明である。というのも，1815年くらいから，コーンウォール地方では，コーンウォール機関という高圧蒸気機関が使用され始める。ワット機関が達成していた揚水機関の効率としては，1ブッシェルの石炭で水を1フィートを汲み上げることができる量は，3,500万ポンドであったが[161]，コーンウォール機関は，1835年には5,500万ポンドを記録し[162]，この驚異的な熱効率は，多くの人々の着目をあびた。しかし，実際に高圧蒸気が熱効率の改善に効果があると理論的に理解されるのは，1850年のクラウジウスによる熱力学第2法則の定式化以降であるし，さら

にイギリスの技術者が熱力学の重要性を理解するのは，1859年ウィリアム・ジョン・マックウォーン・ランキンの『蒸気機関およびその他の原動機』だとされているからである[163]。

では，トレビシックやウルフが蒸気機関に高圧蒸気を使用し始めた理由は，なんだったのだろうか。それが熱の理論的理解と関係があるとすれば，19世紀，熱力学が成立する前までの熱理論はどのようなものがあったのだろうか。

熱力学成立前の熱理論の発展は，幾つかの段階に分けられると考える。そしてこれらは技術者および科学者に均等に普及したわけではなく，ましてや統一された見解があったわけでもない。

ただ，18世紀を通じた技術者らの蒸気機関開発の経験と19世紀に入ってからの大気圧より高い水蒸気を用いた高圧蒸気機関の開発もあって，19世紀初頭には，蒸気機関に関する知識は，体系化されることになる。技術者のために構築されたこの知識体系を「蒸気機関の理論」と呼ぶことにする。

「蒸気機関の理論」は現代の熱力学とは違う。したがってサディ・カルノーの仕事はそれに含まれない。「蒸気機関の理論」は熱素説を基礎としたもので，水蒸気の圧力，体積，温度などに関する当時としては最新の様々な実験データーを取り入れはしていたが，基本的には間違っていた。しかし，「蒸気機関の理論」は，技術者が蒸気機関を設計・製作する上で少なからず影響を与えた。技術者は，間違った熱素説を基礎に蒸気機関の開発を行っていた時期があったのである[164]。

熱素説を基礎とした「蒸気機関の理論」で，当時最も知られていて技術者に大きな影響を及ぼしたものは，ド・パンブール(François Marie Guyonneau, le Comte de Pambour, 1775- ?)による『蒸気機関の理論』である[165]。

科学史の研究対象として最初にパンブールを取り上げたのは，おそらくケルカーだと思われる[166]。ケルカーによると，パンブールは，水蒸気の膨張の際にする仕事を，水蒸気が膨張時に凝縮することを考慮せず，ボイルの法則を使って求めたこと，さらに，飽和水蒸気の温度が圧力の変化に伴って変化する時，機関内で飽和水蒸気は常に飽和状態を保つとしたことなどを指摘し

ている。しかしながら，ケルカーは，パンブールがイギリスの技術者に与えた影響までは述べていない。

次にパンブールを大々的に取り上げたのは，高山[167]である。高山によると，「Pambour の理論の典型的な技術的基礎は，高圧膨張凝縮の回転エンジン[168]」だとしている。高山はパンブールによる『蒸気機関の理論』がイギリスの技術者に与えた影響まで言及している。しかしながら，高山は，『科学史研究』(1978)所収の論文において「蒸気機関の理論」と熱力学の間の断絶については，明確に区分けしていない。ただし，『東京工業大学人文論叢』(1976)[169] に掲載した論文においては，その点が明快だ。結局，これら2報を統合して，具体的には熱素説を克服したところに高圧蒸気機関の理論的理解があったとするべきであったと思うが，そのような論文の構成にはならなかった。

1990年代に，ペーテル・クルースは，カルノーとパンブールを比較し，その違いを強調した。クルースによると，パンブールはこれまでの蒸気機関の歴史研究の中では，ほとんど注目されてこなかったと述べたが，高山がすでに論じているので，それは適切な表現とは言えない。とは言え，日本語で書かれた高山論文をクルースが引用することは困難であったろう。クルースによると，パンブールはピストンを用いた往復動蒸気機関全般に適合するような理論を構想したとしている[170]。クルースは，膨張作動原理を用いた高圧蒸気機関を前提とした「蒸気機関の理論」の幾つかの前提，すなわち，「ワットの法則」や「水蒸気が常に最大密度を保つ」といった間違った前提が，実際の蒸気機関の設計にどのような影響をもたらしていたかについては言及していない。

以上に述べたようにケルカー，高山，クルースとも熱力学成立前の蒸気機関の理論の展開について整合的に歴史記述していない，もしくは必ずしも成功している訳ではない。本章では，18世紀末～19世紀初頭のイギリスの技術者が，高圧蒸気や熱の諸性質に関して，どのような理解をしていたのか，そしてそれが高圧蒸気機関の開発にどのように関わっていたのかをより整合的に述べたい。

2. 大気圧機関から蒸気圧機関へ
――ワットによる膨張作動原理の発明と応用

　ジェームズ・ワットは，人類の熱と水蒸気の性質の理解に関して，決定的な一歩を踏み出した人物である．本節では，ワットが熱に対してどのような理解をしていたかを，特に蒸気機関への高圧蒸気の使用に関して概観しておきたい．

　ワットに関するこれまでの技術史研究における評価としては，ディキンソンの次の表現がその代表的なものであろう．ディキンソンによれば，ワットを「その領域の問題に真に科学的な精神をもって取り組み，すばらしい洞察力を示した[171]」人物と評している．カードウェルはさらに踏み込んで，「当時の彼は器具製造人であり，科学者であっても技術者ではなかった[172]．」としている[173,174]．著者もワットが蒸気機関の改良について，科学的な洞察を行ったという事実には異論はない．

　これまでのワットの業績について，大きく取り上げられているものが2つある．1つは分離凝縮器に関する発明であり，もう1つは，遊星歯車機構を使って蒸気機関を回転運動させる発明である．前者は熱効率の向上に関して特に重要であり，後者は蒸気機関の使用範囲を揚水から工場用の汎用動力として適合させたという意味で重要である．ボールトンとワットによって製造された蒸気機関は，500台ほどであり，うち38％が揚水用であり，残り62％が回転式機関であった[175]ので，いかに後者の機関がボールトンとワットの事業において重要であったかがわかる．

　しかし，本書の目的である高圧蒸気機関の展開において，特別に意味があるのは，ワットが考案した他の原理である．それは「膨張作動原理」と呼ばれるもので，水蒸気を膨張させて使うアイディアであった．この原理は，すでに1769年の特許(特許番号913)の中に含まれており，それによると凝縮器を用いず蒸気の圧力によってのみ仕事をすると述べられている[176]．しかし，実際は1778年になるまで実用には供されなかった．この膨張作動原理は

第 3 章　高圧機関への展望と限界　　57

ワットの 1782 年の特許（特許番号 1321）の中にも含まれていた。図 13 は，ワットが 1782 年に取得した特許明細書に含まれていたとされるものである。

ここで膨張作動原理発見のきっかけを述べておきたい。ワットは，シリンダから凝縮器に蒸気が流入する時の動力の浪費について考えたのである。もしもピストンがストロークの下死点にたどりつくまで蒸気を流入させていたら，凝縮器への弁が開いた時，蒸気はものすごい勢いで，凝縮器に突進していく。その時，多くの動力が浪費されることはあきらかである。ワットは，ストロークの途中で蒸気を閉めきることで，この浪費をなくすことにしたのである[178]。ワットはこの特許明細書に添付した図の作成に当たって，蒸気の膨張時の圧力と行程の位置を示す曲線をボイルの法則に従って引いた。そして，ワットは，水蒸気が発揮する出力の和[sum of all these power]の計算をするのに当たって，ストロークを 20 等分し，それぞれにおける水蒸気圧の値をボイルの法則に従って計算し，それらの和を 20 で割ることで平均の出力を求めた[179]。ワットはここで，水蒸気は 4 分の 1 しか使っていないのにも関わらず，出力の和は，シリンダーの長さと元の出力を乗じた値の 100 分の 57 より大きいとした[180]。これがいわゆる「膨張作動原理」である。

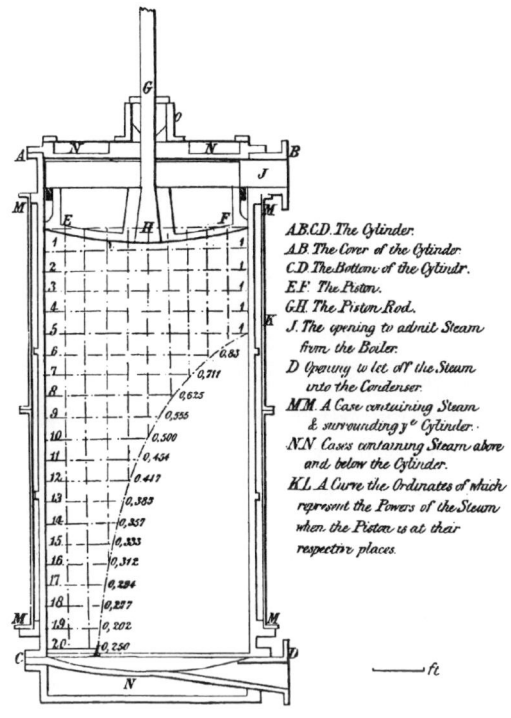

図 13　シリンダの中で膨張する蒸気の圧力を示したワットの図[177]

一見，この図13は，今日pv線図として知られるものの最初のものであったということが出来るかもしれない。山本は，ワットによるこの図をもってワットがpv線図と仕事の概念を持っていたことの証拠としている[181]。しかしながら，前述したように，この線で囲まれた面積が仕事を表すなどとはワットは一言も言っていない。後述するように，ワットが想定した熱理論は今日の熱力学とは異なるものであった。

　ただワットが使った熱理論は間違っていたかもしれないが，ワットが発見した「膨張作動原理」は大気圧機関ではなく，蒸気圧機関において初めて利用可能なものである。ワット自身は高圧蒸気の使用に反対したと伝えられるが，この蒸気圧機関への方向性は，やがて高圧機関において有効性が発揮できるものであるので，その意味では，高圧蒸気機関への展開の方向性は，ワット自身が見い出していたと言える[182]。

3. 水車の改良──水力が持つ最大効率の探求

　蒸気機関を運用するにあたって，軍事用途などの特殊な場合を除けば，多くの場合，燃料の経済性が問題となってくる。このような蒸気機関の効率は，水力機関が発揮できる最大の動力からのアナロジーによって考えられていたと，何人かの技術史家は考えている[183]。

　実際に，18世紀，産業において最も広範に利用されたのは，蒸気力ではなく水力，そのうちでも特に水車が利用された。技術者は，あるところに貯められた水から得られる最大効率を計算しようとした。それはアントワーヌ・パラン(1709)によって先鞭を付けられ，スミートン(1759)とド・パルシュー(1752)によって批判的に発展させられる[184]。スミートン[185]は，その後，ニューコメン機関の効率改善に取り組んだことは周知の通りである。

　スミートンは，上掛け水車と下掛け水車の効率の違いについて実験を行っている。その結果を発表した論文に付された実験用水車の図は，図14に示すようなものであった。スミートンは，現代的な用語で言えば，水のポテンシャル・エネルギーと呼ぶべきものを「出力(power)」と呼び[186]，水車から

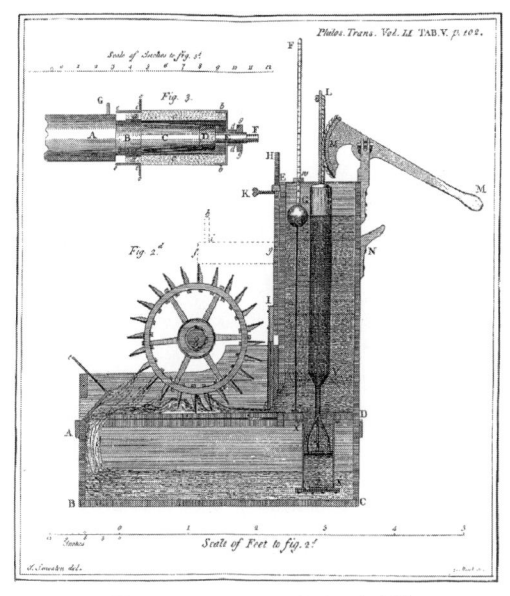

図14 スミートンの実験用水車[191]

取り出される仕事を「効果(effect)」と呼んだ。実験の結果，推定される「出力」と最大の「効果」との比が，下掛け水車の場合，その最大値が3：1になるのに対し，上掛け水車の場合，3：2になることを示した[187]。さらにスミートンはこの違いが起こる原因として，「衝突によって仕事をする非弾性体は，その出力の一部しか動力を伝えることができず，残りの出力は衝撃の結果，他の形に変化して失われてしまう[188]」からだとした。

またこの違いは，当時は水の速度の持つエネルギーを変換する方法が十分でなかったのに対し，水の位置エネルギーを直接変換することは，水車が十分にゆっくり回転すれば，比較的容易であったからだと思われる。

ともあれ，水車が発生する最大の動力の研究は，水の持つ位置エネルギーが動力という他のエネルギーに変換されるという研究のさきがけになったのであり，「エネルギーが変換される条件の研究[189]」の開始であったのである。

スミートンは，下掛け水車にせよ，上掛け水車にせよ，水の動力はその高さに依存すると考えていた。一定の水位を保つ水だめが持つエネルギーは，その重量によって直接水車を回転させるか，もしくは運動エネルギーに変換され，水車を回転させる。スミートンは水の衝撃力と重量の両方を使う水車として胸掛け水車(breast-wheel)を取り上げてはいるが[190]，スミートンは，水が持つもう1つの動力を考えていない。次に，水の持つエネルギーの内訳に

ついて述べておきたい。

4. 水の持つ動力源──水位と速度と圧力との関係

　水力の持つ動力源はどのように表現できるか？　例えば，高さ h のある水槽の底に開いた小孔から流出する水の速度 v は，「トリチェリの法則」と呼ばれ，次のように表現できる。

$$v = \sqrt{2gh}$$
（g は重力加速度，水の密度は 1 とする）

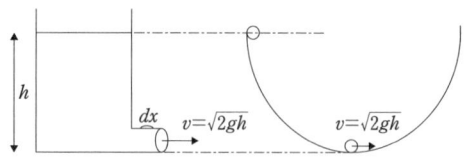

図 15　トリチェリの定理と斜面を転がり落ちる物体の速度とのアナロジー

　この式は，当時の技術者にも，高さ h にある物体が自由落下する場合の速度，もしくはなめらかな斜面を転がり落ちる物体の速度とのアナロジーとして，容易に理解されたと思う。ガリレオは，自由落下する物体の速度を明らかにした。ガリレオの弟子のトリチェリは，師のガリレオが発見した落体の法則から水のような流体の持つ運動についてヒントを得たであろうことはほとんど疑いがない[192]。図 15 はトリチェリの定理と斜面を転がり落ちる物体の速度とのアナロジーを模式的に表したものである。

　しかし，自由落下する物体と水の流出する速度との関係は，実は簡単なアナロジーで説明できるほど単純な問題ではない。

　斜面を転がり落ちる物体は，高さ h から下部まで一定の距離を転がり落ちる間に，速度 $v = \sqrt{2gh}$ を得る。ところが，水槽の底に開いた小孔を塞いでおき，ある時にその小孔を塞いでいる栓を開け，水を流出させた場合，事情は異なってくる。最初は速度 0 であるが，水はわずかな距離 dx を移動する間に，たちまち $v = \sqrt{2gh}$ の速度を得ることになる。その間に高さ h にある水面ほとんど下がらない。これは，単純な位置エネルギーと運動エネルギーの保存則では説明しようがない。

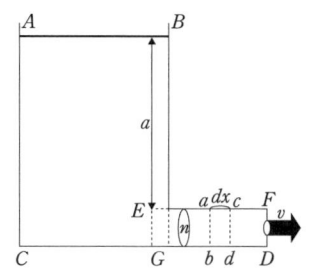

図16 ベルヌーイの定理の証明[195]

この証明は，ダニエル・ベルヌーイ（Daniel Bernoulli, 1700-1782）によってなされる。ダニエルは，1738年に出版した *Hydrodynamica* において，活力保存則と平行断面の定理（plane section，流体の速度はどこでも，容器の断面積と反比例するように，同じ面における流体の粒子の速度が同じ速度で移動する[193]）の2つの定理を利用してトリチェリの定理を証明し，さらにダニエルは，小孔から流出する水が dx を移動する間に得る活力（vis-viva）を加えることで，「ベルヌーイの定理」を導出するのである[194]。

図16を見て頂きたい。ここでABの高さを a する。

「管 Ed 内の流速を v（それは今，変数として考える）とする。管の断面積を n とし，長さ $Ec=c$ する。管内の水の微小領域 ac（無限小で流出する部分）を dx とする。体積 E が管内に流入し，同じ体積 $acdb$ が流出し，さらに，E の体積要素，すなわちそれは ndx の質量になるのだが，それが管に流入する間に，この要素は速度 v と活力 $nvvdx$ を得る。このときの活力は新たに生成されたものである。実際，E における体積要素は，まだ管内に流入しておらず，容器 AE の無限の大きさのために運動していない。この活力 $nvvdx$ に，体積要素 ad を流れる間に Eb における水が受け取る活力の増分が加えられる。すなわち，それは $2ncvdv$ となる。その合計は，水位 BE または a を通して起こる体積要素 ndx の「実際の降下 "actual decent"」の結果である。それゆえ，$nvvdx+2ncvdv=nadx$ または $\dfrac{vdv}{dx}=\dfrac{a-vv}{2c}$ を得る[196]。」

これがベルヌーイの定理と呼ばれるもので，現代的に言えば，水の圧力も含めたエネルギー保存則と言えるだろう[197]。すなわち，流体が持つエネルギーは，ただの質点が持つエネルギーと違って，圧力が持つエネルギーも考慮しなくてはならない。しかし，その動力源は，流体の高さであることには変わりがない。

スミートンが，水車の実験をした時点で，ベルヌーイの仕事を知っていた

かどうかは不明である。しかし，いずれにせよ，スミートンの水車では，圧力は利用することができなかった。

一方，18世紀半ば以降になってくると，水の圧力を利用できる機関が登場してくる。それが水柱機関である。この機関は，18世紀中頃，スロバキアのシェムニッツやフランスに，数年後にイギリスに現れた[198]。

T. S. レイノルズによると，トレビシックの水柱機関は，ほとんど間違いなく蒸気機関の影響を受けてきたが，単動水柱機関のアイディア自体は，蒸気機関が登場するはるか前の1618年にイギリスですでにあったとのことである。その1世紀後に，フランスの発明家，デニサールとデ・ラ・ドヴィルが粗雑な水圧機関を記述しているという。1739年にベリドールは水柱機関を記述している。しかし，これらの機関は実用されなかったという[199]。

以上のように，水柱機関に関するアイディアは，ダニエル・ベルヌーイが，水が持つ活力を速度と圧力から構成されることを明らかにする前に試されている。

最初に実際に成功した水柱機関は，ヘルによって，1750年頃，スロバキアのシェムニッツに建造されたものである。これはニューコメン機関に似ていた[200]。

1765年頃，イギリスのウィリアム・ウェストガースは，ニューコメンによく似た設計で独立に水柱機関を発明した。ジョン・スミートンとウェストガースの2人は，18世紀後半，同様な水柱機関を建造している[201]。

トレビシックも水柱機関を独自に建造している。彼の水柱機関は，ワットの複動機関に似ていた[202]。トレビシックは，1798年に彼の最初の水柱機関をプリンス・ウィリアム・ヘンリー(ロスカー)鉱山(Prince William Henry (Roskear) Mine)に建造し，1799年にはドロイド錫鉱山(Wheal Druid)も含めてその後何台かを建造している。その1台，1803年にダービーシャーのベークウェル(Bakewell)の近くアルポート鉱山(Alport Mines)に設置された水柱機関は，シリンダ直径25 in.(0.64 m)，ストロークは10 ft.(3.0 m)で，水圧は65 psi(4.6 kgf/cm^2)であった[203]。この水圧を発生させるのに必要な水柱の高さは46 mに相当する。このトレビシックの水柱機関は図17に示すようなもので

第3章 高圧機関への展望と限界 63

あった。

水圧は，人間が水に潜れば体験することができる。自然科学的には「アルキメデスの原理」という浮力に関する知識が古くからわかっていた。水圧を動力として利用するというアイディアは，動力需要があれば，いつ出てきてもおかしくはないかもしれない。

また18世紀半ば〜19世紀初頭にかけての水柱機関の発達が，蒸気機関から応用されたものであることは疑う余地がない。一方，「ベルヌーイの定理」という，水位が持つ活力が速度分の活力と圧力分の活力に変換すると

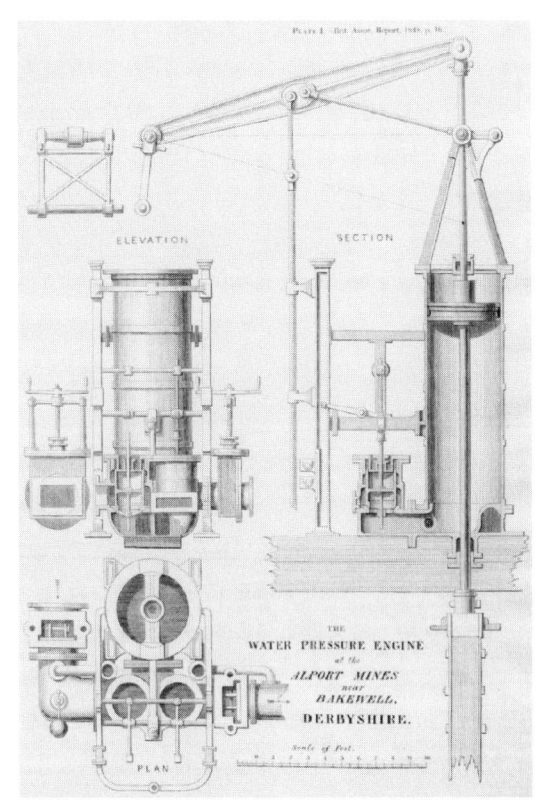

図17 ダービーシャーのアルポート鉱山に設置されたトレビシックの水柱機関[204]

いう原理が，これらの水柱機関にどのように応用されたかについては，現状では全く不明で，この解明は今後の課題としておきたい。しかしながら，技術者は水が発揮する圧力についてなにがしかの知識を持っていなければ，水柱機関というような機関を考えるはずがない。自然科学的知識がすぐ技術に応用出来るというのは乱暴な議論であるが，技術者が全く自然科学的知識を持っていなかったというのも考えにくい。ただ技術者が必要とする知識体系は，自然哲学者や科学者が考える厳密な知識体系と同じ必要がないというだけである[205]。だから水柱機関を作った技術者たちの水位と水圧との関係に関

する知識は，今日「ベルヌーイの定理」と呼ばれる，水の持つ位置エネルギーが運動エネルギーと圧力のエネルギーに転換されるという現代的な解釈よりも，もっと素朴な知識であったかもしれないのである。水が持つエネルギーを圧力という形で利用するという知識は，技術者が持つ独自な知識体系によって得られたとするのが自然だと考える。

実際に，水力機関は19世紀の初めまでに，水が持つ位置エネルギーを運動エネルギーだけではなく，圧力のエネルギーとして利用するまでに発達していたのであり，これが，19世紀初頭，トレビシックのような高圧蒸気機関を開発した先進的な技術者への大きなヒントとなったことは，すでにカードウェルによって指摘されている[206]。

しかし，18世紀末の水柱機関の開発は，水から得ることができる**最大効率の探求**と密接に関わっていたと思われる。スミートンは，一定の水位を保つ水が発揮するpowerとeffectの比を研究した。トレビシックは，コーンウォールという石炭の価格が非常に高い金属鉱山地帯を舞台に，効率の良い機関の建造を行った。こういった水が持つ最大効率の追求から，速度だけではなく圧力を利用するというアイディアを実現した可能性は十分にあると思われる。その際，「ベルヌーイの定理」が使われたことも可能性としてはあり得る。

しかし，一方で，水柱機関のアナロジーを蒸気機関へ厳密に適用することには，幾つかの困難があった。確かに水柱機関は，ピストンの位置に応じて水の供給を絞ったりして，「蒸気機関の膨張作用と部分的には類似の面を取り入れ[207]」はした。しかし，カードウェルも指摘しているが，蒸気は圧縮できるのに対し，水はほとんど圧縮できない。蒸気は弾性があるが，水は非弾性的である。したがってワットが考案した膨張作動原理は，直接，水柱機関には応用できないし，そうした証拠もない[208]。蒸気を閉めきった後のシリンダ内の蒸気の状態に関しては，その後，重大な問題となるのだが，それは次章で詳しく述べる。

ただ，こういった水柱機関の発達とそれに関する知識体系の発達は，蒸気の圧力がする仕事を考察するのに際し，同じようなアナロジーによって利用

されることになるのである。次の節では，このような水の圧力と熱の動力に関連する理論的展開について述べていきたい。

5. 熱の本性に関する理論展開——水柱機関と蒸気機関とのアナロジー

　蒸気が持つ潜在的な動力についての知識は，熱の本性を何と見るかに大きく関わっていたと思われる。熱の本性については，18世紀末～19世紀初頭にかけては，熱素説，すなわち熱の原因が，熱素という物体であるという立場が主流であった。ならば，熱から発生する運動ないし仕事は，実際の流体から得られる動力とのアナロジーとして捉えられると考えることに，不合理な点はないだろう。ある水槽に貯められた水が，水槽の底から流出する運動エネルギーは，その水槽の高さに依存する。では，蒸気が持つ「潜在的(ポテンシャル)な動力」とは何に当たるのだろうか。それは，蒸気が持つ熱量に依存するのではないだろうか。

　ここで蒸気が持つ熱量に関するワットによる実験を紹介しておこう。カードウェルによると，ワットは，「大気圧が減少すれば，水は徐々に低い温度で沸騰するという事実は，真空中で沸騰させることによって，かなりの燃料節約が出来るのではないか[209]」と言うことを着想するに至ったとのこと，ワットは早速実験を行ったが，このことについてジョセフ・ブラック(Joseph Black, 1728-1799)は1766年に学生たちに次のように述べたとされる。

　　「低温・定圧で発生した蒸気は，想像されていたのとは反対に，冷却器[凝縮器]もしくは蒸留器に，通常の大気圧の下で発生した蒸気とまったく等しい熱を与えていることをワット氏は発見した[210]。」

　すなわち，ワットがブラックに語ったところによると，水は沸騰する際の圧力によらず，顕熱と潜熱の合計が常に一定になったのである。しかし，この事実は，どんな圧力でも顕熱と潜熱の合計が常に一定であるということを証明していない。しかし，ワットはこの件に深く立ち入ることはなかった。ワットは，低圧で蒸気を発生させたところで，大きな熱の節約にならないとわかっただけで十分であったのである。

この事実は後に「ワットの法則」と呼ばれ，ジョン・ロビソン(John Robison, 1739-1805)の手によってワットに帰されたことになっている[211]が，カードウェルによれば，それはかなり疑わしいとのことである[212]。「ジョン・サザンの研究を考慮に入れれば，ワット自身は全熱量が常に一定となることに疑いを抱いていた[213]」とカードウェルは述べている。いずれにせよ，この「ワットの法則」は，実際には間違いであったが，19世紀，技術者にはかなり長い間信じられていた。

これまで熱素説の基本的な前提が「全熱量(total heat)の原理」であることはよく言われてきた[214]。一方で，蒸気が発生する仕事についてこれまではあまり強調されてこなかったが，著者はこの蒸気が持つ全熱量(total heat)が，蒸気の持つ「**潜在的(potential)な動力因**」として捉えられたと考えている。それは当時の技術者が，水力機関とのアナロジーによって，蒸気機関が発揮する仕事を考えていたからである。18世紀末〜19世紀初頭にかけての蒸気機関の理論は，水力機関(それは初期には水車であり，後には水柱機関)の効率と大きく関わっていたと思われる。

次にこの主題に関して，幾つかの証拠をあげていきたい。

例えば，トレビシックが水柱機関から高圧蒸気機関へのヒントを得たことは，カードウェルがすでに述べている[215]。

また蒸気の持つ動力と水が持つ動力を同じように考えている例として，ジョン・ファーレー(John Farey, 1791-1851)の記述を紹介しよう。ファーレーは『リースの百科事典』で次のように述べている。

> 「蒸気は空気とは大変異なっており，共通する性質はない。ただ圧力(elasticity)に関しては例外である。この圧力はすべてそれが持つ熱量に由来するのであり，蒸気が持つ力は熱量に応じて増加もしくは減少する。しかし，それが増大そして減少する法則が何によるのか，私たちには確信がない。なぜなら，私たちは，ある弾性力(elastic force)をもった蒸気内に蓄えられた実際の熱量を測定する手段を持たないからだ。私たちが確信を持って言えることのすべては，膨張に関する我々の表において述べられていることだけである。すなわち，温度計がある温度を示すまで

加熱されるときにある閉じた容器内に閉じこめられた水は，蒸気へと転換しているのだが，ある圧力(pressure)もしくは弾性力(elastic force)をもつようになるだろう。……蒸気の弾性力を決定するのは，熱量だけである[216]。」

ここでファーレーは，蒸気の圧力が熱量に依存するしている。これは明らかに，水が持つ動力はその落差に依存するという水力とのアナロジーと共通している。

またデービス・ギディ(Davies Giddy, 1767-1839. 後にデービス・ギルバート Davies Gilbert と改姓[217]，以降はギディと呼ぶことにする。)は温度と蒸気の弾性力に関して次のようにも述べている。

「温度の降下は，それは結果的には圧力(elasticity)の降下になるのだが，蒸気が膨張するにつれて起こる希薄化によって引き起こされる[218]。」

「ある重量の水をファーレンハイトの温度計で1度上げるのに必要なものより9倍大きい熱量が，水が蒸気に変わるとき潜熱になる。華氏40度〜212度への温度の上昇が，蒸気の膨張力を2倍にする。…(中略)…高圧蒸気の使用によって，ある燃料の消費から得られるであろう出力の増大は，結果的に大きな期待を生んだ[219]。」

すなわちギディは，蒸気の圧力が温度に依存していると考えているのである。ギディは，高圧蒸気機関の有用性を早くから気がついていた。

しかし，トレビシックにせよファーレーにせよギディにせよ，彼らは熱力学を使うことが出来なかったので，現代的に高圧蒸気機関の有用性を考えることは出来なかった。彼らが利用できた蒸気機関に関する自然哲学的理解は，熱素説に基づくものであり，おそらく蒸気機関に応用できた唯一の理論は水力機関とのアナロジーによるものだと思われる。蒸気力と水力との関係については，カードウェルがすでに提示しているが[220]，熱素と水を同じ流体と見なして，蒸気が持つ熱素の量と水位との関係が同じように捉えられたとまでは言及していない。

一方で，ヒルズは，エルンスト・アルバンの高圧蒸気機関の考えを引き合いに出した。アルバンによれば，高圧水蒸気の利点は，水蒸気内に含まれる

自由熱素(free caloric)による膨張によるものだとしている[221]。さらに，ヒルズは，熱素の最も近い類似物は水で，蒸気機関は水力機関と比較されたと述べてから，蒸気機関の設計などを利用した水柱機関に言及し，さらに蒸気機関もまた水車へ適用されたのと同様な方法で似ていると考えられていたこと，すわなち，水蒸気の圧力は水車の動力に利用できる水の落差と一致すること，そしてもしこれが正しかったなら，そのとき利用可能な熱素の落差もしくは圧力が与えられたなら，そして動力の利用が最も効率的な方法で使われたであろうなら，効率に関して言えば水の落差が大きかろうと小さかろうと水柱機関と水車で何の違いも見い出さなかっただろうにと述べている[222]。熱素の落差が水蒸気の圧力と一致するという見解は興味深いが，ヒルズは水蒸気の圧力が蒸気機関の発揮する仕事と一致するという見解を取っているように著者には読める。しかしながら，熱素と水のアナロジーを考慮するならば，圧力だけではなく速度も検討に加えるべきで，圧力と速度を包括的に検討するならば，「熱素の潜在的動力源(ポテンシャル)」とした方が良いと考える。

　以上，著者は，19世紀初頭，高圧蒸気機関の有用性は，ファーレーやアルバンも含めた何人かの技術者によって，水蒸気が持つ潜在的動力源と水が持つ潜在的動力源が同じアナロジーによって考えられていたことを指摘しておきたい。

6. 熱運動説の登場と高圧蒸気機関開発への影響について

　前節まで熱物質説ないし熱素説が高圧蒸気機関の開発に与えた影響について述べてきた。しかし，一方で，18世紀末には熱運動説も同時に登場してきたのである。したがって，当時の熱運動説と蒸気機関との関係について，多少なりとも解説が必要であろう。

　熱運動説は，1798年にランフォード伯(Benjamin Thompson, Count Rumford, 1753-1814)によって *Philosophical Transacitosn* 誌上に掲載された論文で主張されている[223]。ランフォード伯は，大砲の中ぐりの際に膨大な熱が発生することを見い出した。その熱は無尽蔵であり，かつその実験装置は他の系と熱

的に絶縁されているので,運動が熱であると彼は考えたのである。

一方,ハンフリー・デービー(Humphry Davy, 1778-1829)も独自に熱運動説に関する実験を行った。断熱した装置内に2つの氷どうしをこすりあわせ,その際に発生する摩擦によって氷を溶かしたとする実験である[224]。

ランフォード伯の実験が影響力を持ち得なかった理由は山本が述べている[225]。また,デービーの実験に関しては,何人かの研究者によって,その真偽が次に述べるように疑われている。

アンドレーデは,デービーの氷どうしを摩擦によって溶かす実験に疑いをはさみ,装置から熱が伝わった可能性を示唆した[226]。以降,何人かの科学史家の間では評判が悪いものとなっている。例えば,カードウェルはアンドレーデを引用し,装置の断熱が不十分であったことと共に,氷の融点が圧力によって低下した可能性をも指摘している。その上でデービーの実験は「「実験」がどのように行われたかを想像することは不可能である[227]」と酷評している。比較的最近のデビッド・ナイト(David Knight)によるデービーの伝記でも,デービーによる氷を摩擦によって溶かした実験について,装置の断熱が十分でなかったと述べている[228]。

しかしながら,以上のようなアンドレーデを始めとするデービーの実験に関する評価は,20世紀の科学的知見を持って主張されたもので,当時,それを反証することは必ずしも容易ではなかったはずである。またデービーの実験が,運動が熱に転換することを証明したものではなかったにせよ,その主張自体には現在でも見るべきものがあることは確かである。

本節では,当時,蒸気機関の主たる需要地の一つであったコーンウォール地方出身の科学者・技術者に熱運動説が伝わった過程について述べておきたい。

トーマス・ベドーズ(Thomas Beddoes, 1760-1808)[229]から,ギディに宛てた1798年4月14日付けの手紙によると,ランフォード伯がベドーズに新しい論文を送ってきたこと,さらにその論文で衝突と摩擦が熱を生じることをランフォード伯は示したと書いている[230]。一方,デービーも独自に実験を行う。"An Essay on Heat, Light and the Combinations of Light,"はベドーズの

雑誌から1799年1月に出版される[231]が，その草稿は1798年6月付けで完成している[232]。この草稿を見たベドーズは，喜んでランフォード伯の論文をデービーに送った[233]。

　ギディからサンベリーに宛てた1798年11月5日付けの手紙で，ギディは，ランフォード伯の *Philosophical Transactions* 掲載の論文とデービーの実験（詳細については記載なし）に触れて，熱は摩擦と振動によって発生することに言及している[234]。デービーからギディに宛てた1799年2月22日付けの手紙において，デービーはカロリック説を否定し，ジェームズ・キーア(James Keir, 1735-1820)[235] とワットはフロギストン説を信奉しているとも述べている[236]。

　以上の経緯をまとめると，ランフォード伯およびデービーの研究は，ギディに1798年には伝わっていたことになる。ただ，これについては継続して研究していく。

　1800年にジェームズ・ワットの蒸気機関に関する特許が失効した後，高圧蒸気機関の開発の先駆者となったのが，トレビシックであったことは前述した通りだが，トレビシックの友人であったギディはトレビシックの蒸気機関が成功すると確信した。1801年8月24日のギディの日記では，デービーが王立協会を訪問したこと，さらに翌25日のギディの日記では，トレビシックからの図面をランフォード伯のために持ってきたことを述べている。1802年8月25日トレビシックと彼の従兄弟アンドリュー・ビビアン(Andrew Vivian)[237] からギディに宛てた手紙[238] では，トレビシックとビビアンは，デービーからの紹介を受けてランフォード伯と会ったこと，ランフォード伯は，火床や加熱室内の水蒸気の作用，沸騰している水や肉の調理などに精通していること，ただし，ランフォード伯は，ピストンに働く水蒸気の作用についてはあまり知らなかったこと，そしてランフォード伯は彼らの蒸気機関車のために彼の考え得る最上の大まかなスケッチをもらい，トレビシックは完全な設計図を作成中である旨，書いてある。

　以上を勘案すると，トレビシックの高圧蒸気機関の開発にギディ，デービー，ランフォード伯らが関与していたことがわかる。デービーとラン

フォードが熱運動説を唱えていたことを考えると，熱運動説が，高圧蒸気機関の開発に何らかの影響を与えたと考えることも可能かもしれない。ランドフォード伯は，1796年に王立科学研究所(Royal Institution)の暖房用としてボイラーを製作していたりしたこと[239]などからも，トレビシックに技術上のアドバイスを与える能力があったことは間違いない。

しかしながら，デービーやランフォード伯の熱運動説と熱物質説とで，具体的な蒸気機関の設計や運転にどのような相違がでるのだろうか。たとえ，熱が運動のある形態であることがわかったとしても，彼らの熱運動説が蒸気機関開発の問題に何か意味のある示唆を与えたかどうか，そしてそれがどのようなものであったかを考えることは極めて困難であるように思われる[240]。

しかし，気体を構成する原子の運動から，高圧水蒸気の有用性を明らかにするような指摘を与えた人物がいた。それはジョン・ヘラパス(John Herapath, 1790-1868)[241]なる人物であった。

気体の分子運動論は，古くはダニエル・ベルヌーイが提唱したもの[242]で，ダニエルは，圧力それゆえ温度は気体の粒子(または原子)の速度の2乗に比例すると考えた[243]。一方，ヘラパスは，気体の圧力は粒子の運動量(mv)に比例していると考えた。であるならば，「対応する粒子の質量が同じなら，気体粒子の速度は温度に比例する。それゆえ，対応する粒子による弾性(elasiticities)は，それは結果として媒質の弾性になるのだが，温度の2乗に比例することになる[244]」と述べた[245]。これは，水蒸気に追加された熱によって作られた高圧の水蒸気で動作する高圧蒸気機関の有用性の言明になろう。

1820年にヘラパスは，*Philosophical Transacitons*誌にギディを通じて論文を投稿した。もちろんそれは王立協会会長であったデービーの目にも入ることになった[246]。しかし，デービーは，熱は粒子の「振動性もしくは波動性の動き，もしくは粒子の軸を中心に回転する動き，もしくは粒子どうしがそれらの周りを回転する動き[247]」だと考えていて，ヘラパスが考えるような空間の中を自由に動き回る粒子は考えなかった[248]。結局，ヘラパスの主張は，デービーにも受け入れられなかったし，デービーのパトロンであったギディにもよく思われなかったようである。デービーはヘラパスの数学を理解する

ことはできなかったし，ギディは彼の仕事はいくぶん曖昧だと思ったのである[249]。

ヘラパスの仕事は，水蒸気を構成する粒子の運動速度とその圧力を結び付けることで，高圧蒸気機関の有用性を説明する潜在能力があった。しかしながら，彼の仕事は当時熱運動説を支持していたデービーにさえ受け入れられなかったし，ましてや他の多くの科学者・技術者の支持するところではなかった。

結局，当時は，デービーが考えていたような熱運動論では，熱が運動か物質であるかどうかが蒸気機関技術の上でクリティカルな問題ではなかったと考えるのが無難であると今のところは思う[250]。ただし，熱運動説と蒸気機関技術の展開との関連については，予断を持たずに継続して研究する。具体的な蒸気機関の技術上の課題として熱素説と熱運動説とで違いがはっきりと現れるのは水蒸気の断熱膨張の問題[251]の時であり，それは本著第4章以降で論じられる。

7. デービス・ギディとコーンウォール地方の技術者たち

これまで何度かデービス・ギディ(ギルバート)に関して記載してきたが，本節では，ギディが高圧蒸気機関開発に果たした役割について論じる。

デービス・ギディに関する技術史的研究に関しては，フランシス・トレビシック(Francis Trevithick)[252]やディキンソンとティトレー(Dickinson, Arthur Titley)[253]による記述などがあり，またトッド(A.C. Todd)によるギディに関する博士論文[254]や伝記[255]もある。これら著作の技術に関わる点で共通するギディ像は，ホーンブロワーやトレビシックら技術者に科学的知識を伝えたり，ハンフリー・デービーといった科学者に支援を与えたりした人物として，つまり科学・技術のパトロンとして描かれているのである。本節では，ギディを中心とした科学者・技術者の協力関係について述べ，熱や水蒸気および蒸気機関に関する自然科学的知識が伝達の過程およびそれら知識がどのようなものであったのかを述べる。

1791年6月5日付けギディからホーンブロワーへの手紙[256]によると、ギディは、ジョセフ・ブラックの潜熱に言及し、新たに蒸気を作るよりは、より少ない熱量で蒸気の弾性力(elasticity)を上げることができる可能性を示唆し、異なる弾性力での効果を調べるために、弾性力(elasticity)を維持して、速度や負荷を変える実験を勧めている。ジョセフ・ブラックは熱物質説を基礎に熱容量や比熱の測定を行ったので、この時点でギディは熱物質説に与していたと判断できる。

7.1 断熱膨張をめぐる科学者と技術者との交流

ところで、シリンダ内で蒸気を閉めきった後、蒸気はどのように振る舞うのか。これを明らかにすることが、19世紀以降の高圧蒸気機関の発達を歴史的に研究する上で最も重大な点である。蒸気を閉めきった後、蒸気はもはや熱素の供給を受けないわけだから、蒸気は自らが持つ弾性力に従って、膨張し続けることになる。この体積膨張の時の温度低下が「膨張の潜熱」となる。

ここで蒸気を閉めきった後の蒸気機関の効率を検討している代表的な例をあげておこう。1792年、ギディは、ホーンブロワーによる2段膨張機関の特許期間延長の申請に対し、ホーンブロワーを弁護する証言をしている。ギディは、当時コーンウォール州の執政長官であった。ワットのこのことに、はっきりと危機感を抱いた。そしてジョン・サザン(John Southern)宛ての1792年4月21日付けの手紙に次のように書いている。

> 「彼らは、流率(fluxions)によって彼らの機関の優秀性を証明するために、コーンウォール州の執政長官でオックスフォード出身のギディ氏を連れてきました。なのでおそらく私たちは、常識によって彼の流率に対抗するために木曜日までに会わなければならないでしょう……[257]」

このギディによる蒸気機関についての考察は、1827年に王立協会にて発表されている。ここでギディの「流率」の計算を見てみよう。図18を見て頂きたい。ここではAB＝1、ピストンを押す蒸気の力を1としている。

> 「ボイラからの蒸気の流入をバルブvにて止めたとき、ピストンは蒸

気の膨張的な弾性，すなわち$\frac{1}{1+x}$で表現される密度によって空間 x を移動してBの位置まで動かされることを想定していただきたい。この密度と弾性は比例関係にあると想定できるからである。$\frac{\dot{x}}{1+x}$は効率(efficiency)の流率(fluxion)として表現できるだろう。だから効率そのものは，log |1+x|となる。AからBまでストローク全体での効率は，1+log|1+x|となる[259]。」

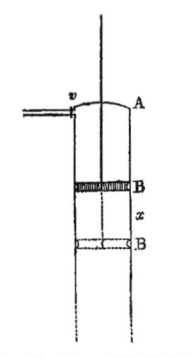

図18 ギディの蒸気機関についての考察[258]

ワットは，ギディの計算を流率と勘違いをしているが，実際にギディが行っているのは，流率(微分)ではなく，積分である。すでにパーシーとフィッシャーは，ギディのこの方法が，ダニエル・ベルヌーイが空気の圧縮の際に使われる活力の計算と形式的にはほぼ同等であることを指摘している[260]。

ダニエル・ベルヌーイによる圧縮性の気体をピストンで圧縮する場合の仕事の計算については，注を参照していただきたい[261]。ダニエルは，ここで空気が持つ圧力と体積の積が一定になるというボイルの法則を前提にしている。

確かに蒸気ないし空気の膨張力に関してだけであれば，ギディの式はダニエルのものと似ている。パーシーとフィッシャーは，ダニエルが"vis-viva"という，ポテンシャル・エネルギーと仕事との間の中間的な概念を使っているのに対し，ギディは"power"や"duty"といった技術者が使っていた概念を使っていると述べた。またパーシーとフィッシャーは，ギディの見解はダニエルほど明快でもないし洗練もされていないことを指摘している。さらにギディは，おそらく *Hydrodynamica* を読んでいなかったが，1790年に"the ninth volume of the Memoirs of Berlin"の中の，ボイルの法則に厳密には従わない理由についてのベルヌーイの説明に関してズルツァー(Sulzer)が述べた箇所をギディは言及しているので，ギディは，ダニ

エルの空気の膨張に関する考えは他の本から知っていたが、このダニエルによる vis-viva の計算をおそらく読んでいなかっただろうと推定している[262]。カードウェルによれば，1792 年ギディが蒸気の膨張作動原理の理論を初めて提唱した[263]としている。蒸気機関の動作としての膨張作動原理は，すでにワットによって 1769 年と 1782 年に提唱されてはいたが，前述したように，圧力と体積との積が仕事になるというようなことをワットは主張していないので，カードウェルのギディに対する評価は正当だと考える。

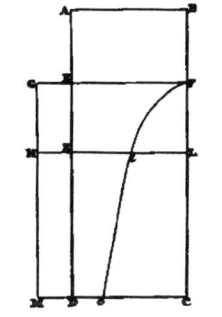

図 19 シリンダの中で膨張する蒸気の圧力を示したロビソンの図[266]

ロビソンは，1797 年，エンサクロペディア・ブリタニカ第 3 版「蒸気」[264]でこの膨張作動原理について言及している。その内容は，ロビソン『機械的力学の大系』第 2 巻(1822 年)[265] に再録されている。図 19 は，『機械的力学の大系』第 2 巻に付されたシリンダの中で膨脹する蒸気の圧力を示したロビソンの図である。ロビソンも，蒸気の圧力と体積の関係をボイルの法則に従って計算した。ただワットと違って双曲線内の面積を積分を使って計算している。カードウェルによれば，ロビソンがギディの業績(ギディの業績については後述する)を知っていたことは明らかだとしている。また，「累積された圧力」という表現から，仕事は「力」で表現されるというニュートン的伝統の中にいたことも指摘している。

またギディはホーンブロワー，トレビシック，ウルフら技術者とも親交を持っていた。ティンクロフト鉱山(Tincroft)に設置されたトレビシックによるホーンブロワー機関の性能試験の結果およびワット機関の性能試験の結果は，1792 年 4 月 4 日付けの手紙でトレビシックからギディに報告されている[267]。それによると，ホーンブロワー機関が 16,652,472 duty であったのに対し，ワット機関は 9,923,232 duty(Joseph Marcom による試験)であった。さらに高圧蒸気機関の開発に際し，その性能に関してトレビシックはギディに質問もしている[268]。ギディは，ホーンブロワーやトレビシックらコーン

7.2 ウルフによる蒸気の膨張力に関する見解とギディへの報告

ホーンブロワーの後に2段膨張機関の開発に取り組んだのが，アーサー・ウルフである。1803年8月24日，ウルフは2段膨張機関と彼のボイラに関する特許を取得(特許番号2726)している[269]。

さらにウルフは，1804年に取得した特許(特許番号2772)の中で，蒸気の膨張力を過大評価している[270]。ウルフの主張を式で表現してみる。大気圧をP_a 膨張前の蒸気の体積をV_1 水蒸気圧(ゲージ圧)を m とすると，次式が成り立つとウルフは主張しているのである。

$$(P_a+m[psi])V_1=P_a \times mV_1$$

もちろん，水蒸気はこれほどの膨張力は持っていない。ウルフは，特許番号2772において，40 psi (2.8 kgf/cm^2)の蒸気を用いた場合，高圧シリンダは低圧シリンダの40分の1にすべきだと述べているが[271]，これでは高圧シリンダとしては小さすぎる[272]。

さらに，1827年12月29日付けでウルフからギディへ宛てた手紙では，次のような2つのインジケーター線図を添付している[273]。この手紙はRoyal Institution of Cornwallに保管されている。ジェンキンス(Rhys Jenkins)は，ディキンソンによって複写されたこの手紙と2つインジケーター線図に言及しているが，ジェンキンスはウルフが水蒸気の膨張について誤った考えを持っていたとしか述べていない。またこれらインジケーター線図はまだ複製されていないと述べていて，もちろん論文中に掲載もされていない[274]。Todd, *Beyond the Blaze*, p.101 と T.R. Harris, *Arthur Woolf: The Cornish Engineer* (1966), p.92 にも同手紙について言及があるが，詳細は述べられておらず，これらインジケーター線図も掲載されていない。しかしながら，著者は，これらの図にウルフの蒸気の性質および当時の蒸気機関の理論が込められていると見た。

コーンウォール機関への性能への疑義が掛けられていた時，1827年12月17日 Captain William Francis とウルフの監視のもとコーンウォール機関

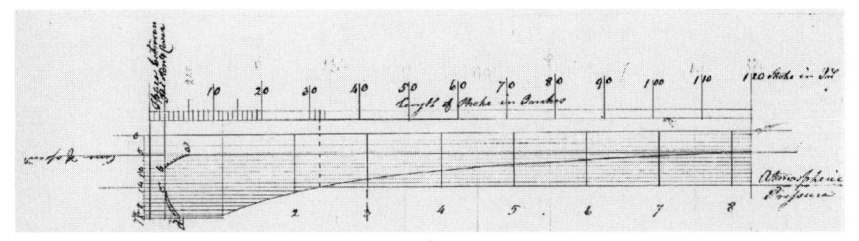

第 3 章　高圧機関への展望と限界　77

図 20　ウルフによって描かれた蒸気の膨張力に関する報告。7.5 psi の蒸気は元の体積から 5.72 倍まで膨張する。Courtesy of Royal Institution of Cornwall: Courtney Library (Trevithick Collection Vol. I, No. 108)

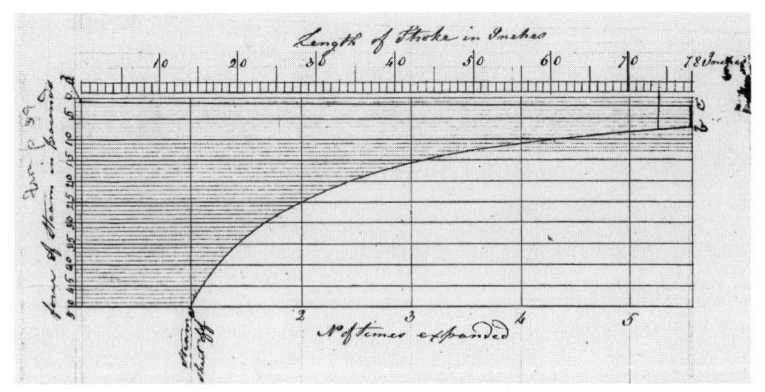

図 21　ウルフによって描かれた蒸気の膨張力に関する報告。50 psi の蒸気は元の体積の 6 倍弱しか膨張しておらず,「ウルフの法則」に反している。Courtesy of Royal Institution of Cornwall: Courtney Library (Trevithick Collection Vol. I, No. 108)

の公開試験が行われた。図 20, 図 21 はアルフレッド錫鉱山(Wheal Alfred)とフォーチュン錫鉱山(Wheal Fortune)の蒸気機関の性能についてウルフがギディへ報告したものである。

　図 20, 図 21 は, シリンダー内で膨張する水蒸気の圧力と体積を示したもので, 横軸にストローク[inch]を, 縦軸に圧力[psi]を取ってあるが, 圧力軸の目盛りの取り方が目盛り下に行くほど大きくなるので, 今日よく使われている pv 線図とは横軸を軸とする線対称になっている。また, この線図は, あまりにきれいに描かれているので, 実測をそのまま記録したものではなく,

実測を元に後から書き直されたものと判断できる。

図20は，ウルフが発見したと信じた法則，すなわちディキンソンの言葉を借りれば，「一平方インチ当り20，30ポンド等々の蒸気はそれぞれその体積の20倍，30倍等々の体積まで膨張したあとも大気圧と同じ圧力をもつ[275]」の証拠になっているとウルフは考えた。

図21は，「ウルフの法則」より小さい膨張力しか示していない。つまり，圧力が彼の想定より早く低下しているのである。ウルフは手紙の中で，この原因は蒸気が凝縮したためだと述べている。

ウルフが手紙の中で自分が述べたことの重要性に気づいていたかどうかはわからない。しかし，これは，著者が知る限り，技術者がシリンダー内での水蒸気の断熱膨張について言及した最初の事例である。ワット，ロビソン，ギディとも蒸気の膨張にボイルの法則（pv=const.）を適用していたことを思い出していただきたい。そしてまたこの線図は，クラペイロン（Benoît Paul Émile Clapeyron, 1799-1864）による断熱線（1834年）より7年近くも早い。ギディはウルフを通じて水蒸気の断熱膨張時の圧力と体積の関係およびそのために起こる復水を1827年に知っていたことになる。

以上のことを整理すると，ワットは膨張作動原理の発明によって，高圧蒸気機関へ先鞭を付けていたと言える。しかし，ワット自身の水蒸気を生み出す熱素と水蒸気の圧力と体積との関連についての理解は，当時，一般的であった熱物質説もしくは熱素説の文脈において検討すべきであり，現代の視点から評価をするのはミスリードだと考える。ただし，ワットが使った理論は間違いであったとしても，後の科学者や技術者が膨張作動原理をどのように理解したかは別の問題である。

ギディは，蒸気を閉めきった後の蒸気は，ボイルの法則に従って膨張し仕事をすると考えており，この蒸気の膨張過程に関しての式は，形式的にはダニエル・ベルヌーイが空気の圧縮の際に用いた方法と酷似している[276]。さらに，ウルフから水蒸気の断熱膨張に関する情報をインジケーター線図を通じて受け取っていた。ギディは，コーンウォール地方における高圧蒸気機関の開発における有力な推進者であり，かつ彼がデービーやランフォード伯ら科

学者とトレビシックら技術者との仲介役であことは確実である[277]。

これまでギディはデービーや技術者のパトロンとして描かれてきたが，ウルフがギディに宛てた手紙には，断熱膨張に関する実地のデータがあったこと，つまり知識の伝達方向として「科学者→技術者」ではなく，「技術者→科学者」があったことを，ウルフからギディに送った書簡に基づいて指摘しておきたい[278]。

8. 熱素説に基づく熱理論の混迷と「蒸気機関の理論」の誕生

8.1 「ワットの法則」と「全熱量の原理」再考

19世紀に入ると，技術者に漠然と考えられていたと思われる熱物質説は，さらなる発展を見せる。それは，1801年ジョン・ドルトンや1806年によるゲイ・リュサックによる気体の断熱膨張に関する実験や1812年フランス学士院による各気体の比熱の測定に関する懸賞などである[279]。この懸賞論文に応募したのは，ドラローシュ(François Delaroche)とベラール(Jacques-Étinne Bérard)の論文とクレマンとドゾルムの論文の2本だけであり，受賞したのは前者であった。このことを山本は，「気体の熱現象の中では最も力学的で，それゆえ熱と力学的仕事の互換性を最も実載に示すものと思念されている断熱変化が，熱素理論の確立とその最も洗練された定式化への踏み台になったのだ[280]」と述べた。

本節では，以上のような19世紀初頭における熱素説の発展と蒸気機関の理論との関係については，検討していきたい。その熱理論の基礎となったのは，「ワットの法則」と「全熱量(total heat)の原理」であり，両者とも熱素説が基礎となったものである。

実際の技術者が熱素説と「ワットの法則」に従って蒸気機関の性能を考えていたと思われる幾つかの証拠がある。次にそれらを示していこう。

1827年に，ファーレーは，*A Treatise of the Steam Engine*の中で若干意見を変えてきている。彼は次のように述べている。

　　「私たちは，蒸気がそれを占める空間の境界を形成する表面に対して

発生する弾性力に注意を払わねばなりません。なぜなら，弾性力の強さは，蒸気が空間を占めるやり方を指し示しているからです。弾性力はまた温度に依存し，それゆえ私たちは周囲の環境にも注意を払わなければなりません。だからお互いに関係のある濃度，弾性，そして温度の三つの考慮すべき事柄を完全に取り上げる必要があります。……上記の表は，閉じこめられた蒸気の弾性力が，温度計で測定される蒸気温度よりも急速に増大することを示しています[281]。」

　ファーレーの記述が異なってきている理由は，19世紀に入って蒸気機関での高圧蒸気および膨張作動原理の利用が始まり，蒸気圧力によっても動力を発生できるということが認識されるにつれて，高圧蒸気の持つ潜在的な動力因を理論的に説明しようと試みられたためだと思われる。高圧の蒸気が断熱膨張する際の温度低下は，「全熱量(total heat)の原理」を拡張することで説明できる。すなわち蒸気が膨張すれば，温度計で測定できる顕熱は低下するが，蒸気の持つ全熱量(total heat)は一定なわけだから，その膨張の過程で，失われたかのように見える熱は，「膨張の潜熱」としてなお蒸気中に存在しなくてはならない[282]。これは次のような関係式で表現できる。

蒸気の全熱量＝顕熱＋蒸発の潜熱＋膨張の潜熱

　しかし，「全熱量(total heat)の原理」は，高圧蒸気機関の高い熱効率を説明することはできなかった。ここで最も問題となるのは，「**膨張の潜熱**」である。

　ファーレーはさらに次のようにも述べている。これはワットによる温度と圧力との関係について述べた記述である。この実験で，温度が等差級数的に増大する時圧力が等比級数的に増大することが明らかになったのである。ファーレーはワットのこの実験のことに触れて，次のように言及した。

「この状況は，機械的動力，それは通常の圧力(elasticity)の蒸気よりもむしろ大きな弾性力(elastic force)のある蒸気によって発生させられるかもしれないのだが，これに関して多くの誤った考えを提起した。なぜなら蒸気が閉じ込められているいかなる容器をも破裂させる力を発揮する弾性力(elastic force)は，温度の上昇によって，非常に急激に増大するこ

とがわかったので，より大きな機械的動力は，より小さい圧力(elasticity)の蒸気よりも，より高温の蒸気に蓄積された同量の熱に由来するのかもしれないと思われた。実際には，ある蒸気量を発生させるのに必要な熱量は，蒸気の温度と直接的な比例関係にはなく，ほぼ蒸気の圧力(elasticity)に比例するのである。だから高い圧力の蒸気(elastic steam)は，その蒸気を発生させるよりも多くの熱量を必要とするし，だからその蒸気は多くの弾性(elastic)を持っているのである。実際，高圧蒸気を発生させるためには，より大きな熱量と水をより小さな空間に押し込めることだけが必要なのである。それゆえ，それが保持しているいかなる大きな動力も，比例的に増大する熱の消費によって得られるだろう[283]。」

また，チャールズ・シルベスター[284]も「ワットの法則」を援用し，高圧蒸気機関が効率的でないと主張した。さらにシルベスターは，ヘラパスさえも同じ過ちに陥らせたと述べている[285]。シルベスターは前述したヘラパスの見解，すなわち「媒質の弾性は温度の2乗に比例する」という主張を非難したと思われる。

カードウェルは，1820年代のこういった蒸気の性質に関する技術者の状況を簡潔に次のように述べている。

「その時までに，蒸気機関の研究──「全熱量」の研究から出現したある一般原理の研究は，たとえ「ワットの法則」が正しいと想定されたとしてもその問題に何の光も投げかけなかった。低圧蒸気を発生させるのに必要とされる熱量と同等の熱量が高圧蒸気を発生させるのに必要とされるという知識は，問題となる「全熱量」が重量あたりであるためにほとんど役に立たなかった。そして蒸気の密度が圧力とともに増大するであろうということは，非常にありそうなことだと思われていた。それゆえ，追加の圧力は，より大きな蒸気の重量を必要とするであろうし，これは，言い換えると，疑いなくより大きな燃料を必要とするだろう。しかし，どんな場合でも圧力と仕事とは同じものではなく，機関の性能は，機関が吸収する熱に対して機関が発生する仕事によって測られる[286]。」

以上，1825年頃のイギリスの技術者が，蒸気機関の理論として，飽和水

蒸気の持つ熱量が温度によらず一定だという「ワットの法則」と，熱量の保存を前提とした「全熱量(total heat)の原理」を利用してきたことを述べてきた。これは熱力学が成立するまで，最も洗練された熱の理論だったのである[287]。これらの熱理論は，もはや高圧蒸気機関の熱効率を説明できなくなっていった。

8.2 「蒸気機関の理論」の成立

その後，高圧蒸気機関に関する熱理論が多くの著名な科学者・技術者たちによって主張されるようになる。ただし，その前提となったのもまた「ワットの法則」であった。

例えば，クレマンとドゾルムは，ワットとは独立に「ワットの法則」を発見したとされている。彼らは，アシェット(Hachette)が行った蒸気の顕熱と潜熱の合計がほぼ同じであるという概算に従って「ワットの法則」を発見したようだ[288]。

サディ・カルノーも「ワットの法則」のことを「クレマン，ドゾルム両氏の法則」と呼び，この法則は「直接の実験によって確立されたもの」であるとし，次のように述べた。

> 「水蒸気は，どんな圧力のもとで発生したかにかかわらず，同じ重さについてつねに同量の熱素を含む。これをいいかえると，はじめに飽和状態にあった水蒸気を熱の損失の起こらないようにして機械的に圧縮または膨張させても水蒸気は常に飽和状態のままである。したがって飽和状態にある水蒸気は永久気体とみなすことができる。それは永久気体と同じ法則をすべて満足するはずである[289]。」

また，1830年代に技術者に大きな影響を及ぼしたド・パンブールは，高圧蒸気機関も含めた往復動蒸気機関に関する理論『蒸気機関の理論』[290]を出版し名を馳せたが，ド・パンブールも飽和水蒸気を解析する上で2つの仮定をおいた。1つは，飽和状態にある蒸気は，どんな圧力，言い換えれば蒸気が発生するであろうどんな濃度においても，同じ量の全熱量(total heat)を含んでいるとしたこと，すなわち「ワットの法則」が成り立つと仮定したこと

であり[291]，もう1つは，飽和水蒸気にボイルの法則とゲイ・リュサックの法則(シャルルの法則)が成り立つとしたことである[292]。

高山・道家は，この「ワットの法則」が「蒸発の潜熱の効果を含んだ水蒸気の"total heat"の考え方は，「膨張の潜熱」の効果を含んだ気体の"total heat"の考えと二重うつしになり，熱素説を補強する役割を果たした[293]」と指摘している。たしかに「全熱量の原理」と「ワットの法則」は，歴史的にはほぼ同一視されていたように思えるし，お互いに補強する関係にあったかもしれない[294]。

以上，**水蒸気が断熱膨張する**際にどのように振る舞うかという問題は，熱の本性が何かという問題と大きく関わっていた。先回りして言えば，熱が運動なのか，それとも物体なのかという問題である。本節で述べたように多くの技術者や科学者は，熱の物質説を支持していた。その結果，当時，熱と蒸気に関する誤った理解が浸透しており，多くの優秀な技術者・科学者を間違わせた。そしてかの有名なサディ・カルノーをもつまづかせることになったのである。

9. カルノーの功績と熱素説の限界

サディ・カルノーは，水力機関とのアナロジーによって，理想的熱機関のサイクル(後にカルノー・サイクルと呼ばれることになる)について考察し，高圧蒸気機関の利点を指摘できた[295]。ただし，水という流体をモデルにしている以上，カルノーも熱素説を前提にせざるを得なかった。カードウェルは，カルノーは水柱機関にヒントを得たと述べている[296]。広重もカードウェルを引用し，同様の見解を述べている[297]。カルノーが達成し得た仕事の重要性は，これまで多くの科学者や科学史家によって賞賛され続けているし，著者もカルノーの業績の偉大さは認めるところである。しかし，熱素説に基づいていたため，カルノーの議論には限界があった。本節では，熱素説を用いたカルノーの議論の限界について触れておきたい。

蒸気がその膨張力によって動力を発揮したとすると，熱素説的な前提は崩

れてしまい、ベルヌーイの定理のような圧力を含めたエネルギー保存則になる必要がある。その関係式は、次のように表すことができる。

位置エネルギー＝運動エネルギー＋圧力のエネルギー

一方、熱量保存則では、次のように書くことができる。

蒸気の全熱量＝顕熱＋蒸発の潜熱＋膨張の潜熱

ベルヌーイの定理でいう「圧力の活力」が熱量保存則の「膨張の潜熱」に相当する。カルノーは、この「膨張の潜熱」について次のように述べている。

「温度変化が生じないこのような場合に使用された熱素を、体積変化にもとづく熱素となづけよう。この名前は、熱素が体積に属することを意味するのではない。それは体積にも圧力にも属さない。それを圧力変化にもとづく熱素となづけることも、同じように可能であろう。われわれは、この熱素が体積の変化に関してどのような法則にしたがうかを知らない[298]。」

カルノーは「膨張の潜熱」を「圧力変化に基づく熱素」としても良いと述べている。しかし、いずれにせよ「膨張の潜熱」は熱素であり、したがって保存されなければならない。前述のように「膨張の潜熱」は熱力学の立場からは、蒸気が外部にした仕事として表現されるべきである。しかし、「膨張の潜熱」を pdv で表した瞬間に、「全熱量(total heat)の原理」は成立しなくなり、仕事と熱が等価であるという熱力学第1法則と同等な形式に変わってしまう。この時、「顕熱」と「蒸発の潜熱」の合計は、「内部エネルギー u」として表現でき、「蒸気の全熱量」は、物質の状態量を表す「エンタルピ h」の表現に変わる。しかし、カルノーはそこまで進むことは出来なかった。

カルノーは、『省察』の中で、「熱素の落下は、高い温度で起るよりも低い温度で起るほうがより多くの動力を発生する[299]」と正しく結論した。しかし、これもドロラーシュとベラールの誤った結論から導き出されたものであった[300]。

熱素説は、熱を定量的に扱う上で、その成立の最初には、非常に重要かつ有効な理論であった。カルノーも熱素説に従って、理想的熱機関の動作原理すなわちカルノー・サイクルと高圧蒸気機関の利点をはっきり指摘した。し

かし，カルノーが前提とした熱素説は正しくなく，その成果も限られたものであった。

10.「蒸気機関の理論」の展開にインジケーターが果たした役割

10.1　インジケーターをめぐる技術史家たちの見解

　高山とクルースが指摘しているように，パンブールによる「蒸気機関の理論」の技術的基礎は具体的な蒸気機関である。著者もその点について異論はないが，他にも「蒸気機関の理論」の基礎となったものがあると考える。それは蒸気機関の性能を測定するある装置で，シリンダー内の圧力とピストンの位置を測定することが出来た。それがインジケーター(indicator)である。

　インジケーターは理論と実地の技術をつなぐ架け橋になったのである。インジケーターに関する科学史家・技術史家の一般的理解として，カードウェルのものをあげておく。カードウェルは，「インジケーター線図の理論は1792年にギルバートによって定式化され，1796年にジョン・サザンによる実用的な装置の発明となった[301]。」と述べている。インジケーターが描く図の面積は，今日pv線図で表される仕事の概念と同じだという認識である。

　一方，ワットの業績に関するカードウェルのようなあまりに現代的視点からの解釈に対し，それに反する見解も近年出てきている。ベアードは，ワットのそれは当時の熱理論は熱素説を基礎としたものであり，インジケーターが描く曲線の面積を今日とは違ったものとして当時の技術者は見ていたことを指摘している[302]。ベアードは，水蒸気と熱に関する理論の枠組みは間違っていたが，インジケーターは，それが今も昔も蒸気機関が発揮する仕事を表していたのであり，蒸気機関を改良する上で最も重要な装置であったろうことを指摘している[303]。さらに，ジェームズ・ワットの水蒸気とそれが発揮する動力の関係については，熱物質説の影響を強く示唆している[304]。

　その上で，「インジケーターがワットにとって重要だったのは，それによってシリンダー内の「排気の程度」がどうか「あらゆる時期で」わかるからだった[305]。」と述べている。

さらにミラーは，ワットの化学者としての側面を強調し，蒸気機関と水蒸気についても，ワットの化学的知見と合わせて理解しようとしている。そして水蒸気の動力とインジケーターについては，ベアードらを引用し，彼とほぼ同じ見解を採用している[306]。ミラーは幾つかの証拠をあげて，熱は水蒸気に弾性(elasticity)を与え機関を動かす圧力を生むものであって，熱と仕事が等価などと言っているわけではないことを強調している[307]。この点，ミラーはベアードの説を補強している。

カードウェル，ベアード，ミラーらのインジケーターとpv線図の評価に関する異なる見解を紹介したが，18世紀末の水蒸気と熱に関する自然科学の展開を考慮するならば，ベアードの主張は極めて説得力がある[308]。しかし，ベアードは，19世紀の熱学の展開とインジケーターの関係についてカルノーやクラペイロンの業績には言及したが，19世紀中葉頃までに活躍したイギリスの技術者たちが使っていた熱理論とインジケーターの関係については言及していない。ミラーは，ワットの化学者としての側面を強調はしたが，彼の関心目的は主としてワットの業績の再検討であり，熱力学成立前の「蒸気機関の理論」の展開を検討する視点はあまりなく，本著で目的とするほどの分析はしていない。

本節では，19世紀最初の半世紀に熱理論の展開に影響を及ぼしたインジケーターという具体的な測定装置について述べる。

10.2 インジケーターの秘密とその暴露について

最初のインジケーターは，ワットによって1794年に作られたもので，それはシリンダー内の圧力を測るだけのものであった。

行程のそれぞれの位置における圧力を測る改良型されたインジケーターは，1796年にジョン・サザンによって発明された[309]。インジケーターによって描かれた図はクラペイロンに影響を与え，一般に熱力学の基礎の1つになったとされている。ワットは，このインジケーターを長く企業秘密にしていた。それをジョン・ファーレーが1819年の秋にロシアに行った際に，ボールトン・ワット社の技術者がインジケーターを使っているのを見て，その後，イ

ギリスに広めたのである[310]。さらに，1822年に H. H. Jun. というペンネームで投稿された一報告で，インジケーターの秘密が公開された[311]。これによると，H. H. Jun. は，ロンドンの Mr. Field から情報を得たと暴露し，これが Mr. Hutton, of the Anderston Foundry で使用されていると述べた。ディキンソンとジェンキンス(1927)[312]によると，このペンネームの著者は，"Mr. Hutton himself or his son"だとしているが，ミラーはこのペンネームの著者を Henry Houldsworth Jr.(1797–1867)で，文中に出てくる Mr. Field はジョシュア・フィールド(Joshua Field, 1786-1839)だとしている[313]。

　H. H. Jun. が何者か著者は判断できないが，Mr. Field は，ジョシュア・フィールドと考えるのが妥当だろう。フィールドは，ボールトン・ワット社と競合関係にあり，またイギリス土木技術者協会(The Institution of Civil Engineers)[314]設立メンバーの1人であった。ミラーは，フィールドがミッドランズ(Midlands)を旅した際にインジケーターの秘密を入手したのではないかと推測している[315]。

　前述したように，1827年12月29日付けのアーサー・ウルフからギディへ宛てた手紙の中にインジケーター線図が含まれていることから[316]も，インジケーターは，1820年代後半には相当程度，イギリスの技術者の間に広まっていたと考えられる。

10.3 「蒸気機関の理論」の展開における土木技術者協会の役割

　1818年にフィールドらがイギリス土木技術者協会を設立した。1825年にギディは，同協会会長であったトーマス・テルフォード(Thomas Telford, 1757-1834)に宛ててコーンウォール機関の性能に関する手紙を書いていて，その書簡が同協会に保存されている[317]。ギディの字は相当に汚く，フィールドによって清書されたもの(未完)が付されている。当時のイギリス土木技術者協会は，技術者間にコーンウォール機関をはじめとした蒸気機関などの情報を収集し伝達する手段として働いていた可能性があると著者は考えている。

　1836年から同協会は，*Transactions of the Institution of Civil Engineers* を公刊し始めた。1837年からは *Minutes of Proceedings of the Institution*

表2 *Transactions of the Institution of Civil Engineers* に掲載された蒸気機関に関する論文数と全論文数

巻号(年)	蒸気機関の論文数/全論文数
Vol. 1 (1836)	5/28
Vol. 2 (1838)	5/20
Vol. 3 part. 1 (1839)	1/1
Part. 2 (1840)	1/1
Part. 3 (1840)	1/6
Part. 4 (1841)	2/3
Part. 5 (1842)	4/8

of Civil Engineers が継続して発刊されるようになり，*Transactions* はわずか3巻のみが公刊されただけであったが，同協会における最古の雑誌である *Transactions* は，同協会の最初の研究動向を見る上では興味深い資料である。

Transactions における蒸気機関に関する論文数と全論文数を比較した表は表2のようなものである。掲載論文の詳細な検討は今後の課題としたいが，蒸気機関に関する論文の数と内容からは，当時の指導的な技術者たちの蒸気機関への関心の高さが伺える。

10.4　ウィリアム・ポールによるパンブール『蒸気機関の理論』の修正

ここで，実際の蒸気機関と理論との関連を考えるために，19世紀をほぼ丸ごと生きた技術者ウィリアム・ポール(William Pole, 1814-1900)を紹介したい。彼の人生と業績は，技術者の科学と技術との関わり方を考える上で非常に興味深い。

ポールは徒弟修行を終えて1837年から製図工として働く一方，1839～1843年にかけてヨーロッパの各国言語と数学を自学した。1841年，英国科学振興協会(British Association for the Advancement of Science)に参加した際にコーンウォール機関に関心を持ち，蒸気機関や水蒸気の圧力と体積の関係などを研究した。1844年頃，高等数学を技術的課題へ応用する必要があると

考え，インド・ボンベイの Elphinstone College の工学教授になり，1859～1867 年には University College, London の工学教授になった。さらにウィリアム・シーメンズ(William Siemens, 1823-1883)の伝記を執筆し(1888)，またウィリアム・フェアベアンの自伝の編集(1877)や，ロバート・スチーブンソン(Robert Stephenson, 1803-1859)の伝記の5章分を担当し，さらにイサンバード・キングダム・ブルネル(Isambard Kingdom Brunel, 1806-1859)の息子による父の伝記執筆を助けた(1870)[318]。

1843年の論文[319]では，ナビエやパンブールが使った水蒸気の圧力と体積に関する理論を修正しようと試みた。ポールによって新たに提起された水蒸気の圧力と体積の関係式[320]は，復水器付きの高圧膨張機関，すなわちコーンウォール機関もしくはウルフ型の2段膨張機関のために作られたもので，約5～65 psi の水蒸気圧の範囲において良く適合するものであった[321]。

ポールは1844年から，*A Treatise on the Cornish Pumping Engine*[322] を出版した。謝辞にはギディの義理の息子エニス(John Samuel Enys)の名前があげられており，コーンウォールの技術者たちと交流を持っていたと考えられる。

特に本著に関連するのは1849年に出版された Part III である。ポールは，実測との隔たりを何とか埋めようとし，新たな水蒸気の圧力と体積との関係式を研究し続けたようだが，それは1843年にイギリス土木技術者協会のプロシーディングスで述べた方向，すなわち，経験的に求められた式を用いると仕事を求める関係式から温度を除くことができ，単に圧力と体積との関係式に還元出来るかもしれないという考えがあった[323]。これは，パンブールがその著作で採用したやり方と同じである[324]。そういった研究を支えたのはインジケーターであり，インジケーターによってシリンダー内の水蒸気の圧力と体積が測定出来たからに他ならない[325]。

1847年にヘッペル(Heppel)[326]とテート(Tate)[327]は水蒸気の膨張に関する法則を見い出そうとした。それは高山論文[328]に詳しい説明があるので詳細は述べないが，ヘッペルは，「ボイル＝ゲイ・リュサックの法則」を水蒸気の場合に適用したパンブールによる水蒸気の比体積，温度，圧力の関係式[329]

をスコット・ラッセルが1841年に発表した水蒸気の温度と圧力の関係式に代入した。テートは，ポールの1843年に論文に依拠して「蒸気の仕事に関する一般方程式」[330]を求めた。テートは，水蒸気の断熱膨張を考慮したようだが，その曲線を表す方程式まではわからなかった。ただ「蒸気の仕事の保存の原理」を提唱し，膨張する水蒸気がその経路によらず膨張前後の圧力によって水蒸気が発揮する仕事が決定されることを述べ，かなり唐突に，最初の圧力が上がると水蒸気が発揮する仕事も増えるが，ある量の水を蒸発させるのに必要な燃料の量は，圧力に依存しないので，出来るかぎり高い温度で水蒸気を用いることが最も経済的な方法だ，と述べた[331]。

しかしながら，水蒸気が仕事をする時の圧力，体積，温度との関係は，単にボイル＝シャルルの法則に従うわけではない。シリンダー内の水蒸気が仕事をする時には，水蒸気の断熱膨張とその際に起こる温度降下およびそれに伴う復水を考えなくてはならないのだが，その解決は熱力学成立以後に持ち越されることになる。

11. 小　括

以上，述べてきたことをまとめると，次のことが言える。

18世紀，水車が発揮すべき最大効率と言う実際の技術に関する研究から，水のような物体が移動することから仕事を得る研究，すなわちエネルギーの転換に関する研究が始まった。しかし，水車は，水の速度エネルギーと位置エネルギーを力学的エネルギーに転換するだけであった。当時の水車は，その水の位置エネルギーを圧力という形で動力に転換することは出来なかった。

トリチェリに始まる容器の底から流出する水流速度の問題は，ダニエル・ベルヌーイによってその証明がなされた。ベルヌーイの成果が，実地の水力技術にどのような影響を及ぼしたかについての詳細は，現状では明らかではなく，それは今後の課題としておきたい。ただ18世紀も後半になると，水圧を利用する水力機関として水柱機関が製造・使用される。トレビシックらも水柱機関を作り，イギリス・コーンウォール地方で利用された。高圧蒸気

の使用についてのアイディアは，水柱機関からのアナロジーから始まったことが，カードウェルによって指摘されている。

　さらに**水流と蒸気が発揮する仕事とのアナロジー**から，**蒸気に含まれている熱素が多ければ多いほど，蒸気はより大きな弾性力を持つ**と技術者は考えたと思われる。こういった水力からのアナロジーによる熱の理論的考察は，熱の物質説に基づいていた。水の潜在的エネルギーは，水位が高いほど大きい。蒸気の持つ潜在的エネルギーも熱素の量が大きいほど大きいと思念された。こうして19世紀初頭，ワットの特許が失効して以降，トレビシックによって7〜9 atmに達するような高圧蒸気が使用されるようになる。この時の熱素説に基づく熱理論は，水力機関とのアナロジーに基づいた素朴なものであった。

　しかし，水柱機関のアナロジーを蒸気機関へ厳密に適用することには，幾つかの困難がある。特に水は圧縮・膨張できないのに対し，蒸気は圧縮・膨張して使うことが出来る。したがって，当時，蒸気機関の効率を水力機関とのアナロジーによって考察する場合は，圧力の問題，特に蒸気を閉めきったあとの蒸気の振る舞いをうまく取り扱うことが出来なかった。ホーンブロワー，トレビシックら2段膨張機関や高圧蒸気機関を作った彼らに理論的基礎を与えたのが，デービス・ギディ(ギルバート)である。彼が行った蒸気を閉めきった後に発揮する仕事の計算は，ダニエル・ベルヌーイが行ったものと形式的にはほぼ同じものであることがわかっている。このようにギディは，ダニエル・ベルヌーイと形式的には同じような方法を用いて，蒸気が断熱的に膨張する際の仕事の量を計算したが，その際にボイルの法則を利用している。しかし，これはすでにワットによって1769年と1782年に提唱されていたものと同じ方法で，ギディのこの成果も限られたものであった。

　一方，熱運動説もランフォード伯やデービーによって提示され，この情報はギディにも伝わっていた。ランフォード伯やデービーはトレビシックとも技術的交流を持っていたが，当時，デービーが考えたような熱運動説は，高圧蒸気機関の有用性を説明しなかったと思われる。ただし，熱運動説と蒸気機関技術との関連については，予断を持たずに継続して研究する。

18世紀初頭，蒸気機関に関する理論的研究には限界があったが，1820年代以降のコーンウォール地方の技術者たちの経験によって，高圧機関が熱効率の改善に大きな影響を及ぼすと考えられるようになっていった。それらはリーンによるエンジン・レポートなどに見られるコーンウォールの技術者たちの努力の賜物であった[332]。

　1810年代，種々の科学的実験によって，各気体の比熱測定が進み，熱素説は洗練された。特にフランスでは，イギリスから渡航したエドワード・ハンフリーによる高圧2段膨張機関の製造，およびアシェット，クレマン，ドゾルムによる高圧蒸気機関の研究が行われ，フランスでは高圧蒸気機関の理論的考察に大きな一歩が踏み出された。これら科学の諸成果と工学との関係については今後の課題とするが，技術者が熱素説に基づいた蒸気機関の理論を採用していた証拠の幾つかを本章で述べた。その蒸気機関の理論の基礎は，「ワットの法則」と「全熱量(total heat)の原理」である。これらの法則によると，飽和水蒸気の持つ熱量は常に同じであるということになる。ところが，高圧蒸気であろうが低圧蒸気であろうが，同じ重量である限り熱素の量が一定であるので，蒸気の潜在的動力はどんな蒸気であろうが同じになってしまう。これは高圧蒸気機関の高効率を説明しなかった。

　これらの研究を受けて，サディ・カルノーは1824年に『火の動力についての考察』を著し，初めて高温化による熱効率の向上を熱力学的に明らかにした。しかし，これはあまりに先駆的でありすぎたことは周知の通りである。発表当初はほとんど目もくれられず，実践に走るイギリスの技術者たちはカルノーの仕事を目にすることはなかったし，フランスの科学界からも無視された。しかし，カルノーの定理が示す熱機関の本質的性格は極めて重要で，高圧化というのは，単にピストンを押す力の増加にあるわけではなく，高温化による熱効率の向上に本質的意義があるのである。しかし，カルノーは熱素説に基づいて理論を展開したのであり，彼の結論のほとんどは正しかったが，前提とした根拠は正しくなく，その成果も限界があった。

　これら一連の経過をまとめると次のように言えるだろう。熱素説の成立が技術者に高圧蒸気機関への大きな希望を与え，熱素説のさらなる発展が，高

圧蒸気機関への希望を失望に変えたのだと。

　熱素説とワットの法則を基礎とした「蒸気機関の理論」はカルノーなどわずかな業績を除いて，当初，高圧蒸気機関の優位を説明しなかったが，実際のコーンウォール機関は間違いなく高いデューティーを示したのであり，その性能は天井知らずであった。パンブールによる『蒸気機関の理論』はもちろん高圧の膨張作動原理を用いた凝縮器付き機関をも想定していたが，ますます高くなる水蒸気圧と膨張作動原理の適用に対し，実際の性能と理論との食い違い，つまり実際の蒸気機関と理論との乖離は広がっていった。インジケーターの普及とその使用は，その乖離を埋める手段として機能した。

　しかしながら，膨張作動原理の適用と蒸気圧力の上昇と共に技術上深刻な問題が，技術者の前に立ちはだかっていた。その問題は，水蒸気が断熱変化する際の挙動に関する問題である。それは，勃興しつつあった船舶用蒸気原動機の分野で特に顕著であり，そしてまた熱力学の成果を適用した船舶用蒸気原動機において克服されたのである。

第4章　舶用ボイラの高圧化と舶用2段膨張機関の開発[333]

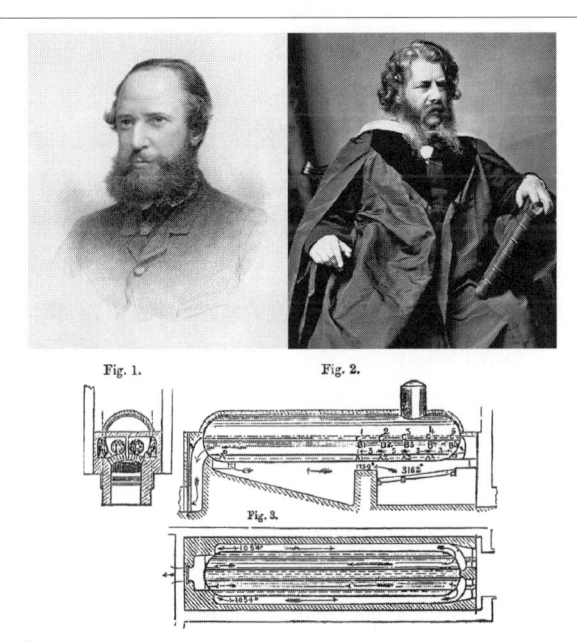

ジョン・エルダー(上左)[1]とランキン(上右，Courtesy of Archive Services, University of Glasgow[2])，ランドルフ・エルダー社によって製造されサン・カルロス号とグアヤキル号に設置された Cylindrical Spiral Boiler(下)[3]

[1] W.J. Macquorn Rankine, *A Memoir of John Elder: Engineer and Shipbuilder* (William Blackwood and Sons, 1871), Frontispiece.
[2] http://www.universitystory.gla.ac.uk/images/UGSP00025.jpg
[3] John Elder, "The Cylindrical Spiral Boiler," *BAAS*, **30** (1861): 207.

本章では，低圧蒸気機関として発展していた舶用機関において，さらなる発展の妨げになっていた飽和水蒸気の断熱膨張の際に起こる復水の問題と高圧水蒸気の使用は，熱力学を理解したジョン・エルダーやランキンといったスコットランドの技術者・科学者によって克服されたこと，またボイラ単体としては円筒形ボイラより箱形ボイラの方が，効率・出力とも優れていたが，箱形ボイラと低圧機関の組み合わせより，円筒形ボイラと高圧機関の組み合わせの方が，蒸気原動機全体としては性能が上回っており，高圧機関の優位が明らかになったことなどを指摘する。

1. 舶用蒸気機関の高圧化の背景

　熱素説は，熱を量的に扱う上で，その成立の最初には，非常に重要かつ有効な理論であった。カルノーも熱素説に従って，重要な成果を得た。しかし，熱素説には限界があった。それは水蒸気の断熱膨張に関する問題であり，それが技術者の熱に対する考えを退行させたのである。それは，勃興しつつあった船舶用原動機の分野でも特に顕著であった。したがって本章では，19世紀における舶用機関・ボイラの展開を取り上げ，その船舶の燃料の消費量がどのようにして減少していったかを，他の技術的要因と技術者への熱力学の普及とに着目して解明したい。

　熱力学の諸法則に着目した場合，熱機関の熱効率は，作業流体の温度差に依存するので，熱効率の改善のためには高温化，さらに蒸気機関の場合，高温下に伴う蒸気の高圧化に着目しなくてはならない。しかし，舶用蒸気機関における熱効率向上への道筋は単純ではなかった。燃料消費量の問題は，蒸気圧向上による機関の熱効率だけではなく，2段膨張機関を含めた機関構造の発達によっても改善が図られた。また船舶という技術的システム全体で考えれば，外輪からスクリューへの推進方式の変化，さらに船体構造の変更といった技術的要因によっても燃料消費量の改善が図られた。一方で，前章で述べたように，当時の熱素説に基づく熱理論の発達は，高圧蒸気を否定する方向へ技術者を導きもした。しかし，この誤解は，新しい熱力学が成立，さらにそれが技術者に普及するに及んで解決された。こういった熱力学の技術者への普及には，スコットランドにおけるある特殊な条件が土台となっていたことが，本章の中で明らかにされる。船舶の燃料消費量変遷の歴史は，これら科学的要因と技術的諸要因，さらには，地理的社会的制度的経済的諸条件が複雑に影響を及ぼし合った過程であると考えられる。そこで本章では，これら相互関係のメカニズムについて明らかにしていきたい。

　さて本題に入る前に，科学史，もしくは物理学史における熱力学成立の記述を簡単に見ておきたい。そしてその問題点を指摘した上で，学説史と技術

史との接点を考えたい。

熱現象を学問的に扱う試みは，ジョセフ・ブラックに始まる。ブラックは，熱の保存を公理として出発し[334]，熱量の概念を提起し，さらに熱容量や潜熱の概念を提出した。しかし，ブラックはそれ以上のことは行わなかった[335]。ブラックは，熱の本性に関して言明しなかったが，実際は，熱の物質説を支持していたと思われる[336,337]。「熱を物質とみるのは，ブールハーフェ以来の広く受け入れられた伝統であった[338]」のである。山本は，ブラックの初期のノートなどから推測して「ブラックは熱を物質的実在とみなす立場から出発したと思われる[339]」としている。

1777年，ラボアジエ(Antoine-Laurent Lavoisier, 1743-1794)は，元素の1つとして熱物質を導入し，これを熱素(calorique)と名付け，熱素説を確立した[340]。ただラボアジエの熱素説が，イギリスの技術者に受け入れられたかどうかは定かではない。しかし，ラボアジエ以前から，熱の物質説は，熱現象を説明する有力な武器であったことは確かである。

蒸気機関に関連した最も画期的な前進は，1824年サディ・カルノーによってなされる。カルノーも熱素説を採用し，熱機関を水車とのアナロジー[341]によって考察した。そしてカルノーの定理を発見した。

一方，熱素説を否定し，熱力学第1法則の基礎を作ったのがジェームズ・プレスコット・ジュール(James Prescott Joule, 1818-1889)である[342]。彼は1847年に英国科学振興協会で熱の仕事当量について発表し，その発表を聞いたウィリアム・トムソン(William Thomson, 1824-1907. 後のケルビン卿，Baron Kelvin of Largs)がその重要性を認めたのであった。

熱力学第2法則は，前述のカルノーの仕事の中にすでに含まれており，また1834年にクラペイロンは，カルノー理論に数学的表現を与えはしたが，ウィリアム・トムソンがその重要性を指摘するまでは，一般には認識されなかった。しかし，トムソンは，カルノーと共にジュールも高く評価していたので，この両者の統合にかなりの困難を感じた。すなわちジュールが，熱が発生する時力学的仕事が消費される，と主張する時，これが熱素の保存を前提としたカルノーの定理と矛盾することは誰の目にも明らかであったからで

ある。ここで1850年ルドルフ・クラウジウス(Rudolf Julius Emmanuel Clausius, 1822-1888)が，トムソンの困難を軽々と乗り越えた。すなわち熱量保存則を捨てれば，カルノーの定理は，熱力学第1法則に矛盾するものではないとして，熱力学第2法則を定式化することに成功するのである。ウィリアム・ジョン・マックウォーン・ランキン(William John Macquorn Rankine, 1820-1872)もクラウジウスとは独立に，熱力学第2法則を定式化した[343]。

　以上が熱力学成立に関する定説の簡単な説明である。著者がここでランフォード伯，クレマン，ドゾルム，マイヤー，ヘルムホルツなど熱力学成立に関与した多くの科学者について述べていないのは，本章で特に関係している事実だけを取り上げたからであって，決して無視しているわけではないということを断っておく。このような科学内部の因果関係を記述する学説史・内部史においては，蒸気機関のような科学外部の問題は取り扱われていない。蒸気機関が熱力学の発達に影響を与えたという主張は度々されてはきたが，これについて積極的に述べた研究は，カードウェルの労作[344]以外にはほとんど見当たらない。しかし，このカードウェルでさえ，19世紀のイギリスの主要な技術者の熱の理解についてはあまり検討していないのである。さらに熱力学がどのように技術者に普及していったかについては，カードウェル，ヒルズ[345]以外には研究されていないように思われる。また企業が熱力学に基づいた蒸気機関を採用した経緯については，これまでの学説史を中心とした科学史研究では範囲外とされてきた。

　また熱力学の発達に蒸気機関が関係していたとすれば，蒸気機関の作業流体である水蒸気の性質についての研究が重要であったはずだと容易に推定できる。しかし，これまでの熱力学史において，水蒸気の問題はほとんど顧みられてこなかった。特にクラウジウスは理想気体を中心に理論を展開したとされている[346]。ただこの点については，高山・道家が，クラウジウスの1850年論文の意義を水蒸気の問題を中心とする視点から捉え直そうとしている[347]。ただ高山・道家は，熱力学が蒸気機関の理論と深く結び付いていたと指摘してはいるが，基本的には学説史に限定した議論であり，蒸気機関の問題を具体的には述べてない。

また山本は，高山・道家の論文を受けて，これを「注目すべき見解」と評した。さらに山本は，1830～1840 年代の蒸気機関における膨張作動原理の実用化により飽和水蒸気の断熱膨張の問題が，当時，現実的な問題になっていたことを指摘すると共に，飽和水蒸気の断熱変化の問題が，熱素説と熱力学で正反対の結果になることを正しく指摘している[348]。しかし，山本も，当時の技術者が蒸気機関の問題をどのように理解・解決したかまでは述べていない。

以上のように，19 世紀中頃の蒸気機関の発展と熱力学との密接な関係を解く鍵は，**飽和水蒸気の断熱膨張の問題**であると考える。このような込み入った諸関係を解きほぐして分析するために，著者は本章で次のようなことを明らかにしたい。第 1 に，熱力学の成立前の舶用蒸気原動機の展開について。第 2 に，19 世紀中葉のイギリスの技術者の水蒸気と熱に対する理解の検討。第 3 に，熱力学がイギリスの技術者・企業に普及した過程について。第 4 に，その結果もたらされた船舶用蒸気機関とボイラの展開について。これらを明らかにすることで舶用ボイラの発達過程を総合的に明らかにする。

2. 海洋運航を目的とした改良──箱形ボイラの登場

イギリスにおける蒸気船の進歩は，1830 年頃まではアメリカ合衆国よりも遅れていた。1815 年にはイギリス国内で 20 隻の蒸気船しかなかった。しかし，イギリスは蒸気で大洋を航海することで再び先頭に立った。それは 1819 年大西洋を横断したサバンナ号によって達成された[349]。本節では，クラモント号のような河川航行用蒸気機関からサバンナ号をはじめとした遠洋航海用蒸気機関への展開について検討したい。

まずボイラおよびその使用材料で言えば，当初はフルトンによって試験的に水管型の原型となるものなどが使用されたが，成功を収めるまでにはいかず，これまで陸用で一般に使用されていた外火式のボイラが使用された。その多くはジェームズ・ワットによって改良されたワゴン型かそれに近い形状であったと考えられる。

こういった最初の舶用機関は，主に河川や運河での運航を目的にしていた[350]。機関・ボイラはデッキの上に据え付けられており，船の重心が高くなりすぎるという欠点があった。この欠点は，河川や運河のような波が穏やかな水上での運行を目的とした場合には，あまり問題にならなかったが，1820年頃，海洋での運転を目的とした場合に問題となった。波の荒い大洋では，船の重心が高いとバランスを失いやすかったからである。その解決のためには，船の限られたスペース内に，重心を低く抑え，そこそこにパワフルかつコンパクトな低圧機関を設置する必要があった。その解決法は，ロルトが述べているように機関においては，サイド・レバー機関と，その後に続く直動式機関である[351]。サイド・レバー機関の発明は誰によるものかはっきりしたことはわからないが，ボールトン・ワット社によるという報告もある[352]。

限られた船殻内に重心を低く原動機を設置するためのボイラにおける解決策は，1820年以降使用され始めた箱形の外殻を持つ箱形ボイラ(box boiler)であったと考えられる。この箱形ボイラは陸用ではほとんど見られず[353]，舶用に特化されたボイラ形式であったと言える。

陸用で高圧機関のために使われていた円筒形ボイラは，高圧蒸気を使用しない場合，無用の長物であった。円筒形ボイラは，当時，一般的であった平たい船底の形に対してデッドスペースが大きすぎたからである。それに対し箱形ボイラは平たい船底に対して収まりが良かった[354]。船底に設置できるので，重心を低く抑えることも出来た。

また，当初，舶用で使用されていた外火式であるワゴン・ボイラも不適切であった。外火式の不利な点は，第1に当時の木造船では火災の危険が高かったこと，第2に熱損失が膨大でボイラ効率が悪いこと，第3にその容積の割に伝熱面積(蒸発量)が少なかったことが挙げられる。

箱形ボイラの多くは箱形の燃焼室を持つ内火式で，外火式であるワゴン型の欠点を補うことが出来た。それは火災の危険性を減らし，ボイラ効率を上げ，伝熱面積を増やすという目的を達するためであった。

初期の箱形ボイラはflue boilerと呼ばれ，ボイラ内部に矩形の燃焼室と長く曲がりくねった通路のような炉筒を備えていた[355]。これを本書では箱形

炉筒ボイラと呼ぶことにする。このボイラを積んだ代表的な船が，前述した1819年大西洋を横断した最初の蒸気船サバンナ号(Savannah)[356]で，蒸気圧は1 psi(0.070 kgf/cm^2)程度であった[357]。当時，舶用ボイラに使用された材料は鉄(iron)，もしくは銅が使用されていた。ほとんどの場合，ボイラに供給する水には塩水を使っていた[358]。

　この箱形炉筒ボイラ(flue boiler)は，商船では1860年代まで一般に使用されたが，軍艦では早い段階で放棄された[359]。

　1835年以降，さらに伝熱面積を増すために，平たい炉筒を，円筒形の煙管に取り替えたtubular boilerが現れた。これを本書では箱形煙管ボイラと呼ぶことにする。これは商船では1860年代以降採用されたのに対し，軍船においてはもっと早く1840年代に取り入れられている。イギリス海軍における最初の舶用煙管ボイラは，1843年ペネロープ号(Penelope)とファイヤーブランド号(Firebrand)に設置された[360]。またファイヤーブランド号は2,250本の真鍮製チューブを備え，これら管の直径2 in.(0.051 m)，管の厚さ8分の1 in.(3.2 mm)，長さは5 ft.1 in.(1.5 m)であった[361]。

　船舶用箱形煙管ボイラをイギリス海軍本部に導入したのは，第10代ダンドナルド伯トーマス・コクラン海軍大将(Thomas Cochrane, 1775-1860)であって，1844年にこの種のボイラをイギリス軍艦ジェイナス号(H. M. S. Janus)に設置した[362]。箱形煙管ボイラは図22に示すようなものであった。

　1838年，ジョン・ペン父子会社(Messrs. John Penn and Sons)によって製造されたデイライト号(Daylight)のボイラに使用された板厚は4分の1〜8分の3 in.(0.64〜0.95 cm)であった。真鍮製の管は外径2.5 in.(6.4 cm)であった[363]。

　こうして箱形ボイラは伝熱面積を拡大する方向へと発展した。歴史的に古い順，それは同時に伝熱面積が小さくなる順になるのだが，その順に並べると①矩形の曲がりくねった炉筒を持つ「炉筒ボイラ」(flue boiler)，②煙管がボイラを縦通する「縦通ボイラ」(through-tube boiler)，③煙管をボイラ前方に折り返してくる「もどり火ボイラ」(return-tube boiler)となる。

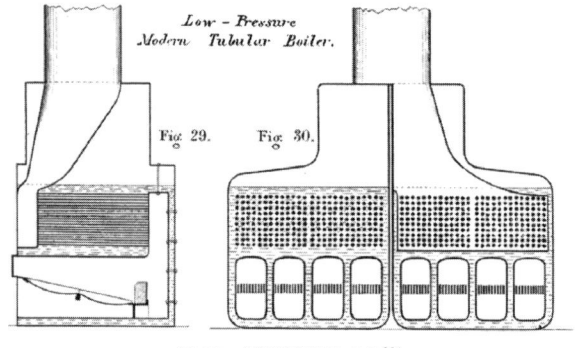

図22　箱形煙管ボイラ[364]

3. 船体構造と推進方式の変更による効率の改善とその限界
　　——ブルネルの挑戦

　1830年代後半に入ると大西洋航路の蒸気船に対する需要も増し，蒸発量よりも効率の問題が重要視されるようになった。1819年，最初の大西洋横断蒸気船サバンナ号は，サバンナからリバプールまでの27もしくは29日間の航海において，蒸気動力を用いたのはわずか80時間に過ぎなかった[365]。ロルトによると「長い間，必要なだけの石炭を船に載せられないから，大洋を横断するのは不可能だと信じられてきた[366]」とのことである。これを克服するための方策として，幾つかの方法が考えられた。1つには，外輪に代わるより効率の良い推進方式を採用することである。もう1つは，水の抵抗を減らすこと，軽い船を作ることなど，船体構造の面における改良であった。一方，現代では最も重要なことのように思われるのだが，機関の熱効率については，ほとんど顧みられることはなかった。

　前者の方法における解決策は，外輪からスクリュー推進方式への転換であった。前者の方法の重要性については，すでに石谷らが，「動力源技術と変換技術のうち，変換技術のほうが船舶推進技術としては根元的である[367]」としている。

スクリュー推進方式を採用した船は，アルキメデス号(*Archimedes*)が最初である(総重量237トン)。アルキメデス号は，フランシス・ペティット・スミス(Francis Petit Smith, 1808-1874)[368]の特許による建造で1838年に進水した[369]。イギリス海軍本部によるラトラー号(*Rattler*)は外輪汽船アレクト号との綱引きで有名で，ラトラー号がアレクト号に勝利した[370]。アメリカ合衆国海軍においては1843年9月に進水したプリンストン号(*Princeton*)[371]がスクリュー推進方式を採用した。貨物船では1840年進水のノベルティ号(*Novelty*)[372]が，スクリュー推進方式を採用した。

　後者の方法としては，船体構造へのパドル鉄の使用に伴う軽量化と水の抵抗が少ない形への船体外殻の改良であった。

　最初の鉄製汽船は，1822年に建造されたアーロン・マンビー号(*Aaron Manby*)である[373]。最初にロイズ保険会社に登録された鉄船はウィリアム・フェアベアンによって建造され1837年に進水したシリウス号(*Sirius*)である[374]。軍艦では，1840年完成のイギリス東インド会社所有船ネメシス号(*Nemesis*)であり，アヘン戦争では広東攻撃に参加し暴虐の限りを尽くした[375]。

　水の抵抗と積載能力の考察の点では，イサンバード・キングダム・ブルネル(Isambard Kingdom Brunel, 1805-1859)の考察が当時としては突出している。すなわちブルネルは，船が進むときの水の抵抗は寸法の2乗に比例して大きくなるのに対して，船の積載量は寸法の3乗に比例して大きくなることに気がついていた。つまり船殻を大きくすればするほど，積載能力に対して必要な燃料の占める割合は小さくなる。言い換えれば，船をある距離進ませるために必要な燃料の問題は，船を大きくすることで解決できると考えたのである[376]。この方針に沿ってブルネルは，かの有名な巨大船3隻を建造したのであった。

　これら方向の1つの集大成は，鉄製船体とスクリューの両方を採用することであった。これはブルネルによって設計され1843年に進水したグレート・ブリテン号(*Great Britain*)である。ボイラは(箱形)炉筒ボイラ(flue boiler)で蒸気圧5 psi(0.35 kgf/cm^2)であった[377]。

　船の抵抗力が寸法の2乗に比例し，その積載量は寸法の3乗に比例する，

というブルネルの考えは，確かに正しい。この方針に沿った最初の2船こそ，まずまずの成功を収めた。この方針の極致は，総排水量32,000トンを誇ったグレート・イースタン号(*Great Eastern*, 1858年進水)である。しかし，グレート・イースタン号は当時の旅客船の需要に対して不必要に大きすぎた。事実，1899年になるまでグレート・イースタン号の大きさを上回る船は現れなかったし[378]，その後グレート・イースタン号が辿った不遇な運命もそれを如実に物語っている。

　蒸気動力を利用して大西洋を横断するという目的は，単に技術的に可能かということ以外にも，運輸需要とコスト(建造費・燃料費)などの問題を無視しては経済的に達成し得ない。したがって，この問題に対する燃料の経済的条件を考慮したより適切なアプローチは，機関・ボイラを含めた原動機における効率の改善にあった。当時の舶用機関における効率の悪さの原因は，第1に蒸気圧が小さかったことと，第2に，ボイラに海水を用いていたため，定期的に高温のボイラ水を廃棄していたことである[379]。前者の問題に対する解決策は後述する。後者の問題に対する解決策は，最初から必要な真水を持っていくか，海水を蒸留するか，それらが不可能であれば，蒸気を復水してボイラに戻すこと以外にない。蒸気を復水してボイラに使うためにはジェット凝縮器のような冷却水と蒸気が直接接触する方法ではなく，一種の熱交換機を用いて，冷却水と蒸気が直接接触しない方法を採る必要がある。この装置は一般に表面復水器と呼ばれているが，これを採用したのがシリウス号(*Sirius*)である。

　シリウス号は1838年，史上初の連続した蒸気動力駆動による大西洋横断船としての栄誉を賭けて，ブルネルが設計したグレート・ウェスタン号(*Great Western*)と競争し，グレート・ウェスタン号より先にニューヨークに到達した。さらにシリウス号は，燃料の効率の問題に対し蒸気原動機側の改良をしたことでも評価に値する。しかし，これまでシリウス号については不当に低い評価しか与えられてこなかった。ロルトによれば，シリウス号がニューヨークに入港したとき，わずか15トンの石炭しか残らなかったのに対し，グレート・ウェスタン号がまだ200トンの石炭が残っていたことを理

由に，この競争の事実上の勝者はブルネルであるとしている[380]。しかし，船の積載量は運輸需要によって規定されるべきであり，その需要の範囲内で航海に必要な石炭を積載するという目的を達するためには，ブルネルのような必要な燃料を搭載するために巨大船を作るという方針でなく，蒸気原動機全体の効率を良くする必要があったのである。

しかし，実際は，表面復水器は放棄されたのであった。その理由については後述するが，蒸気原動機全体の効率改善は，当時はなかなか達成できなかった。

一方で，スクリュー推進方式，鉄製船体構造の採用といった，これら一連の改善によって同じ燃料でより大きな重量の船を推進させることが可能になった。これら改善によって，蒸気機関そのものの改善の必要が減ったことは，否定出来ないだろう。一般的に言われていたことなのだが，すなわち少ない燃料でより大きな船を推進させることが可能になったので，高圧蒸気の使用は不必要なものであるというばかりか，不利でかつ危険なものとして考えられたのであった[381]。

4. 19世紀中葉におけるイギリスの船舶技術者の熱に対する理解
——熱素説に基づく熱理論

舶用機関で高圧蒸気の使用が遅れた理由の1つとして，技術者の間で熱と水蒸気の理解が不足または間違っていた点があげられる。すなわち，熱素説と「ワットの法則」が舶用機関における高圧蒸気を用いた膨張作動原理のさらなる活用を阻んでいたのである。熱素説によれば，単位重量に含まれる熱素の多少によって，蒸気の弾性力が決定される[382]。このことは，すでに述べたように，より多量の熱素が水力機関におけるより高い水位に対応することからわかるであろう。「ワットの法則」とは，飽和水蒸気は蒸発する圧力によらず同じ重量について同量の熱素を含んでいる[383]とするものである。

当時の技術者達の熱理論や蒸気の性質に関する見解がわかる資料がある。1846年1月15日付けで，ジョン・シーワード(John Seaward, 1786-1858)がイ

ギリス海軍本部の秘書官コリー(H. L. Corry)に宛てた書簡[384]である。イギリス海軍本部長官は，海軍艦艇における高圧蒸気の使用について質問しており，この書簡は，シーワードの海軍に対する回答である。イギリス海軍の3つの質問に対して，彼はその書簡の最後で次のように報告している。

「Q1. あなた自身の製造による舶用ボイラで，あなたがこれまで使用したことのある最も高い蒸気圧力はいくらか？

A1. 私たちが製造した舶用ボイラにおいて試した最高の蒸気圧力は16 psi (1.1 kgf/cm^2)でありました。しかし，私たちは二度とこの実験をしたいとは思いません。比較的少ない出力の機関とボイラにとっては，私たちが通常商船で用いている低い圧力(10〜12 psi (0.70〜0.84 kgf/cm^2))で，同じくらい良い結果が得ることができることを保証します。

Q2. 現在舶用ボイラで一般に使用されている蒸気圧力より高圧な蒸気を導入したことによる出力と経済性と重量とスペースなどに関しての利点についてのあなたの意見は何か？

A2. 海軍にて現在使っている蒸気圧は約 8 psi (0.56 kgf/cm^2)であります。この蒸気圧は海軍の緊急事態のために広く採用されていると思います。非常に高いレベルで出力，重量とスペースの経済性といったすべての重要な利点を確保するために計算されていると私たちは信じています。これらの利点は，蒸気圧力 10〜12 psi を使うことによってわずかに増えると思います。

Q3. ボイラと機械類の安全性と耐久性について，どの程度まで，またどんな予防措置で，あなたがたは蒸気圧の上昇を推奨する準備があるか？

A3. 海軍における使用蒸気圧は 10 psi を越えず，極端な場合でも 12 psi を越えないということを私たちは強く勧めます。いかなる材料を用いようとも 12 psi を越える蒸気圧では，いかなる十分な利点も得ることが出来ずに，相当な危険にさらされることになります。」

さらに 1849 年 6 月 19 日ジョン・シーワードはイギリス土木技術者協会においての発表[385]で，先の書簡が，高圧蒸気の使用および蒸気をストロー

の様々な位置で締め切った時の利点と不利点について有用な情報を与えるとして，その要旨を報告している。

この発表の後の議論には，ジョシュア・フィールド，ファーレー(Farey)，パーキンス(A. M. Perkins)，レンニー(Rennie)，スコット・ラッセル(Scott Russell)が参加した。議論は2晩にまたがって行われた。スコット・ラッセルは，特に20 psi(1.4 kgf/cm^2)の蒸気と比べて40 psi(2.8 kgf/cm^2)の蒸気の使用によって生じるであろう経済性についての記述には全く同意できないとした。逆に40 psiの蒸気は20 psiの蒸気に膨張するまでに2倍の体積にはならないし，ある与えられた20 psiの蒸気の体積を超えて膨張するときに，有用な効果の増加分を生み出しはしないだろう，ということを主張しなければならない，と述べた。

スコット・ラッセルは蒸気の膨張時にその圧力が半分になっても体積が2倍にならないことを，すなわち蒸気がボイルの法則に従わないことを指摘し，よって必ずしも蒸気条件の高度化がその分の効果を生み出すとは限らないことを指摘しているのである。

またこのシーワードの報告は，使用されるべき蒸気圧の程度と，蒸気がどのくらい膨張させて働かせられるべきかという重要な主題について，この職業に就いている人々の意見を正しく代表しているともスコット・ラッセルは述べた。

特に，蒸気の性質と熱の理解に関する特徴的な意見として，Maudslay, Sons and Field社の共同経営者で，当時最も有名な技術者の1人であったジョシュア・フィールドの発言をあげておこう。彼は次のように述べている。

> 「高圧蒸気は必然的により大きな出力を生み出すという有力な意見がある。これは，しかしながら，間違いである。なぜなら，もし蒸気の密度が上がるとすれば，蒸気圧の増加に比例してその蒸気の体積は減っていく。よって出力は同じままとなる[386,387,388]。」

蒸気は理想気体ではないので，フィールドが言うようなボイルの法則に厳密には従わない。近似的にボイルの法則が成り立つとしても，蒸気が機関を通して行う仕事が，高圧蒸気と低圧蒸気とで同じになるのかは簡単にはわか

らないはずである。このフィールドの発言は，熱素説と「ワットの法則」を考えれば説明できる。すなわち単位重量あたりの蒸気に含まれる「全熱量」は一定（「ワットの法則」）であるとすれば，蒸気の重量が同じである限り，どんな圧力であってもその中に含まれる熱素の量は一定であろう。蒸気の弾性力が熱素の大小による（熱素説）のであれば，蒸気の重量が同じである限り圧力の大小によって蒸気の弾性力は変わらないという結果が導かれる。

　以上の記述から，当時の舶用機関技術者の間で，高圧蒸気の利点は必ずしも明らかではなかったことがわかる。第3章ですでに述べたが，熱素説や「ワットの法則」を使っている限り，高圧蒸気機関の高効率を説明することは不可能なのである。

　一方，同年6月9日[389]，ジェームズ・プレスコット・ジュール（James Prescott Joule, 1818-1889）は，マイケル・ファラデー（Michael Faraday, 1791-1867）を通じて王立協会に論文「熱の仕事当量について[390]」を提出し，この論文の中で，ジュールは，水1ポンド（真空中の重量でかつ華氏55～60度の温度範囲にある）を華氏1度上昇させるのに必要な熱量を，772ポンドの物体を1フィートの高さに上げるときになされる仕事と同等であるとし，熱力学第1法則を定量的にも確立したのである[391,392]。しかし，技術者は，ジュールの仕事に直接的には何の影響も受けなかったように思われるし，熱力学が技術者に普及する速度は遅々としていた。例えば，ジョン・ボルン（John Bourne）が編集した著作の中では1851年になっても，熱の本性について，熱物質説と熱運動説（気体の分子運動論）の両方を記載している[393]。

5. イギリスにおける新しい技術革新の土台

　フランスでは，石炭価格が比較的高かったため，蒸気機関の効率の問題は，イギリスより関心が高かった。大陸封鎖終了後，イギリスからウルフの2段膨張機関（イギリスではその後使われなくなったのだが）が輸入され普及した理由[394]や，カルノーに代表される熱の理論的研究がフランスでなされた理由は，フランスでの高い燃料費にあったことはほぼ間違いがない。後者に関しては，

エコール・ポリテクニークという工学高等教育機関が設置されたことも大きい。カルノーもエコール・ポリテクニークの卒業生であった。フランスでは，技術革新を生み出す要因として地域的特性による需要と高等教育機関があった。足りないのは実際に技術革新を遂行する技術力を持った産業だけであった。

一方，イギリスでは良質な石炭が大量に産出したため，効率の問題はコーンウォールのような金属鉱山地帯を除いて，あまり問題とならなかった。またイギリスでの技術者教育は基本的には徒弟制度によってなされていた。教養主義的教育を中心にしたケンブリッジ大学やオックスフォード大学は，ギディなどの例外を除いては[395]，何の工学研究も生み出し得なかった[396]。したがって，1850年までのイギリスの技術において，実地と理論は完全に切り離されていたと言って良い。イギリスの船舶技術者の間で，熱素説に基づく理論的理解がされてきたことはすでに述べてきた[397]。19世紀イギリスは世界一の工業生産能力を持っていた。海軍力も世界一であった。そしてこれらは，特に海軍において保守主義を生んだ。例えば，1845年のイギリス海軍保有艦船は，帆走軍艦276隻，一方，蒸気軍艦は37隻で，うちスクリュー艦は1隻のみであった[398]。イギリスの海上覇権は，トラファルガー海戦以前に確立された帆走軍艦によって築き上げられたもので，それが少しも揺らいでいないのだから，それを交換しようとしないのは正当な判断であった[399]。実戦で舶用蒸気機関の威力が確認されるのは1853～1856年のクリミア戦争であった。

商船では，帆船は燃料が不要であり，燃料がかさむ蒸気船は勝負にならなかった。したがって，舶用蒸気機関は，政府補助のある郵便船か旅客船にしか使用できなかった。また1849年には快速帆船クリッパーが登場し，インド航路における主要船となっている。その後のクリッパーも汽船から鉄製船体をそのまま導入し[400]，速力・安全性も向上している。イギリスには蒸気機関の技術革新のための土壌は，あまりなかった。

イギリスにおける蒸気機関の新しい市場は，国内ではなく遠い海上に見い出された。1850年代，イギリスにおける貿易の範囲は，大西洋から石炭補

給が困難な南米太平洋岸へと拡大していき，大西洋航路よりも燃料の効率が重要視されるようになったのである。また船体材料の木材から鉄材への移行に伴い，造船業の中心は，ロンドンから鉄材の供給地に近いグラスゴーに移っていた[401]。またグラスゴー大学は，ブラック，ワットらが活躍した熱学の先進地であったし，さらに1846年ウィリアム・トムソンがグラスゴー大学の自然哲学の教授に就任し[402]，1855年にはランキンもグラスゴー大学の工学と機械学の教授に就任する[403]など，熱学における一大拠点を形成した。こうしてイギリスではスコットランド・グラスゴーに，市場と産業と工学の高等教育機関を見い出したのであった。

6. ジョン・エルダーによる舶用2段膨張機関の導入と熱力学の普及

6.1 ジョン・エルダーによる船舶用低圧式2段膨張機関の導入

グラスゴーが造船業の中心となり，また太平洋への貿易範囲の拡大に伴い，舶用機関の効率を改善する最初の成功した試みが，スコットランドの技術者，ジョン・エルダー(John Elder, 1824-1869)とチャールズ・ランドルフ(Charles Randolph, 1809-1878)によってなされた。その方法は，力のバランスをとるように複数のピストンで軸を駆動することで軸受の摩擦を減らすというものであった。これが2段膨張機関であった[404]。

1853年1月，エルダーとランドルフは共同で2段膨張縦型機関に関する最初の特許を取得した[405]。その特許を元に1854年ブランドン号(*Brandon*)が2段膨張機関を初めて装備した[406]。1854年7月ブランドン号は試験航海を行い，その時の燃料消費量は，従来の最も低い石炭消費量が毎時毎図示馬力当たり4〜4.25 lb. であったのに対し，ブランドン号は毎時毎馬力当たり3.25 lb.[407]であった。

最初に2段膨張機関を採用した蒸気船会社は，太平洋蒸気船会社(Pacific Steam Navigation Company)である。1856年太平洋蒸気船会社は，南アメリカ西海岸航行を企てたのである。この地域では石炭の価格は非常に高く付き，効率を上げることが必要だったのである。こうして太平洋蒸気船会社は新造

した外車船インカ号(*Inca*)とバルパライソ号(*Valparaiso*)にランドルフとエルダーの特許に基づいて設計された2段膨張機関を採用したのである[408]。1859年公試時のバルパライソ号の単位馬力・単位時間当たりの石炭消費量は3.080 lbs/(IHP・h)であった[409]。

次に2段膨張機関を採用した会社は，1859年ペニンスラー・オリエンタル蒸気船会社(Peninsular and Oriental Steam Navigation Company，以下P&O社と記す)で，機関はエドワード・ハンフリー(Edward Humphrys, 1808-1867)によって製造された。P&O社で使用された蒸気圧は26 psi(1.8 kgf/cm^2)[410]であった。この頃，商船では20 psi(1.4 kgf/cm^2)程度の蒸気圧を使うようになってきていた[411]ので，26 psiは2段膨張機関としてはさほど高いとは言えないだろう。

また従来よりも高圧の蒸気を用いたから2段膨張機関で熱効率が向上したという誤解が一般にあるようだが[412]，このようにエルダーらが2段膨張機関を導入した段階での蒸気圧は低圧機関の蒸気圧とほぼ同じで，ボイラも従来の耐圧性能が低い箱形が使用されている。高圧ではなくても効率が向上したことの真相は，軸に加わる力を分散，または打ち消すように働かせることで，軸受の摩擦を減らすことができたからに他ならない。1854年の時点では，エルダーは，高圧蒸気の重要性によって2段膨張機関を設計したとは認められず，熱力学を理解していなかったと考えられる。

6.2 初期復水の解決──熱力学第1法則の理解[413]

一方，ワットが考案した膨張作動原理はこのころ実用化されており，断熱膨張過程における飽和水蒸気の挙動は現実的な問題になってきていた。この問題は，熱力学と熱素説で正反対の結果を生んだのである[414]。

飽和水蒸気の持つ熱量が蒸発する温度によらず常に一定だとする「ワットの法則」は，飽和水蒸気の断熱膨張の際にも「膨張の潜熱」という概念の導入によって拡大されて適用されるようになった。すなわち，飽和水蒸気が断熱膨張する時，蒸気温度(顕熱)は低下するが，「膨張の潜熱」はその減少分だけ増加する。よって，飽和水蒸気が断熱変化する時，常に飽和状態を保つ[415]という結果が導かれる。

しかし，実際は，高圧の飽和水蒸気を断熱膨張させると，蒸気は飽和状態を保つことが出来ず，その一部は復水してしまう。これは明らかに「ワットの法則」に反する。1850年頃，シリンダ内から水が出てくる現象は確認されてはいたが，その原因はボイラからの蒸気の中に水滴が混入しているためだとされていた[416]。

このシリンダ内の復水は初期復水と称されるが，これは，排気行程でシリンダが復水器に接続した際のシリンダ内の圧力低下によって再び蒸発し，シリンダを冷却しかつピストンに背圧を与えて熱損失を起こしてしまう。さらに次のストロークで冷やされたシリンダに再び高温の蒸気を吹き込めば，その一部は冷たいシリンダに接触して復水しさらなる熱損失を起こす。

これを防ぐ方法として過熱(superheating)と蒸気ジャケット(steam jacket)という方法がある。前者は，凝結が起こる温度よりずっと高温でかつ水滴を含まない水蒸気(乾き蒸気)を用いれば，冷たい気筒に触れても蒸気はすぐには凝結しない，という事実に基づいたものである。過熱はジョン・ウェザーレッド(John Wethered)の計画によって，1856年ブラック・イーグル号(H. M. S. *Black Eagle*)とディー号(H. M. S. *Dee*)において試験された。彼は湿り蒸気に過熱蒸気を混ぜて経済性を得たとされる[417]。しかし，これが実用になるのは，燃え尽きてしまうことのない金属製パッキンが得られるようになってからであった[418]。

後者はそもそもワットが考案・使用したもので，気筒の周りを2重にしてこの中に高温の蒸気を入れることで，シリンダを保温するものである。これは前述のコーンウォール機関では当然のことながら使用されていた[419]。しかし，舶用機関において蒸気ジャケットは，誤った熱素説による推論によって不要とされたのである。このことは19世紀中頃のほとんどの技術者が正しいとしたことであった[420]。よって当時の舶用機関では膨張作動原理を使用しても，その分の効果を得ることは難しかったのである[421]。

この蒸気ジャケットを舶用機関で導入したのも，エルダーであった。エルダーはシリンダ内の復水が熱の損失になることと，そして**その復水の原因が，蒸気がその膨張過程で仕事をしたために起こる熱の消費にあることをはっき**

りと認識していた[422]。そこで彼は，蒸気がその膨張過程で失った分の熱を与えるために，蒸気ジャケットの使用を再開したのである。

熱力学第1法則は，熱が仕事に転換しうることを明らかにした。飽和水蒸気の断熱膨張問題の解決こそ熱力学第1法則が，当時の工学分野にもたらした最大の恩恵だと考えられる。

また熱効率に関して言えば，2段膨張機関だけではなく，復水器によってより低熱源まで蒸気を引くことが出来ればさらなる改善が期待できる。エルダーは2段膨張機関と共に復水器をもまた一緒に導入したのであり，彼はおそらく熱機関の本質的性格を理解したイギリス最初のエンジニアの1人と言えるだろう。

エルダーに初期復水の原因を理解させたのは，ランキンであったと著者は推定している。1850年ランキンは飽和水蒸気の比熱が負であること(飽和水蒸気が断熱膨張する際に消滅する熱は温度降下によって放出される熱より大きいこと)を予言し[423]，断熱膨張する飽和水蒸気の復水の原因を指摘している[424]。ランキンがエルダーにこれを教えたとする直接的証拠を著者は見つけることができなかったが，早世したエルダーに対しランキンが追悼録[425]を出版し，その中でエルダーがシリンダ内復水の原因を学んでいたことが述べられているので，エルダーとランキンが学問的に緊密な関係にあったと考えて間違いないだろう[426]。

ランドルフ・エルダー社による蒸気ジャケット採用時期だが，1854年ブランドン号には蒸気ジャケットがなかった。1856年太平洋蒸気船会社所有船インカ号とバルパライソ号には，シリンダと頂部と底部に蒸気シリンダが採用された。1858年アドミラル号(*Admiral*)とカラオ号(*Callao*)にはシリンダを完全に覆う蒸気ジャケットが採用された[427]。したがって，エルダーは遅くとも1858年には熱素説と「ワットの法則」を克服し，熱と仕事が等価であるという熱力学第1法則を認識していたと言える。

なおディキンソンによれば，熱力学の応用が蒸気機関にとってどのような意義を持つかを技術者に初めて認識させたのが，ランキンとその著書『蒸気機関およびその他の原動機[428]』(1859)であったとしている[429]。しかし，エル

ダーは1858年にシリンダを完全に覆う蒸気ジャケットを導入しているので，エルダーが熱力学第1法則を認識したのは，ランキンの著書が出版されるより，1年ほど早いと考えられる。

6.3　熱力学第2法則と2段膨張機関の高圧化

2段膨張機関は，軸に働く力のバランスを取ることで軸受の機械的摩擦を減らすために導入されたのだが，実際は高圧蒸気と膨張作動原理を用いることでさらなる熱効率の向上を得ることができた。

すなわち，1つのシリンダで高圧蒸気を断熱膨張させている限り，圧力が高くなればなるほど，膨張前後の温度差が大きくなってしまい，結果，蒸気は復水し熱損失を起こしてしまう。しかし，2段膨張機関は，1個のシリンダで行わせる膨張を少なくし，膨張前後の蒸気の温度差を小さくできる[430]。シリンダ数を多くすればするほど，蒸気の膨張過程は準静的過程に近づき，機構が複雑になることによる機械的損失が，段数を多くしたことによる熱効率の向上分を上回らない限り熱効率は改善する。

第4章6.1節で述べたように，エルダーとランドルフの2段膨張機関導入の目的は軸受の摩擦を減らすことによる燃料消費量の減少にあった。しかし，機関の熱力学的効率をさらに高めるためには蒸気圧の向上が必要であることは言うまでもない。18世紀末，ジョナサン・ホーンブロワーが2段膨張機関に失敗した最大の原因は，蒸気圧が低すぎたため，機構が複雑になることによって生じる摩擦などの機械的損失が2段膨張方式で得られる熱効率の改善分を上回ってしまったからなのである[431]。またこの蒸気圧では単筒でも十分に準静的過程であったとも言えるだろう。次に2段膨張機関における高圧蒸気の使用を見ていきたい。

6.4　ジョン・エルダーによる2段膨張機関への円筒形ボイラの導入

2段膨張機関において高圧蒸気を用いる際の最も大きな困難は，箱形ボイラでは高圧蒸気に耐えられないことであった。高圧蒸気を使用するためには，ボイラ強度を増す必要があった。そのための道筋は2つある。1つは基本的

な構造はそのままで板厚を増すとかより強度に優る材料を使用するとか補強材を追加するなどによる，材料の面での改良である。もう1つは全く新しい構造のボイラを作ることである。基本的に前者の方法では，飛躍的に強度を増すことは困難である[432]。したがって，高圧蒸気使用のためには，従来の箱形ボイラではなく，全く新しい構造のボイラが必要であった。

　エルダーは，1859年リマ号(*Lima*)，ボゴタ号(*Bogota*)の機関を2段膨張機関へ換装するのに際し，箱形煙管ボイラ(Tubular boiler)の材料を真鍮から鉄材へ変更した。リマ号の蒸気圧は公試で16.5 psi (1.2 kgf/cm²) から26 psi (1.8 kgf/cm²) へ上昇し，燃料消費量は，5.169 lbs/(IHP・h) から2.607 lbs/(IHP・h) へと改善された。パナマからバルパライソ間の航海でも，蒸気圧力は，8.25 psi (0.58 kgf/cm²) から14.25 psi (1.0 kgf/cm²) へ上昇した。ボゴタ号も，公試では26 psiを達成し，燃料消費量は，5.169 lbs/(IHP・h) から2.036 lbs/(IHP・h) へと改善された。パナマ―バルパライソ間の航海においても，蒸気圧力は8.82 psi (0.62 kgf/cm²) から13.83 psi (0.97 kgf/cm²) へ上昇した[433]。スミスによると，この成功の原因は，2段膨張方式を採用したことによることは否定出来ないとしている[434]。しかし，この圧力では従来の低圧機関の範囲を出るものではなかった。2段膨張機関が必要とする蒸気圧を発生させるためには，従来とは全く異なるボイラが必要であった。

　こうしてエルダーは円筒形ボイラ(Cylindrical Spiral boiler)を導入するに至る。それはサン・カルロス号(*San Carlos*)とグアヤキル号(*Guayaquil*)に導入された。サン・カルロス号は1860年の公試で，蒸気圧50 psi (3.5 kgf/cm²)，500 IHP，石炭消費量2.35 lbs/(IHP・h) を達成した[435]。

　エルダーが高圧蒸気の利点をいつから認識したかについてはつまびらかではないが，1859年9月アバディーンで開かれた英国科学振興協会での発表[436]で，すでに高圧蒸気と膨張作動原理の使用および円筒形ボイラの製造についてほのめかしているので，少なくとも1859年9月には，高圧蒸気の使用および膨張作動原理の利点を理解したと考えて良いだろう。ここでもエルダーに対し，ランキンが影響を及ぼしたと考えることは，十分にあり得るだろう。

前述のように舶用円筒形ボイラは，エルダー以前にも何度か試されている。しかし，ボイラ事故などによってその使用は一般的にならなかった[437]。しかし，エルダー以降，舶用円筒形ボイラは一般的になる。それは Cylindrical Return Tube Boiler で，一般にはスコッチ・ボイラと呼ばれた。最初のスコッチ・ボイラは，1862 年イギリス商船マクグレゴア・レアード号 (*McGregor Laird*) に搭載されたもので，これもランドルフ・エルダー社によって製造されたものである[438]。ボイラ直径は 14 ft. (4.3 m)，全長 14 ft. 6 in. (4.4 m)，それぞれの端には直径 3 ft. (0.91 m) の同じ形の火炉があって，燃焼室は 1 個であった[439]。

こうして 1862 年以降，スコッチ・ボイラが舶用ボイラの主力となった。蒸気圧力は 60〜80 psi (4.2〜5.6 kgf/cm^2) にまで高められることになる[440]。

イギリス海軍における円筒形ボイラの採用は，1853 年建艦のマラッカ号 (*Malacca*) で，1854 年ペン社製の円筒形ボイラを導入した[441]。蒸気圧力は 60 psi であった[442]。しかし，これは return tube を持たず，スコッチ・ボイラの種類には入らないだろう。イギリス海軍における cylindrical return tube boiler (ただし，両端は卵型) の採用は若干遅れて 1870 年代中頃，インフレキシブル号 (H. M. S. *Inflexible*, 設計年 1874)[443] とドレッドノート号 (H. M. S. *Dreadnought*, 設計年 1872) においてである[444]。

1866 年までにランドルフとエルダーは 48 基の多段膨張機関を製作し，その汽機を積んだ船舶のほとんどは太平洋航路にて運行された[445]。

アルフレッド・ホルト (Alfred Holt) が設立した会社において，1866 年頃採用された 2 段膨張機関における蒸気圧力は 60 psi で，燃料の効率もこれまでで最高に良かったと言えるだろう[446]。

なお蒸気圧の向上および石炭消費量の減少では，1860 年代の表面復水器の再導入が重要な役割を担った。これは本章の範囲外であり，表面復水器を含めたボイラ発展史の分析は第 6 章に譲りたい。

スコッチ・ボイラと表面復水器によって蒸気圧は 60〜80 psi にまで高められることになる[447]。こうして 2 段膨張機関は，蒸気圧の向上によってより高い熱効率が得られるようになった。

2段膨張機関と円筒形ボイラなどエルダーらによって改良されたこれら舶用蒸気原動機は，熱力学の成果を蒸気機関に適用した最初の事例であり，またその後に続く高圧蒸気機関の原型となったのである。

7. イギリス海軍における高圧蒸気の使用と2段膨張機関について
――コンスタンス号と2段膨張機関

　前述のシーワードが，高圧蒸気の使用および膨張作動原理の採用について述べたのは1846年だが，その翌年にはイギリス海軍で蒸気圧14 psi (0.98 kgf/cm²) を発揮したボイラが登場し，さらに1851年には20 psi (1.4 kgf/cm²) のものも現れている[448]。ただ前節で述べたように，商船では2段膨張機関の採用が始まった後も，イギリス海軍においては，2段膨張機関は採用されずにいた。だが1863年にイギリス海軍はランドルフ・エルダー社から2段膨張機関の提供を受け，それをコンスタンス号 (H. M. S. *Constance*) に搭載した。1865年にイギリス政府は，アレササ号 (*Arethusa*)，オクタヴィア号 (*Octavia*)，コンスタンス号の3船をスクリュー推進方式へ改装するに当たって，2段膨張機関を採用するかどうかの決定をするために，これら3つの異なる機関を装備する姉妹船3船を競争させることにした。1840年代に建造されたこれらの艦は全長252 ft. (77 m)，排水量3,100トンであった。アレササ号はペン社によって建造された1段膨張のトランクエンジンを，オクタヴィア号にはモーズレー社製の1段膨張のリターン・コネクティング・ロッド機関を，コンスタンス号にはランドルフ・エルダー社によって製造された2段膨張機関 (2つの高圧シリンダーと4つの低圧シリンダーを持ち，これをv字型に配置した3連クランク軸を駆動するものである) を搭載した。1865年9月30日プリマス湾からマデイラ諸島まで競争が行われ，10月6日に決着した。速力においてはコンスタンス号がトップで，2位がオクタヴィア号，アレササ号が3位であった。コンスタンス号では表面復水器と蒸気の過熱も行われたが，ボイラ形式は従来の箱形ボイラで蒸気圧も32.5 psi (2.3 kgf/cm²) とそれほど高いとは言えない圧力であった。毎時毎図示馬力当たりの石炭消費量は，アレササ号が

3.64 lb., オクタヴィア号が 3.17 lb., コンスタンス号が 2.51 lb. の順であった[449]。

艦船では, 2段膨張機関が導入されたものの, それはまだ低圧機関であった。ボイラは箱形ボイラが使用されており, 円筒形ボイラの導入は遅れる。箱形ボイラと円筒形ボイラの比較を次節で述べる。

8. 箱形ボイラ vs. 円筒形ボイラ——高圧蒸気への誘因

円筒形ボイラが舶用として使用されてからも, 箱形ボイラは製造・使用され続けた。その理由を当時の技術者であるリチャード・セネットの記述から検討する[450]。

箱形ボイラの場合, 火格子の伝熱面積 1 ft² 当たり毎時石炭消費量 30 lbs. (14 kg), 伝熱面積 1 ft² 当たり機関出力 10 図示馬力を発揮し, 毎時毎図示馬力当たり 26 lbs. (12 kg) の水を蒸発させたのに対し, 円筒形ボイラでは伝熱面積 1 ft² 当たり毎時石炭消費量 21 lbs. (9.5 kg), 伝熱面積 1 ft² 当たり機関出力 8.5 図示馬力を発揮し, 毎時毎図示馬力当たり 20 lbs (9.1 kg) の水を蒸発させた。箱形ボイラの場合, 石炭 1 lbs 当たりの水の蒸発量は以下のようになる。

$$\frac{26 \times 10}{30} = 8.7 \text{ lbs.}$$

この時, 使用した石炭は理論的には, 1 lbs. 当たり 14.5 lbs. (6.6 kg) の水を華氏 100 度 (38℃) から華氏 275 度 (135℃) の蒸気にできるものだったので, ボイラ効率は,

$$\frac{8.7}{14.5} = 0.6$$

となる。同様に円筒形ボイラの場合, 石炭 1 lbs. 当たりの水の蒸発量は以下のようになる。

$$\frac{20 \times 8.5}{21} = 8.1 \text{ lbs.}$$

この時使用した石炭1 lbs. 当たりの理論的蒸発力は，水14.4 lbs.(6.5 kg)を蒸気にできるものだったので，ボイラ効率は，

$$\frac{8.1}{14.4} = 0.56$$

となる[451]。

　すなわち石炭1 lbs. 当たりの水の蒸発量とボイラ効率の両方で箱形は円筒形を上回っていた。この事例は全体の一部に過ぎないが，一般に箱形ボイラと円筒形ボイラとでは次のような違いがあったと言える。すなわち外殻・燃焼室とも箱形の箱形ボイラは，同サイズの外殻・燃焼室とも円筒形の円筒形ボイラより伝熱面積・蒸発面積大であったため，より多くの熱を水に伝え，より多くの蒸気を発生できたと言うことである。その原因は同じ体積であった場合，円筒形は箱形よりも小さな表面積しか持たないという形状が持つ本質的性質によるものである。

　1860年，商船で円筒形ボイラが登場した後も，箱形ボイラが製造・使用されていた理由は，設置スペースや機械製造技術や安全性の問題以外にも効率と出力の面で利点があったからである。特に軍艦において箱形が長く使用されていた理由も，燃料消費量よりも出力が重要視されたからだと考えてよいだろう。

　しかし，箱形ボイラに代わって蒸発量・ボイラ効率の悪い円筒形ボイラの使用が次第に増えていく。その目的は，高圧蒸気を発生させることに集約される。すなわちボイラにおける蒸発量・ボイラ効率を犠牲にしても，高圧蒸気を使用することで機関側の熱効率を，ひいては舶用蒸気原動機全体の効率を高めようという当時の技術者の考え方を反映していたと考えられる。

　実際，機関の改良による熱効率の向上分は，円筒形ボイラ採用によるにボイラ効率の損失を上回った。すなわち毎時毎図示馬力当たりの石炭消費量は，

前頁の値を用いて計算すると，低圧機関＋箱形ボイラの場合 30/10＝3 lbs./(IHP・h) であり，高圧機関＋円筒形ボイラの場合 21/8.5＝2.4 lbs./(IHP・h) であった。

こうして舶用機関は高圧機関へと変化したのであった。またこのことは機関側の要求によって，ボイラ形式が規定されたことも示しているのである。

9. 箱形ボイラの終焉——H. M. S. *Thunderer* のボイラ事故(1876)

箱形煙管ボイラは蒸気圧力の向上が困難であったのにも関わらず，しばらくはボイラの補強材ステイで補強され大気圧を上回る圧力で使用されることになった。蒸気圧力は 20〜30 psi (1.4〜2.1 kgf/cm²) であった[452]。

サンダラ号(H. M. S. *Thunderer*，1872 年に進水，艤装が終了したのは 1876 年)はイギリス海軍にて箱形のボイラを備えた最後の主力艦となった[453]。主機関に蒸気を供給する 8 つの箱形ボイラ(rectangular wet bottom boiler)は煙炉の中に複数の細管(multi-tubular)を持っていた。ボイラは全長 10.25 ft. (3.1 m)，全幅 15 ft. (4.6 m)，高さ 13 ft. (4.0 m) で内部に 4 つの燃焼室を持ち，それぞれ幅が 3.2 ft. (0.98 m) であった。安全弁の収納箱はボイラ前面にボルト止めされており，2 つの直接おもりがかかるバルブが内部にあったのだが，その直径は 5.875 in. (0.15 m) であった。2 つのスクリューを止める停止弁(stop valves)がボイラ上部に設置されていた。ボルドン蒸気計は 35 psi (2.5 kgf/cm²) まで計測できるようになっていた[454]。ボイラはハンフリー・テナント会社(Humphrys, Tennant and Company)によって製作されたもので，蒸気圧力は，最大で 30 psi (2.1 kgf/cm²) であった[455]。

1876 年 7 月 14 日サンダラ号は，ポーツマス港からストークス湾へ全速力で行われていた試験航海の最中に，何の前触れもなしに，右舷の後部汽罐室に設置されたボイラ前面の上部から蒸気が噴き出した。汽罐室と機関室は噴出された蒸気で充満した[456]。この事故で 45 名が死亡した[457]。この事故の主要な原因は，不均一な膨張による安全弁の故障であるとされた[458]。

サンダラ号は排水量 9,117 トン，全長 285 ft. (87 m)，竜骨の長さ 246.3 ft.

(75 m)，全幅 58 ft.(18 m)，深さ 18 ft.(5.5 m)，平均喫水 26.5 ft.(8.1 m)であった[459]。

実際のところ，箱形煙管ボイラは 35 psi(2.5 kgf/cm²)以上の圧力には不適であり，このボイラ事故の後，その製造は断たれてしまった[460]。

すなわち，箱形ボイラではこれ以上の圧力向上は限界で，さらに蒸気圧を上げるためには円筒形ボイラへの移行が必要であった。

10. 小　括

19世紀半ばまでの舶用蒸気原動機は，箱形ボイラとサイド・レバー機関のような低圧機関が主流であった。それは限られた船底に船舶を動かすだけの動力を持つ機関とボイラを設置したりや海水をボイラ水に使うといった船舶用に特化したしたものであった。

一方で，19世紀半ばまで熱素説や「ワットの法則」といった，現在から見れば間違った理論が，蒸気機関の性能を考察する際に利用され，これら誤った理論に基づいて蒸気機関の効率が考えられたため，イギリスでは，船舶用としては高圧機関は効率の悪いものと考える意見が主流を占めた。船舶の燃料消費量の問題は，原動機の改良よりも先に鉄製船体の導入といった船体構造の改良や外車からスクリューへの推進方式の改良によってなされた。

一方，熱素説と「ワットの法則」は，熱の理論の黎明期においては，熱を定量的に扱う上で一定の成果をあげたが，実際の蒸気機関という個別的技術への適用では，あるクリティカルな問題が表面化する。それは膨張作動原理と呼ばれるボイラからの蒸気を締め切った後の蒸気の挙動に関して，すなわち**飽和水蒸気の断熱変化**の問題である。この問題は，前述のように18世紀末から重大な問題となる可能性があったが，蒸気圧力が低かったために，たいした問題とならなかったのである。しかし，この問題は，蒸気機関の効率を水力機関とのアナロジーによって考察する限り，必ずつきまとうものであった。

19世紀も半ば頃になると，使用していた蒸気圧力は少しずつ上昇し，次

第に，蒸気を締め切った後，シリンダ内に生じる大量の水が問題となり始めたのである。この原因は，高温の飽和水蒸気を断熱膨張させると，蒸気の一部は，飽和状態を保てず，その一部は復水してしまうためである。しかし，これは熱素の保存を前提とした熱素説では説明出来ない現象で，当時の説明としては，ボイラからの蒸気内に水滴が混入しているためなどとされていた。この現象は，現代的に言えば，飽和水蒸気が断熱膨張をする際に，熱が仕事として消費されるからであり，飽和水蒸気が断熱膨張する際の復水の原因を理解するためには，熱と仕事が相互に転換しうるという熱力学第1法則の理解が不可欠なのである。飽和水蒸気に関して，この復水の原因を説明したのが，クラウジウスとランキンである。すなわち，彼らは1850年に独立に飽和水蒸気の比熱が負になりうることを示したのである。

こういった高圧蒸気機関および膨張作動原理の有用性が技術者にはっきりと理解されるのは，船舶の原動機の改良を通してであった。それに先鞭をつけたのが，ジョン・エルダーをはじめとするスコットランドの船舶の技術者たちであり，ランキンが理論の面からその技術革新を支えた[461]。

それまでは舶用蒸気原動機としては箱形ボイラと低圧機関が一般的に使用されており，陸用で一般的に利用された円筒形ボイラは，舶用としては一般的ではなかった。箱形ボイラと円筒形ボイラとを比較すると，ボイラ単独では，ボイラ効率・蒸発量のいずれも箱形ボイラは円筒形ボイラを上回っていた。しかし，熱力学によって高圧蒸気の利点がはっきりすると，ボイラと機関を合わせた原動機全体でその性能を考えるようになったと思われる。実際に，毎時毎図示馬力当たりの石炭消費量において，箱形ボイラ＋低圧機関より円筒形ボイラ＋高圧機関の方が上回ったのである。こうして高圧蒸気の利点が明らかになり，また船舶の動力需要の増大もあって舶用蒸気機関における円筒形ボイラと高圧機関は次第に普及していった。

以上，19世紀の舶用蒸気ボイラ形式の変遷過程について検討してきたが，最後に本章の結論を述べる。

燃料消費量の制限といった社会的経済的条件・要求によって，機関の革新的な変更が必要となった。そして機関の革新と熱力学の理解の深化の結果，

ボイラの改良を通じて蒸気原動機全体の性能を改善する必要が技術者によって認識されたのであって，決して機関の改良より先にボイラの改良がなされたわけではなかった。ディキンソンが看破したように，蒸気原動機の発明からしばらくの間，ボイラは「機関には関係のない付属物[462]」に過ぎなかったのである。

　このように舶用推進技術全体の発達にとっては，ボイラよりも機関がより主導的役割を担っていたと言える。その理由は，プロペラもしくは外輪を動かして船の推進力を発生するのは，機関であってボイラではないからである。

　以上のように，舶用ボイラ史は，機関とボイラと推進手段との関係の歴史であると言えるだろう。「機関」を外的要因として切り離してみる石谷の単純化された内的発展論に基づくボイラ史は，この複雑な歴史過程を説明しえないし，他方，技術の内的論理を考慮しない社会構成主義者は，このような発達過程を理解することはできない。

第5章　陸用定置蒸気機関高圧化への技術的諸問題

ウィリアム・フェアベアンの肖像画(左)
William Fairbairn, edited and Completed by William Pole, *The Life of Sir William Fairbairn, Bart* (London: Longmans, and Green, Co., 1877), Frontispiece.
ベッセマーの肖像画(右)
Bessemer, *Sir Henry Bessemer F.R.S. An Autobiography* (London: Offices of "Engineering,", 1905, reprinted by The Institute of Metals, 1989): Frontispiece.

本章では，陸用高圧機関の開発を支えたのが，主にボイラの耐圧性能の向上であったこと，その最も劇的な改良は円筒形ボイラの採用であったことを明らかにする。また人間が手作業で製造するというパドル鉄固有の技術的制約からパドル鉄製鉄板の大きさには限界があり，そのためボイラの製造には無数のリベットによって鉄板を接合しなくてはならず，それを避けるため初期の高圧ボイラは継ぎ目なしの容器が鋳造できる鋳鉄製であったが，鋳鉄は引張強度に劣っておりボイラには不適であったこと，ボイラ耐圧性能の改良は圧延法など機械加工技術とリベット打ち機などの鋲接法の改良やベッセマー鋼の円筒形ボイラへの使用などによって達成されたことを明らかにする。

1. ボイラ事故とボイラ製造技術について

　第3，4章を通じて，19世紀中頃の技術者が，どのようにして高圧蒸気機関の有用性を知ったのかについて述べてきた。高圧蒸気の熱効率がはっきりした有用性が明らかになり，効率を必要とする用途に高圧蒸気を避ける理論的根拠はなくなった。蒸気機関を製作しようとする技術者が遭遇した困難は，高圧蒸気を発生するボイラをいかに作るかという問題であった。本章では，特に高圧蒸気ボイラを作るために必要であった技術的要因について分析する。

　前述のように，高圧機関は，ワットが1769年に取得した特許が1800年に失効すると共にその試みが始まった。この先駆的事業に取り組んだのはイギリスにおいてはリチャード・トレビシックとアーサー・ウルフであり，アメリカ合衆国においてはオリバー・エバンス(Oliver Evans, 1755-1819)である。当時の技術者が使っていた熱と蒸気に関する知識は，第3章で述べたように，最初は水力機関とのアナロジー，すなわち熱素説に基づいたものであった。その後，熱素説の定量的理解と共に高圧蒸気の利点は不明瞭になり，そういった理論を応用した舶用蒸気機関では高圧化が遅れた。

　しかしながら，コーンウォール地方では高圧蒸気機関が使用され優れた熱効率を示していた。つまり，理論とは離れたところで高圧蒸気機関が使用されていたのである。そこで問題となったのは，高圧蒸気に耐えうるボイラをいかにして作るかということであった。つまり，高圧蒸気機関の展開には熱の理論を応用した蒸気機関と実地の経験に基づいた蒸気機関という，2つの側面があったと言える。

　またここではイギリスにおけるボイラ事故の統計からも，先行研究の成果と課題を検討していきたい。19世紀イギリス国内における10年ごとのボイラ事故と死傷者の統計は表3のようなものであった。

　以上のデータからわかるように，19世紀を通じてボイラ事故数，死者・負傷者数とも増大傾向にあったが，1870年以降は，ボイラ事故件数と負傷者数の増大傾向は鈍り，死者は減少に転じた。またバートリップ(Bartrip)は，

表3　ボイラ事故件数と死傷者数[463]

年	1800〜09	1810〜19	1820〜29	1830〜39	1840〜49	1850〜59	1860〜69	1870〜79	1880〜89
件数	2	12	13	42	104	248	483	503	346
死者	2	52	28	77	209	486	710	575	306
負傷者	5	36	21	118	338	588	926	1018	537
一件あたりの死者	1.00	4.33	2.15	1.83	2.01	1.96	1.45	1.14	0.884

　1870年以降，定置型蒸気機関の総図示馬力は，大幅に急激に増大していることを指摘している[464]。1870年以降の統計に関しては，著者とバートリップは使っている資料が違うので，ボイラ事故数と死傷者数の数が違っているが，総馬力の増加に対して，事故数・死傷者数の増加が鈍化していることは著者が使った資料とバートリップが使った資料に共通して認められる。こういったボイラ事故減少には，ボイラの製造・運転に関わる改善があったことは確実である。

　さらに事故1件当たりの死傷者数の増減を見てみよう。1870年代はボイラ事故数の増加に対し，死者が減っている。ボイラ事故1件当たりの死者数は，1850年代から減少に転じている。1860年代以降はその減少傾向は顕著であり，1880年代になると1回の事故での死者は1を切る。これらの数字が示すのは，重大事故が減って軽微な事故が増えたことを意味している。1880年以降は，事故件数・死者・負傷者数共減少に転じた。これはいったい何を示しているのか。一般には，水管ボイラは事故が起こった時に対する被害の小ささが良く指摘されている[465]。それでは，1件当たりの死傷者数の減少は，水管ボイラ使用の増大を示しているのだろうか。

　表4は，1865〜1892年にかけて，事故を起こしたボイラの種類を示したものである。この間におけるボイラ事故総数は，いわゆるランカシャー・ボイラやコーニッシュ・ボイラと呼ばれる内火式円筒形ボイラが最も多く，次いで外火式円筒形ボイラが続いている。また1875年以降は，円筒形ボイラにおける爆発件数は減ってきている。内火式・外火式を含めた円筒形ボイラは，27年間で607件の事故を起こしているのに対し，水管ボイラの事故は，27年間に24件しか発生していない。したがって，事故1件当たりの死傷者

表4 種類別ボイラ事故

ボイラ形式など	1865	1866	1867	1868	1869	1870	1871	1872	1873	1874	1875	1876
ランカシャー・コーニッシュボイラ	14	22	17	15	20	22	14	15	17	26	14	15
外火式円筒形	12	12	10	13	24	13	9	18	15	11	9	7
舶用ボイラ	2	5	1	3	3	3	3	3	4	3	4	4
箱形ボイラ	0	0	0	0	0	0	0	0	0	0	0	0
ワゴン・ボイラおよびセミワゴン型	0	0	0	0	0	0	0	1	0	0	0	3
バルーンもしくはヘイスタックボイラ	2	1	2	0	1	3	2	3	4	1	2	0
機関車型ボイラ	13	10	5	5	4	4	2	5	4	4	2	5
フレンチボイラ, エレファントボイラ	0	1	0	0	0	0	0	0	0	0	0	0
マルチ煙管ボイラ	0	1	0	0	0	0	0	0	0	0	0	2
ギャロウェイボイラ	0	3	0	0	1	0	0	0	2	1	0	1
Butterleyボイラ	0	0	0	0	0	0	0	0	0	0	0	0
ラストリックボイラ	0	0	0	0	0	0	0	0	0	2	0	1
水管ボイラ	2	0	0	0	0	3	0	2	5	2	2	1
垂直ボイラ	0	8	0	7	3	6	5	5	4	7	6	0
その他の円筒形ボイラ	0	1	0	0	0	0	5	6	0	4	3	0
その他のボイラ	5	3	2	4	2	3	0	1	2	0	0	0
詳細不明, その他	3	7	5	6	2	1	3	3	3	5	3	1
ボイラ事故総数	53	74	42	53	60	58	43	62	60	66	45	40

数の減少には，水管ボイラは直接的な関係がない。事故1件当たりの死者数減少の理由は，必ずしも明らかではないが，少なくとも，円筒形ボイラにおける画期的な事故防止と爆発した時の被害の軽減があったことは確実だと考えられる。

　これまでの蒸気機関史の研究では，ボイラの事故防止には，ボイラ保険会社による検査制度の役割が特別に重視されてきた。特にアメリカ合衆国におけるボイラ検査制度とボイラ製造の規格化は，ボイラ事故防止に大きな貢献をしたことが石谷によって指摘されている[466]。この時に作られた規格が，アメリカ合衆国機械技術者協会によるボイラ規格 ASME Boiler and Pressure Vessel Code として今日まで続いている。

　ところが，イギリスにおけるボイラ事故は，アメリカ合衆国よりもずっと早く減少傾向に入り，重大事故も減った。第三者によるボイラ検査制度が，ボイラ事故防止に重要な意味を持っていたことを否定することはないが，イギリスにおけるボイラ事故の減少には，ボイラ保険と検査制度の整備の他に

の発生数 (1865～1892)[467]

1877	1878	1879	1880	1881	1882	1883	1884	1885	1886	1887	1888	1889	1890	1891	1892	総計
11	13	8	11	12	11	16	10	7	5	7	5	12	11	6	9	365
10	8	8	4	5	6	8	4	5	7	4	0	6	6	4	4	242
4	7	4	1	1	3	2	0	4	2	1	1	1	2	0	0	71
0	0	0	0	0	0	0	0	0	0	0	0	0	0	0	1	1
0	0	0	0	1	0	0	1	0	0	0	0	0	0	0	1	7
0	0	0	0	0	0	0	0	0	1	0	0	0	0	0	0	22
3	5	5	5	2	5	6	6	4	4	7	5	1	4	3	3	131
0	0	0	0	0	0	0	0	0	0	0	0	0	0	0	0	1
0	0	0	0	0	0	0	0	0	0	0	0	0	0	0	0	3
2	1	0	0	0	0	2	1	1	0	0	0	0	0	1	0	16
0	0	0	0	0	0	0	0	0	0	0	0	0	0	0	0	0
0	1	0	1	0	0	0	1	0	0	0	0	0	0	0	0	7
1	0	2	0	0	0	0	1	1	0	0	1	0	1	0	0	24
5	4	5	3	5	9	8	9	11	8	9	17	9	10	13	9	185
2	5	3	2	3	3	0	1	3	3	2	0	4	3	2	2	56
4	0	0	1	1	0	1	0	1	1	1	1	0	0	2	0	35
1	5	2	1	4	0	0	1	0	1	1	2	2	3	0	0	65
43	49	37	28	34	38	42	36	36	32	33	32	36	40	32	27	

も要因があるものと思われる．それは技術的な進歩で，特に円筒形ボイラにおける強度に関する技術的な改良によるものと考える．

　本章では高圧に安全に耐えうるボイラがいかにして製造されたかに着目し，さらに素材とその加工技術の両面からボイラの発達史を検証することにする．

2. 18世紀のボイラ製造技術

　19世紀の内圧に耐える機能を持ったボイラについて論じる前に，18世紀以前のボイラ製造技術について簡単に述べておきたい．

　セーバリーのボイラについては，第2章で述べたように，形状としては高圧蒸気に耐える形式としては理想的な球状であった．ボイラと導管は銅製で，圧力容器と活栓は真鍮製，継ぎ目はハンダで接合されていた．

　ニューコメンが使用したボイラは銅製であったろうとジェンキンスは推定している．さらに，ジェンキンスは，デザギュリエの *Experimental Philos-*

ophy の記録から，最初にリベット止めした鉄板をニューコメン機関のボイラに使用したのは，スタニア・パロット(Stanier Parrot)であると推定している。パロットは，ボイラ底部を銅に代わって鉄を使ったとのことである。しかし，頂部は，亜鉛製であった。当時，銅は鉄の5倍の価格であった。彼は全鉄製のボイラは作らなかったが，ボイラ製造を生業とする最初の人であったと見なすことが出来るかもしれない。彼のこの発明は1725年とのことである[468]。ディキンソンは，1725年頃から木炭で精錬した錬鉄をチルトハンマーで鍛造した鉄板が，わずか30 lbs.(14 kgf)，2 ft.(0.61 m)の長さしかなかったにも関わらず銅板に取って代わったと述べている[469]。

1754年，イギリスにおけるやかん，燃焼室ボイラ用錬鉄板製造に関する特許が，ウィリアム・ジョンソン(William Johnson)によって取得されているとのことである。それによると，1本または複数の棒鉄をハンマーでもしくは鉄製の圧延機にかけ，適当な大きさにして，鉄製の鍛造されたリベットで接合していたとのことだが，ジェンキンスによれば，ジョンソンがボイラに蒸気を発生させたことはありそうにないとのことである[470]。

こういった鉄板の鍛造には，当時の加工技術では大変な困難があった。当時鉄板は，チルトハンマーで鍛造して製造していた。この製造の際に，鉄板は小さくなり，また板厚は端の方は薄く中央部は厚くなりがちであった。均一な厚さで大きな板を作ることが出来た鉛がより扱いやすい材料としてボイラに使用されていたことは驚くに当たらない。また銅でボイラ外殻を作ることや木材や石材をボイラに使用するような試みがされていたことは，当時の鉄板製造の困難さを例証していると考えられる[471]。

材料が変わってもボイラ形状はほとんど変わっていない。名称は様々だったが，本書では「ヘイスタック・ボイラ(Haystack Boiler)」と呼ぶことにする。このボイラは燃焼室がボイラ外部にあり，熱損失は膨大な量になったと考えられる。ただニューコメン機関の燃費が悪かった原因はボイラ効率が悪かったのみではなく，サイクルの熱効率が悪かったためである。ジョン・スミートン(John Smeaton, 1724-1797)の改良によって蒸気機関の効率は2倍になったとされるが，その熱効率でさえおおよそ1%ほどであったと推定され

ている[472]。ボイラ全部を錬鉄で製造するのは，18世紀後半になってからだと考えられる。1772年にロング・ベントン(Long Benton)のスミートンの機関に全鉄製のボイラが建造された。このとき使用された鉄板は，'Plating hammer' でスラブから鍛造されたものである。これらの重量はめったに0.5セントナー(27 kgf)を超えることはなかった[473]。

一方，ワットが使用した標準型のボイラはワゴン・ボイラと呼ばれるもので，水量当たりの加熱面積を増加させるために，断面積を変えずにボイラを長くし，平板あるいは丸みを付けた端面を取り付けたものである。ワットがボイラの燃焼室に使用していた材料の種類については，はっきりとした資料はないが，当時の使用可能な材料を考慮すると銅，鉛，真鍮もしくは木炭錬鉄以外の選択肢はないと思われる[474]。パドル鉄を圧延した鉄板がボイラ使用されるのは，ヘンリー・コート(Henry Cort, 1741?-1800)[475] が1783年，1784年にパドル法を開発して，初めて可能になったと考えられる[476]。

コートによるパドル法の経済上の意義は，燃料としてはそれまでの木炭に代わって石炭を用い，反射炉によって銑鉄を溶解することに成功したことにある。さらに，従来のハンマーによる鍛造に代わって，パドル法と蒸気機関を用いた圧延プロセスを組み合わせた。パドル法によって，イギリスの製鉄業は木炭不足から解放され，イギリスにほぼ無尽蔵に埋蔵されていた鉄と石炭を使用できるようになったのである。

パドル法の技術的メリットは，反射炉を使うため，鉄と燃料が直接接触せず鉄の中に鉄板の強度にとって有害な硫黄等の不純物がほとんど入らないことである。その結果，1790年以降，イギリスにおけるパドル鉄の製造が本格化することになった。

現在では，炭素分が非常に少ない工業用純鉄のことを錬鉄，もしくは鍛鉄などと呼び，これらの区別は基本的になされていない。しかしながら，単に錬鉄(wrought iron)と言っても，同じ錬鉄ではなく製法によって明確に区別する必要がある。パドル錬鉄は，反射炉を用いて石炭によって精錬された錬鉄であり，その主な成型作業は圧延によってなされていた。それに対し木炭で精錬された錬鉄があり，主に鍛造によって成型されていた。またパドル鉄製

品は大半が棒鉄であり，棒鉄が錬鉄と同義に使われることもある。本書では混乱を避けるために，パドル・圧延法によって製造された鉄をパドル錬鉄または単にパドル鉄と記し，木炭によって精錬された錬鉄は，木炭錬鉄と呼び，さらに単に錬鉄という場合は炭素分が少ない可鍛鉄一般を指すことにする。

　パドル鉄と圧延法の開発によって，パドル錬鉄はボイラの材料としても使用されることになった。厚さ16分の5～8分の3 in.(0.79～0.95 cm)の圧延鉄板が1795年以降，一般に入手できるようになる。これらは「それまで経験が十分にあったリベットによって接合された。リベットの径，ピッチおよび板の重ね幅は経験によって決められていたらしい[477]」。「ボイラの製作は鍛冶職人に任されていたが，1790年頃，ミッドランドでは付随的ながら独立の職業になった。ボールトンとワットは，彼らのボイラの供給をウェスト・ブロムウィッチのトーマス・ホートンとブラッドレイおよびバーシャムのジョン・ウィルキンソンから受けていた[478]。」

　ボイラ用鉄板製造におけるヘンリー・コートの仕事の意義は，それまでは鉄板を接合する場合，ハンマーで鍛造した鉄板を使用していたが，この過程で板を傷め，また鉄板の厚さも変わりがちであったのが，コートの方法では，鍛造と圧延によって，均一な板を製造出来るようになったことである。ただこの鉄板も木炭錬鉄製鉄板と同様非常に小さく[479]，私見では，この点がパドル鉄の弱点となったと考えられるのである。

　1790年までに，4 ft.×8 in.×0.5 in.(1.2 m×0.20 m×0.013 m)ぐらいの大きさのボイラ鉄板がコールブルックデール会社の工場で圧延されていた[480]。

　また1797年までに，より幅広のボイラ鉄板が使用されるようになる。シェフィールドのジョン・カー(John Curr)は，直径4 ft.(1.2 m)から17 ft.(5.2 m)のボイラを建造している。このボイラはおおよそ球状で底部が内側にへこんだ形であった。最も長いボイラ用鉄板で，5 ft.9.5 in.(1.8 m)，最大の幅で17 in.(0.43 m)であった[481]。

　以上，18世紀のボイラ製造技術および使用材料について簡単にまとめると以下のように言えるだろう。

　ニューコメンからワットに至るまでボイラはほとんど変化しなかった。18

世紀にボイラに使用された材料は，銅や鉛が使用されていた。醸造用・家庭用で銅釜が使用されていたことを考慮すると，銅をボイラに使用したことはごく自然のことであると考えられる。ボイラ材料は，銅や鉛や木炭錬鉄であり，18世紀末にはパドル錬鉄の使用が始まるが，鉄材の利用は限定的であった。18世紀初頭は，鉄板の加工技術が十分でなく，大きく均一な板厚が可能な鉛への需要も相当数あったからである。ジェンキンスは，当時のボイラは球形で，小さい板を何枚も使ってリベットで接合して作っていたので，あまりに大きい板は球形を作るには不適で，小さい板の方がボイラ製造には簡単であったと指摘している[482]。

いずれにせよ18世紀末までにボイラ材には鉄材が広く使用されることになるわけだが，その理由は，ボイラの耐圧性能向上という目的よりも，製造コストを抑えることと入手のしやすさ，といった経済的諸要因によって規定されていたと考えられる。なぜならニューコメンの蒸気機関は，蒸気を凝縮させて発生させた負圧によって作動する大気圧機関であったため，高圧蒸気はそれほど必要としていなかった。またワットが考案した膨張作動原理はまだアイディアの域を出ていなかったし，またワット自身も高圧蒸気の使用には安全性の面から反対していたと伝えられているからである。したがって18世紀末，ボイラの耐圧性能の問題はひとまず先送りされたのであった。

また，当時イギリスで製造された鉄製品全般において言えることなのだが，実際はそれほど品質が高いものではなかった[483]。この事実は少なくともコートがパドル・圧延法を開発するまで解決しなかったのであるが，パドル法の意義は，イギリスに無尽蔵に埋蔵している石炭を鉄の精錬に使用できるようになったことであり，木炭錬鉄よりも安価に錬鉄生産を可能にした点にある。

したがって，この銅や鉛や真鍮から木炭錬鉄さらにパドル鉄への移行は，ボイラの性能(蒸気圧力・耐久性)を高めるために起こったものではなく，入手の容易さ，価格の安さによって起こったのであると結論できる。

3. トレビシックによる円筒形 1 炉筒ボイラ(コーニッシュ・ボイラ)と使用材料の変化について——鋳鉄からパドル鉄への移行

1800 年，ワットが 1769 年に取得した特許が失効して以降，リチャード・トレビシックはイングランドにおいて高圧機関の開発に取り組んでいた。高圧蒸気を発生させるためには，克服しなくてはならない問題が数多くあった。その中で最も大きな問題は，高圧に耐えうるボイラをどうやって作るかという問題であった。本節ではトレビシックが，高圧蒸気に耐えうるボイラとしてどのような改良を行ったかについて見てみたい。

トレビシックは，高圧蒸気機関開発の当初，ボイラには鋳鉄を使用していた。1802 年，トレビシックがコールブルックデールで建造したビーム型の実験用揚水機関に蒸気を供給したボイラも鋳鉄製であった。これは実験用機関であるが，145 psi (10 kgf/cm^2) の蒸気圧で動作した。ボイラ直径 4 ft. (1.2 m)，厚さ 1.5 in. (3.8 cm) であった[484]。

次に 1803 年にトレビシックが建設したボイラを示す。図 23 によれば，シリンダがボイラの中に埋め込まれているのがわかる。これはシリンダを冷やさないようにする工夫で，後の円筒形ボイラにも同じ方式を採用している。ボイラ形式は伝統的なヘイスタック型 (haystack) に近い。

トレビシックは 1802 年に取得した特許の中で，外火式の球形ボイラと，鋳鉄の外殻を持ち，内火式の燃焼室を中に持つ U 字型の煙道を持つボイラを示している。またスペースの無駄を省くためにシリンダが，ボイラ内部に置かれた[486]。この機関のシリンダは端が平らな錬鉄製で，ボイラ内の 3 本の管も錬鉄 (wrought iron) 製[487]であったとのことである[488]。この特許が取得されてから 1 年か 2 年の後，「円筒形の鋳鉄の外郭の前面に錬鉄の板をボルト締めし，燃焼室を中にもつ U 字型の煙道 (flue or tube)，すなわち管をこの板に鋲接した有名なボイラを発表している[489]。」このボイラは次に示すようなものであった。

これら鋳鉄製のボイラの多くは，ブリッジノース鋳造所 (Brigdenorth) で製

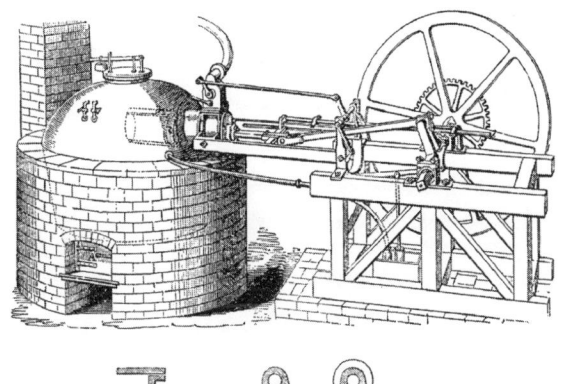

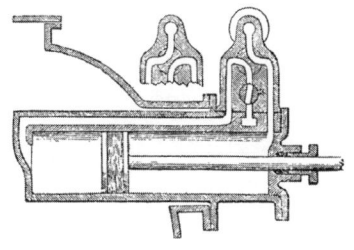

図 23　トレビシックの機関とボイラ(1803 年)[485]

造されたものである。しかし，鋳鉄をフランジとボルトで接合したこうしたボイラが危険であったことは疑う余地はない。1803 年 9 月 8 日グリニッチ(Greenwich)でトレビシックのボイラが爆発する事故が起きた。詳細な記録のあるボイラの事故としてはおそらく世界最初のものである[490]。このボイラは鋳鉄製で直径 6 ft.(1.8 m)，厚さ 1 in.(2.5 cm)であり，幾つかの部品は 1.5 in.(3.8 cm)の厚みがあった。シリンダを 2 本持ち，それぞれ直径 8 in.(20 cm)，bucket は直径 18 in.(46 cm)，長さ 21 ft.(6.4 m)の円筒形である。爆発時の蒸気圧力はすさまじく，厚さ 1 in.(2.5 cm)，重量 500 ポンド(230 kgf)のボイラの破片が上方に破裂し 125 yd(110 m)より遠くに破片が飛び散り，地面に 12〜18 in.(30〜46 cm)の深さの穴を開けた。ボイラの煉瓦は 200 yd(180 m)先まで飛んでいた[491]。ボイラ材料については，記録でも鋳鉄製とあるし，当時 1 in. の厚さで製造可能であった鉄鋼材料のことを考えると，鋳鉄以外にはない。

トレビシックは，鋳鉄製ボイラの安全性に疑問を感じたと思われる。トレビシックは，1811年以降鋳鉄に代わって錬鉄を使用するようになったからである。

1811年にトレビシックによって建造されたボイラは，前板が半球状の形で，外殻が円筒形のボイラである。これがエッグ・エンディド・ボイラ(Egg Ended Boiler)と呼ばれるものである[492]。このボイラは図24に示すようなものであった。

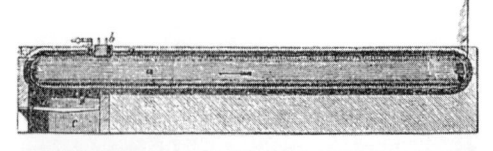

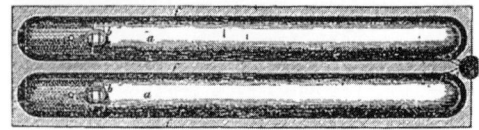

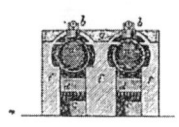

図24 トレビシックのエッグ・エンディド・ボイラ(1811年)[493]

これは錬鉄製(wrought iron)で直径3 ft.(0.91 m)，全長40 ft.(12 m)，使用した蒸気圧力は100 psi(7.0 kgf/cm^2)であった[494]。

1811年にコーンウォールのドルコース(Dolcoath)鉱山に建造したボイラも錬鉄製であった。トレビシックはそれまで使用されていたボールトン・ワット社のワゴン・ボイラに代わって3つのボイラを建設している。これらのボイラは円筒形の外郭を持ちその中に縦通する管が取り付けられていた[495]。このような，外殻が円筒形でボイラ水線下に円筒形の縦通する炉筒を1つ持つボイラが，いわゆるコーニッシュ・ボイラと呼ばれるものである[496]。コーニッシュ・ボイラの正確な発明年は不明だが，ディキンソンは，トレビシックの従業員の記述などを参考に，コーニッシュ・ボイラのイングランドにおける発明年は1812年頃だとしている[497]。図25はドルコース鉱山に設置されたボイラである。

図25中aで示された2つのボイラは錬鉄製円筒形ボイラで直径5 ft.(1.5 m)，長さ18 ft.(5.5 m)，内部に卵形の煙管を持ち，それは3 ft.4 in.×3 ft.(1.0 m×0.91 m)である。もう1つは直径6 ft.2 in.(1.9 m)，長さ22 ft.(6.7 m)である。

火床内にある円筒形煙管は直径 4 ft.(1.2 m)である。いずれのボイラも凝縮器は持たず，1 in² 当たり30〜50 ポンド(2.1〜3.5 kgf/cm²)の蒸気を発生させた[499]。

しかし，パドル錬鉄を用いるこういった試みも失敗している。ドルコース鉱山に建設されたボイラは蒸気がもれたのである[500]。トレビシックは動作蒸気圧の4倍の水圧試験を行った[501]。

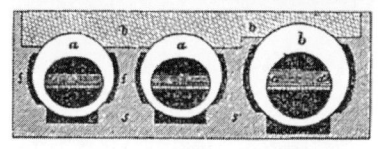

図25　トレビシックの内部に円筒形の炉筒を1つ持つボイラ(1811年)[498]

トレビシックはボイラ形状に円筒形を用いた最初の1人であった。またボイラに安全弁を付けてボイラの安全性を高める努力をした。さらにボイラに鋳鉄を初めて用いた。しかし，鋳鉄をフランジとボルトで接合したこうしたボイラが危険であったことは疑う余地はない。ボイラに鋳鉄を使用することに対して安全性の上で疑問を感じたトレビシックは，1811年以降鋳鉄に代わってパドル錬鉄を使用したと考えられる。そのため鉄板の厚さは鋳鉄の1.5 in.(3.8 cm)から錬鉄製鉄板の8分の3 in.(9.5 mm)に減った。それにもかかわらずボイラの大きさは以前のものと同じか，さらに直径を大きくしたものもあった。内圧を受ける管構造に発生する応力は，径の長さに比例し，肉厚に反比例する。その上，使用する蒸気圧は以前のままであったので，ボイラ鉄板内部に発生する応力は以前より増加していたのである。結局錬鉄製ボイラの試みもうまくいかず，相変わらずボイラの爆発事故は起こっていた。当時のコーンウォール機関の蒸気圧力は，1830年頃の平均で50〜70 psi(3.5〜4.9 kgf/cm²)であったとされている[502]。

4. ウルフの2段膨張機関
—— ウルフの熱に対する理解とボイラ開発とボイラへの鋳鉄の採用

　同時期に，優れた機械工作の技能を持つ技術者として知られたアーサー・ウルフが，2段膨張機関の開発に取り組んだことは前述の通りである。蒸気機関に2段膨張方式を採用するため，ウルフは高圧の蒸気を発生させるためのボイラも同時に製作したのである。彼が製造した組み合わせボイラは水管型と呼ばれるものの原型であり，本来ならば水管ボイラの発展と材料技術との関係について論ずる必要があるが，これは次章で舶用機関との関係の中で述べることとする。ここではボイラと材料技術との関係の典型的な例として，ウルフと彼のボイラを取り上げることとする。ここでもウルフは，材料の性質に関して誤った認識のもとにボイラを製作している。

　ウルフは，1803年にロンドンで機関製造に取り組んだ。1803年，ウルフが特許(特許番号2726)を取ったボイラは，縦通する鋳鉄管が層を成すようにならべ，降水管によってそれらをボルトで固定したフランジに接合した太い管からなるボイラである。彼は膨張を考えて装置を作ったが，それでも加熱と冷却を繰り返しているうちにき裂が進展し水が漏れた[503]。ウルフはこのボイラを鋳鉄で製造することを勧めている。なぜなら，ウルフはパドル錬鉄製のボイラより鋳鉄製ボイラの方が強く，かつ高圧蒸気の使用ではより信頼性が高いと考えていたからである。彼は動作させようと考えていた圧力の14〜20倍の蒸気圧力に耐えられるボイラを設計し，安全弁を2個取り付けた[504]。ウルフの鋳鉄製組み合わせボイラは，図26に示すようなものであった。

　1811年，ウルフはロンドンからコーンウォールに戻り，彼が取得した2段膨張機関と組み合わせボイラの特許をもとに鉱山の排水用機関の建設に取り組んだ[506]。このウルフの前にライバルとして立ちはだかったのは，トレビシックである。

　1814年エイブラハム錫鉱山(Wheal Abraham)にウルフは自身の2段膨張機

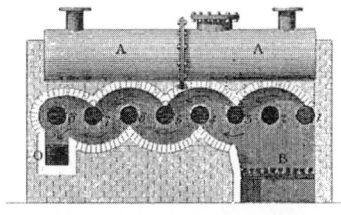

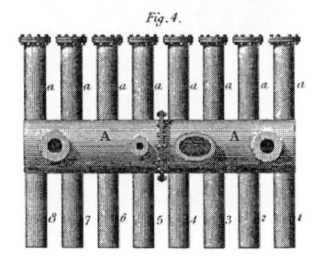

第 5 章 陸用定置蒸気機関高圧化への技術的諸問題 139

図 26 ウルフの鋳鉄製組み合わせボイラ (1803 年)[505]

関を据え付けた。ボイラ圧力は 40 psi ($2.8\,\mathrm{kgf/cm^2}$)，膨張率は 8 ないし 9 であった。両者の機関ともワットの機関より性能が良かった。しかし，ウルフ機関は長い間運転しているうちに初期の性能が保てなくなることがわかった[507]。また彼が作った鋳鉄製ボイラは加熱と冷却を繰り返しているうちに水が漏れだすほど「き裂」が進展してしまい，ボイラを低い蒸気圧で運転せざるを得なかった[508]。

ウルフは，1817 年になってもボイラに鋳鉄を使用することが良いとしている。1817 年，蒸気船のボイラ事故を防止するために委員会が設立された。ウルフはその委員会の審問会で，いかなる合金より鋳鉄の方が，ボイラには適していると証言した。一方，通常のボイラの場合，鋳鉄製ボイラは錬鉄製ボイラより危険であるとし，自身の特許によるボイラは多数の管より構成されると証言している[509]。

しかし，ウルフは自身の蒸気機関への熱意を捨ててはいなかったようである。ウルフは 1824 年，ジョン・テイラーの指導を受けてアルフレッド錫鉱山に 2 台の蒸気機関を据え付けた。1 台は彼の 2 段膨張機関とボイラで，もう 1 台は，コーニッシュ・ボイラを持つ単動式機関である。その結果，ウルフ機関が 4,000 万デューティー[510] であったのに対し，後者の機関は 4,200 万デューティーであることが明らかになる[511]。ウルフはこの機関を断念してしまい，イギリスにおいてはこれらの機関はまた潰えてしまった。その原因としては，構造が複雑であったため建設費が高額になってしまうためと，建設が簡単ではないためであった[512]。

またウルフのボイラがうまくいかなかった理由として，ディキンソンは，ウルフがその複雑な構造からくる強度上の弱点を完全に克服することが出来

なかったためであるとしている。その対策は発明者にとっても完全には克服出来ないほどの問題であることがわかったため，1824年にウルフはこのボイラの製造を諦めてしまったとのことである[513]。ただ著者は，ウルフのボイラの問題点としてディキンソンが言うような構造だけではなくボイラ材料にも問題があったと考えている。

ウルフは様々な改良を試みるが，強度上の問題を解決することが出来なかった。彼の大きな間違いは，錬鉄より鋳鉄の方が強く，信頼性が高いと考えていたことである[514]。その複雑な構造だけではなく鋳鉄の使用からもたらされた組み合わせボイラ製造の困難は，結局ウルフの機械製作の技能をもってしても解決できないものであったのである。そのためウルフはこの機関を諦めざるを得なかったものと考えられる。

しかしながら，このボイラには大きな利点が1つあった。それは爆発に対する安全性で，このボイラは爆発したことがなかった。ウルフはこのボイラを自分の2段膨張機関用として供給し，大陸に輸出していた。このボイラの改良したものが大陸において「フレンチ・ボイラ」または「エレファント・ボイラ」として広く使用されている。その改良はハンフリー・エドワーズ (Humphrey Edwards) によってなされた。彼は，かつてウルフの協力者で，後にパリに渡ってウルフ機関を製作していた。彼の改良は構造を簡単にすることと強い材料の使用であった。すなわち1815年に素材は鋳鉄のままだが，加熱部分は2本の小径のドラムとし，その上に大きな結合ドラムと蒸気溜めをのせた構造とする修正を行っている。さらに1825年には構造は変えず，鋳鉄に代わって錬鉄を使用し強度上の弱点を克服したのであった[515]。フレンチ・ボイラは図27に示すようなものであった。

以後ウルフは彼の優れた技巧を活かしてコーンウォール機関の製造に取り組み，コーンウォールにおける最も優れた技術者として知られることになった。コーンウォール機関と呼ばれたこれらの機関のサイクルは，基本的にワットの機関と同じものであるが，高圧蒸気を用いることと，蒸気の締め切りを早めることで性能を高めていたのである[517]。

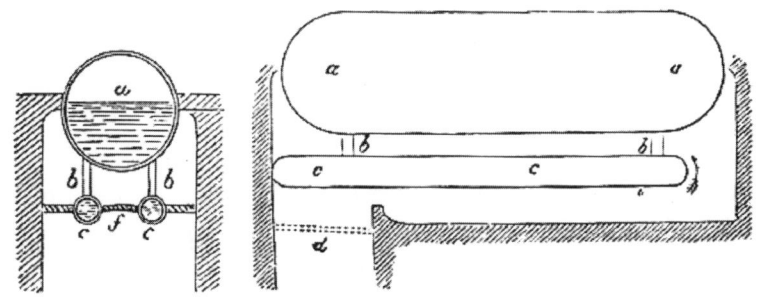

図27 〝フレンチ〟もしくは〝エレファント・ボイラ〟(1820年)[516]

5. アメリカ合衆国における高圧蒸気機関の開発

　19世紀初頭，アメリカ合衆国における高圧蒸気機関の開発はイギリスに比べればはるかに遅れていた。しかし，アメリカ合衆国における19世紀後半から20世紀にかけてのボイラ技術の急速な進歩を考えれば，アメリカ合衆国のボイラ技術を無視することはできない。ここではアメリカ合衆国における高圧蒸気機関の開発を検討しておきたい。

　アメリカ合衆国において高圧蒸気機関の開発はオリバー・エバンスによって行われた。彼は1786年以前に高圧蒸気機関を作ろうと意図しており，すでに1786年には高圧蒸気機関を開発していた。煙管の直径はボイラ直径の大抵0.5もしくは0.6になるよう作られていた。煙管は当時鉄板を巻いて，リベット留めして作られていたが，これはイギリスにおいて接合されることがほとんどで，アメリカ合衆国国内で製造されるのはまれであった[518]。さらに，ほどなく始まるヨーロッパの戦争は，アメリカ合衆国におけるボイラ製造にも大きな影響を及ぼしたのである。すなわちアメリカ合衆国においては，高圧蒸気機関を製造することはイギリスよりも困難となった。それはボイラに使用する材料の不足によって引き起こされたのであり，大陸封鎖の影響とアメリカ合衆国における製鉄技術の未熟さから引き起こされていたと考えられる。

当時のアメリカ合衆国におけるボイラ製造技術の未熟さを示す例をあげておこう。1801～1815年の間，フィラデルフィアのセンター・スクウェア水道場(Center Square Water Works)に設置されたボイラは，外殻は木製で，火室の後部に平らな壁からなる燃焼室を持ち，底部と上部はステイと呼ばれる短い鋳造された水管によって補強されていた。燃焼室の終端から卵形の炎管が取り付けられており，この卵形の炎管はボイラ内の水線より下になるように曲げられていた。火床は長さ3 ft.×幅5 ft.＝15 ft.^{2} (0.91 m×1.5 m＝1.4 m^2)であり，加熱面積は360 ft.^{2} (33 m^2)であった。このボイラは幾つかの故障を起こし，それを直す試みがなされた。しかし，欠点を完全に修復するまでには至らなかったようである。木製の外殻は図28に示すようなものであった。

　このような，木製の外殻にたがをかけた円錐形の木製ボイラは，その強度上の弱点を克服することが出来なかった。そのような例の1つとしてオリバー・エバンスによって採用された彼の小さな蒸気機関がある。最初にフィラデルフィアに建造されたボイラは，オーク材でボイラの側面，底面，上面を支持していた。厚板はストローブ松製で厚さ4 in. (10.2 cm)であった。少なくとも1年以内にストローブ松製厚板の内部の深さ1 in. (2.54 cm)内が，オーク材の酸によって全く破壊されてしまった。これを防ぐためにパテや厚紙を間に入れていた。これらのボイラはボイラ内部を気密にしておくのが非常に難しかった。この機関が建造されてから2年間の間に改良のためのありとあらゆる手が尽くされたが，結局うまくいかなかったようである[520]。このような外殻を木材で作ったボイラは，この当時のイギリスには全く見られない。

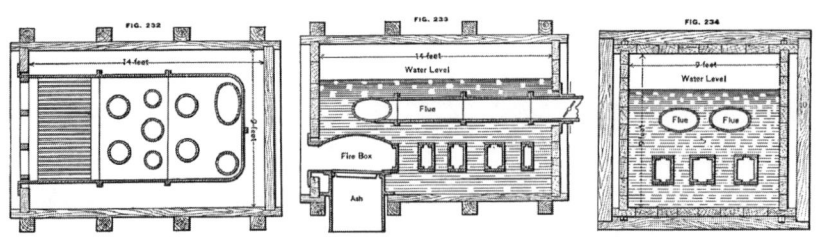

図28　左：木製ボイラの水平断面図，中：木製ボイラの垂直断面図，右：木製ボイラの縦方向の断面図[519]

イギリスにおいてはすでに蒸気機関は全鉄製であり，鉄道と共に製鉄業の落とし子とさえ考えられていたのである。

エバンスは 1801 年 12 月 1 日に高圧蒸気機関とボイラを建造した[521]。おそらくこれが実用となった高圧蒸気機関としては最初のものの 1 つである。使用された蒸気圧力は 6 atm 以上，蒸気をピストン行程の 3 分の 1 あるいは 6 分の 1 で切り替えた[522]。このボイラは鋳鉄の火室を持ち，煙管も同様に鋳鉄製であった。このボイラの上部は半球で，底部は平らであった。火はボイラの下で焚かれ，蛇状の炎管を通ってボイラの前面に抜ける。直接火が当たるボイラの底の部分は，錬鉄の 2 枚の板から出来ており，残りはすべて鋳鉄製である[523]。使われた錬鉄は，当時はまだアメリカ大陸にパドル鉄が入っていなかった[524]ことを考えると，アメリカ合衆国本国において木炭を用いて製造された棒鉄を圧延したものであることは間違いない。

1803 年 3 月 10 日に建造されたボイラは鋳鉄製で側面が平面で，両端が半球状であった[525]。さらに 1804 年に作られたエバンスの高圧蒸気機関は，ボイラ胴部は銅製で長さ 15 ft. (4.57 m)，直径は一端の 36〜30 in. (0.91〜0.76 m) へと細まっている。両端は鋳鉄の鏡板でそれを貫いて鉄の輪で補強した火管が通っている。胴部の外側は木で包んであり，その上に鉄の箍がはめられている[526]。ボイラ胴部に錬鉄ではなく銅が使用されたのは，当時はまだアメリカ大陸にはパドル鉄は入っていなかったからである[527]。

ついでエバンスはトレビシックとほぼ同時期に円筒形ボイラを考案している。1805 年の書簡の中で以下のように述べている。

> 「可能な形のうち円筒形が最も強く直径が小さいほど強度は大きくなる。そこで我々は直径が 3 feet (0.91 m) を越えない円筒形ボイラを製作し，容量を増やすためには 20 から 30 feet (6.1 m〜9.1 m) あるいはそれ以上にするか，その数を増やすかして…燃料節約のためには一方が他方に入っている形のボイラを製作し……これらのボイラは大きな板に圧延された最上の鉄板でつくられ，しっかりと鋲接されている。両端は軟質の鋳鉄でつくられ，火炎や排煙に直接当たらないようにしている。鋳鉄は熱によって割れ目が生じやすいからである……[528]」

エバンスが述べているボイラはイングランドでエッグ・エンディド・ボイラと呼ばれているものである。エバンスが述べている第2のボイラは，イギリスでコーニッシュ・ボイラと呼ばれているものである[529]。

1817年にエバンスはフィラデルフィアのフェアマウント(Fairmount)水道場に蒸気機関を据え付けた。この機関は通常194〜220 psi(14〜15 kgf/cm²)の蒸気圧で動作した。シリンダは20 in.(0.51 m)で，ストロークは5 ft.(1.5 m)である。常用回転速度は25 rpmであった。蒸気は4つの円筒形ボイラから供給された。このボイラは直径30 in.(0.76 m)，全長24 ft.(7.3 m)で外部燃焼方式である。同じ水道場に44 in.(1.1 m)のシリンダと6 ft.(1.8 m)のストロークを持つBoulton & Watt機関が1815年建造されていたが，この機関は垂直な錬鉄製の煙管を備える鋳鉄製ボイラで，蒸気圧力はわずか2.5〜4 psi(0.18〜0.28 kgf/cm²)ほどであった。この2つの機関の性能試験が行われた。直径16 in.(0.41 m)，全長239 ft.(73 m)の本管を通じて，102 ft.(31 m)だけ水を汲み上げる試験であった。24時間の試験の結果，低圧機関は木材896 ft.³を燃やして176万3,104ガロンの水を汲み上げた。したがって木材燃料1 ft.³当たり1,968ガロンの水を汲み上げたことになる。一方高圧機関の場合，木材1,664 ft.³を燃やして312万4,891ガロンの水を汲み上げた。したがって木材燃料1 ft.³当たり1,878ガロンの水を汲み上げたことになる。

エバンスが用いたよりも適正な圧力，もしくは100 psi(7.0 kgf/cm²)の蒸気使用の試みは，アメリカ合衆国においてその後も行われたが，それでも高圧ボイラの爆発事故はしばしば起こり，それを防ぐことはできなかった[530]。

6. 初期の高圧蒸気機関が鋳鉄製であった理由

1800年以降，蒸気機関に高圧蒸気を用いるため，ボイラに丈夫な材料と構造が必要となった。その結果円筒形ボイラが開発され，材料も初期の高圧機関には鋳鉄製ボイラがトレビシックやウルフ，エバンスなどによって採用された。しかし，鋳鉄は引張荷重に弱く，円筒形ボイラに使用した場合，円筒内部に発生する応力は引張り方向に作用するため非常に危険である。ワゴ

ン・ボイラには，引張強度に優れるパドル錬鉄が使用されていたことを考えると，鋳鉄の使用は技術的には後退とも思われる。鋳鉄の採用はなぜ起こったのであろうか。この原因は当時の鉄板の加工技術が関係していたと考えられる。

　パドル鉄は人間が手作業で製造するので，鉄塊の大きさは人間がパドリングできるサイズに限定される。パドル法の1回の作業工程における銑鉄の装入量はおおよそ120 kgであり，そこから取り出されるパドルボールはおおよそ30〜50 Pfd(15〜25 kg)ほどの塊[531]であった。最大でも30 kgぐらいが人間が扱える限界である推定される。1790年にコールブルックデール製鉄所は圧延によって4 ft.×8 in.×0.5 in.(1.2 m×0.20 m×0.013 m)の大きさの鉄板を製造できた[532]。鉄の密度をおおよそ7.9 g/cm^{3}であるとすると，この鉄板の質量は25 kgに相当する。しかしながら，シュロップシャー州においてはこのような大きな鉄板を圧延できる工場は他になかったのである。最も初期のボイラ製造に関する報告書である *Curr's Book* によると，1797年になってさえ最も大きなボイラ用鉄板は5 ft.9.5 in.×16.75 in.×3/8 in.(1.8 m×0.43 m×0.0095 m)[533]，質量はおおよそ58 kgであったのである。したがって，パドル鉄から製造される圧延鉄板の大きさには限界があったのである。

　ボイラにおいては継ぎ目が少ない方が有利であるが，ボイラ用鉄板を製造するには，パドル法の製品である棒鉄から製造される鉄板では小さすぎるので，結局，棒鉄から製造される小さい鉄板を幾つか組み合わせなければならない。またボイラ製造において鉄板の接合は，ワゴン・ボイラにパドル錬鉄が使用されだした頃から伝統的にリベットによって行われていた。しかし，リベット止めする技術も高圧蒸気を使用するには不十分であった。当時は手作業で打ち抜き機を使ってリベット穴を空けたため，その時に鉄板内にひずみが残った。また鉄板を重ねた時にリベット穴が合わず，試行錯誤によって穴を空けたのである。リベットは人間がハンマーで押しつけて接合していたが，穴が合っていなければ密着させることは出来ない。蒸気または水が漏れた時には，ロープか紙を詰めて白鉛で塗り固めていた。図面通り正確にまっすぐに穴を空ける技術は後述するフェアベンの仕事を待たなければならな

かった。

　以上のように，ボイラ材料にパドル鉄を使用するには，必ず継ぎ目を作らなければならない。そしてボイラにおいてはこの継ぎ目が一番の弱点になる。これは鉄板の大きさが限定されるパドル鉄を使用する上で必ずつきまとっていたことでなのである。それに対し鋳鉄の場合は鋳造することで継ぎ目のない円筒形容器を作ることが可能なのである。また当時ボイラの強度を上げる方法として考えられていたことはボイラの肉厚を上げる方法であった。当時パドル法で製造された圧延鉄板は一般に厚さ16分の5～8分の3 in.(0.79～0.95 cm)であった。圧延して厚い鉄板を製造するには，初めから大きいスラブを圧延する必要があるが，パドル法ではそのような巨大な鉄塊を製造できなかった。また仮に大きな鉄塊を作れたとしてもそれを圧延できるような強靱な圧延機など存在しなかったのである。アーサー・ウルフを始め多くの技術者(DartfordのJohn Hall[534]，IslingtonのAlexander Tilloch[535]，CornwallのThomas Lean[536]など)がリベット止めされたパドル錬鉄製ボイラが鋳鉄製ボイラよりも強度があるとは考えられておらず，実際，鋳鉄ほどの厚さにパドル錬鉄を成形することなど不可能であった[537]。

　つまりパドル鉄を加工する技術に比べれば，鋳鉄を鋳型に流し込む方がはるかに簡単であったのである。耐圧容器およびボイラ用材料として引張強度に優るパドル鉄という材料があったのにもかかわらず，当時はその最新材料を使いこなす加工技術がなかったため，鋳鉄という硬くて脆いボイラには相応しくない材料が使用されていたのである。

　だがパドル錬鉄より鋳鉄の方が強いと考える人々がいる一方，それに反対する人々もいたのである[538]。実際，鋳鉄は不均一な熱にさらされるボイラ用材料としては不適切なものであったし，当時は致命的な破損をもたらす鋳鉄中の欠陥を見つける方法などなかったのである。そのため，ボイラ技術者たちは次第に内部で高圧が発生するボイラを鋳鉄で製造することが相応しくないと考え，鋳鉄からパドル錬鉄へ移行するようになる。しかし，継ぎ目の問題が解決されていなかったため，パドル錬鉄製のコーニッシュ・ボイラもよく事故を起こしたのである。

第5章　陸用定置蒸気機関高圧化への技術的諸問題　　147

図29　左：トレビシックが1798年に作った実験用蒸気機関車[539]，中央：1805年Hazel-dine社によって建造されたトレビシックの高圧蒸気機関とボイラ[540]，右：トレビシックの錬鉄製円筒形ボイラ(1812年)[541]

　鋳鉄製ボイラと錬鉄性ボイラは図29に示すようなものであった。これらのボイラは全てトレビシックが製作したボイラである。これらの図を一見しただけでは，使用材料が何かわからないが，比べると製造方法が異なっているのに気付くであろう。左図は鋳型でフランジが付いた底付きの円筒形容器を作り，それに底板を取り付けたものであることが，写真から明らかにわかる。中央の写真は，外殻が継ぎ目のない円筒形容器に底板をボルトで止めているのがわかると思う。右図は，複数の錬鉄の板をリベットで接合して製造したものであることが写真からわかる。当時パドル鉄を溶かして鋳型に流し込むことは不可能であったので，示した3つの写真のうち，左，中央2枚の写真に示されたボイラは，鋳鉄を鋳型に流し込んでその外殻を製造したものである。すなわち1805〜1812年の7年間の間に鋳鉄から錬鉄へ移行したことがこの写真からもわかる。

7. 円筒形2炉筒ボイラの開発とボイラ製造技術の発展

7.1　フェアベアンによるランカシャー・ボイラの開発

　1830年以降のボイラ開発において，特に重要な役割を担ったのはマンチェスターのウィリアム・フェアベアンである。フェアベアンが最初にボイラを製造したのは1831年である[542]。彼はボイラの設計，材料強度について

研究しており，ボイラの開発に多大な貢献をしている。

ボイラにおける彼の最も大きな貢献は，円筒形2炉筒ボイラ(ランカシャー・ボイラ)の開発である。1844年にフェアベアンとジョン・ヘザリトン(John Hetherinton)が特許を取った2炉筒形付きランカシャー式円筒形ボイラは大容量の用途に広く採用された[543](特許番号10166[544])。図30のランカシャー・ボイラは，彼らの特許明細書に記載されていたものである。

それまでのコーニッシュ・ボイラは炉筒が1つであったのに対し，ランカシャー・ボイラは2つの炉筒を持ち，蒸発面積が一挙に2倍になった。当時コーニッシュ・ボイラが広く使われ，またコーニッシュ・ボイラ以外の多くのボイラは燃焼部がボイラの外にあったワット時代のボイラであった。しかしながら，1844年以降，この2炉筒が付いたランカシャー・ボイラはまもなくボイラの標準型として一般的に使用されることになり[546]，20世紀に入っても使用され続けた[547]。このように広まった原因は，ランカシャー・ボイラは燃料消費率を低く抑えることができただけではなく，適切に運転されれば，煙も非常に少なかったためである[548]。また「要求された蒸気圧の上昇が急激なものでなかったため，構造の細部の改良によってそれに応えることができた。その結果，地位を確保しながら実質的リードを保ち，また同時に製作技術の改良もなされたのである[549]。」

ランカシャー式円筒形ボイラにおける使用蒸気圧は通常運転で50 psi(3.5 kgf/cm²)以上，最大70 psi(4.9 kgf/cm²)である。一般に直径7 ft.(2.1 m)であり，0.5 in.(1.3 cm)のスタフォードシャー鉄板が使用され，この鉄板を巻いてシングル・リベット止めして作られていた。爆発する危険のある蒸気圧は333 psi(23 kgf/cm²)であるとされた。最初のランカシャー・ボイラはアンコーツ工場(Ancoats mill)に建造されたもので30 h.p.(2.2 kW)を発揮した[550]。

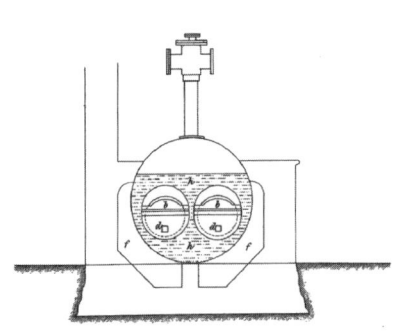

図30 W・フェアベアンとJ・ヘザリトンによる特許明細書に記載されたランカシャー・ボイラ(1844年)[545]

ランカシャー・ボイラを安全に運転するための主な改良点は，まず第1に使用する鉄板の厚さを増すことであった。第2に鋲接法の改良を中心としたボイラ製造における機械化である。第3に鋼もしくは均一な金属を用いることであった。第3については次節において述べる。

7.2 巨大なスラブの製造と圧延技術の発達による厚板の製造[551]

円筒形ボイラにおいて継ぎ目の数を減らし，高い蒸気圧に耐えられるようにいっそう厚く大きな鉄板を製造する必要が生じた。例えば，1838年フェアベアン商会は，ある蒸気船において破裂したボイラを修理したが，その後も多くのボイラが致命的な破裂を起こしていた。当時，フェアベアンは8分の3 in.のパドル錬鉄製鉄板を用いていた[552]。ミルウォールの親方であったアンドリュー・マッシー(Andrew Massey)は審問委員会で，ボイラの修理にはそれより厚い鉄板を使っていた，と述べている[553]。

確かに板厚を増すことで高い圧力に耐えることができる。しかし，鋼の品質を向上させるには，一方で巨大な鋼塊を小片に圧延を繰り返すことで可能になるのである。また十分な引張り強度を保持するために，鋼(高い炭素含有率を持つ)を製造する誘惑が高まったが，鋼はパドル鉄よりも圧延するのが難しい。それは大きいインゴットを圧延できる強靱な圧延機ができるまで，非常に難しかった[554]。つまり鉄板の厚さにはある限界が存在していた。鉄板の厚さはそれを製造する圧延機の能力と工作機械のパワーと大きさによって決まってしまっていた[555]。

1830年以来，この要求を満たすために板圧延機に多くの改良がなされた。この改良を成し遂げた原動力は蒸気機関であった。すなわち圧延機に蒸気機関を使用したことによって動力が強くなり，その結果さらに大きいスラブを圧延できるようになったのである。

コールブルックデール会社においては，1831年に3 ft.×4 ft.×3/8 in.(0.91 m×1.2 m×0.95 cm)の大きさの鉄板を製造できた。重量はおおよそ82 kgfであると推定される。さらに1838年に導入された板圧延機は，幅5 ft.(1.5 m)の圧延鉄板を製造することができるようになった。当時世界中でそのような大

きい鉄板を圧延できる工場は他になかった[556]。ここに1838年の*Mechanic's Magazine*の報告があり，*Liverpool Standard*から引用されたものである。

「鉄の巨大な板——私たちはフォーセット・プレストン会社(Fawcett, Preston)から今までつくられたことがないほど巨大なものといわれている2枚の鉄板を最近見せられた。彼らはその鉄板を測定し，長さ10 ft. 7 in.(3.2 m)，幅5 ft.1 in.(1.5 m)，厚さ7/16 in.(1.1 cm)であり，重量は7〜8 cwt.(356〜406 kgf)であることが分かった。彼らはこの2枚の鉄板をハワード氏の計画している2つの蒸気ボイラの底板に使用しようと意図していた。そしてこれらの板はシュロップシャーのコールブルックデール会社によって製造される。コールブルックデール会社は私たちにはよく知られていた。すなわちイギリスで(私たちは世界中でというであろうが)，このような大きな鉄板を製造できる，もしくは今までに試したことがある唯一の会社である[557]。」

コールブルックデール製鉄所において重量が20 kgfほどのパドルボールから，400 kgfもの巨大な鉄板をどうやって製造したかは不明である。溶接の技術はまだなかったし，完成した鉄板を鍛接するのも考えにくい。ただパドル鉄の加工法に関する報告は幾つか残っている。例えばフェアベアンはパドル鉄の加工法を次のように述べている。

「棒もしくは鉄板の製造には，パドルボールを鍛造ハンマーで強い衝撃を与え，長方形のスラブもしくはブルームを製造する。その間にパドルボールに付着した〝かなくそ〟，不純物はブルームから絞り出される。ブルームは孔型ロールを通して，細長い棒鉄に圧延する。これをパドル棒鉄と呼ぶ。このパドル棒鉄を切断し，それらを規則正しく積み重ねて束鉄(fagot)とし，それらを溶着炉(balling furnace)で溶着熱まで加熱し，孔型圧延機(grooved rollers)を通して溶着させてから，剪断して棒，板などの形にしていた[558]。」

この方法は18世紀末のヘンリー・コートによる発明からパドル法の根幹の1つをなしていた。この方法における改良は滓絞りの際に使用する圧搾機の発明[559]，ジェームズ・ナズミスが発明した蒸気ハンマーによる圧搾作業，

圧延機の大型化・強靱化などの作業機械の改良にとどまり，19世紀の初期から本質的にはほぼ変わっていなかったようである。

この報告から推し量って，著者は次のようにして大きい鉄塊を製造していたのだろうと考えている。すなわち，パドル炉から取り出したルッペを再び反射炉で溶着する温度まで加熱し，そしてルッペを鉄のカナシキの上で正面上げハンマー[560]によって鍛錬し，滓を絞り出してから，蒸気機関で駆動される粗圧延機にかける。こうして棒鉄，もしくは幅の広い厚い棒にし，これを幾つかの片に分断し，何個か重ねて束ね鉄にする。この束ね鉄を再び溶着反射炉で溶着熱まで加熱し，仕上げ圧延機にかけた。厚板を製造する場合は，この束ね鉄を製造する際に，さらに多くの鉄片を重ねたのではないだろうか。これが最も現実的な厚板の製造方法であると考えられる[561]。

このように，パドル鉄を溶着・鍛造して製作させる技術の発達もまた，蒸気機関を動力に応用することによって発達したと考えられる。

パドル鉄を溶着・鍛造して大きな塊を製造することを可能にしたのは蒸気ハンマーである。蒸気ハンマーはジェームス・ナズミス(James Nasmyth, 1808-1890)によって1839年に発明された。蒸気ハンマーの機構は，蒸気機関によって重いハンマーを持ち上げ，そのまま自重で落下させ，その衝撃力で鍛造を行うという単純なものである[562]。

しかしながら，鉄塊を溶着させる方法では，その製造過程で何らかの欠陥が材料中に含まれてしまう可能性が高い。したがってこの巨大な鉄板の製造には非常に熟練した技能が必要であったはずで，当時これをやり遂げることができたのはコールブルックデール製鉄所でだけであったのだろう。故にこれらの鉄板の大きさは全く例外的なものであり，さらに今までのリベットによる接合ではなく，この板は鍛接されるのがふつうであった。もし前板が厚い鉄板であったら，手作業でリベット止めすることは不可能であった。なぜなら，手でリベット止めするには0.5 in.(1.3 cm)の板が限界であったからである[563]。

7.3 ボイラ製造の機械化——鋲接法の改良
7.3.1 機械によるリベット打ち

前節の厚板の製造，および本節で述べるボイラにおける鋲接法の改良についての歴史的記述に関しては，ジェンキンスがおそらく最初に述べ[564]，ディキンソン[565]，ヒルズ[566] らも同じような記述をしているので，ボイラ鉄板の接合法についての詳細を述べる必要はないと思うが，ボイラ強度と使用材料および加工技術との関連で本書と特に関係のある2人の技術者，ウィリアム・フェアベアンとダニエル・アダムソンによるボイラ製造技術の改良について述べておく。

19世紀中頃以降，ボイラ鉄板の継ぎ目について様々な改良がなされたが，最も重要なのは，1837年にフェアベアンが開発したリベット打ち機である[567]。

フェアベアンはロバート・スミスと共にリベット打ち機を開発した。スミスはねじによる接合を支持したが，フェアベアンは，通常のパンチング・マシーンの原理に基づいたレバーによるリベット打ちを試みようと決めた。ねじによる接合は作業が遅すぎるからという判断である。この発明は，ロバート・スミスの名前で1837年2月16日付けで特許が取得されている(特許番号7302)[568]。それは，手作業で行われるようなハンマーによる騒音なしでリベット打ちができ，品質と強度の点で優れていた[569]。その理由として考えられるのは，機械によるリベット打ちは，要する時間と費用の削減に効果があったが，一方，手作業によるリベット打ちは，時間がかかったためにその間リベットが冷えてしまい，そのため接合が不完全になってしまうからである。実に機械によるリベット打ちと手作業によるリベット打ちによる作業時間は，12倍も違ったのである[570]。その特許明細書に示されたリベッティング・マシンは図31に示すようなものであった。

こういった一連の錬鉄の強度に関する実験は，フェアベアンによってなされ，1850年に *Philosophical Transactions* で公表されている。その中には，リベット接合による錬鉄の引張強度がどのように変化するかについても述べられており，それによるとボイラをリベット接合で製造した場合，その継ぎ

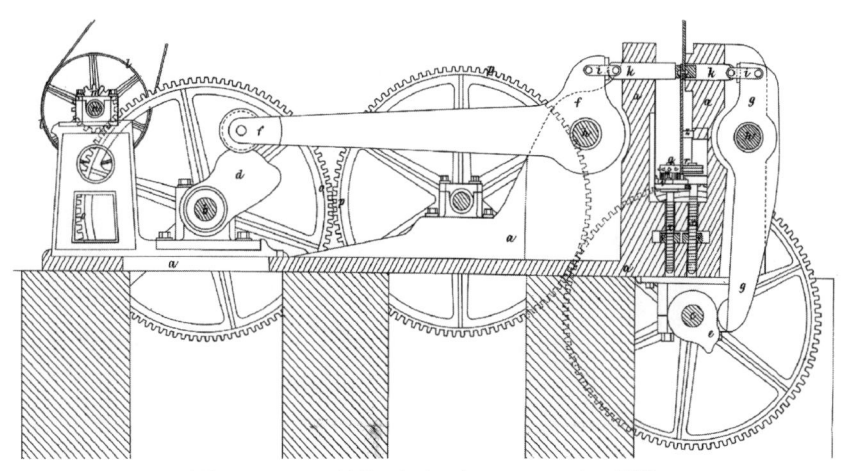

第 5 章　陸用定置蒸気機関高圧化への技術的諸問題　　153

図31　スミスの特許明細書にあるリベット打ち機[571]

目は，シングル・リベット打ちの場合の接合部の強度はただの板と比べて，鉄板の強度が44％失われるのに対し，二重リベット打ちでは，30％失われると見積もられている[572]。

　またフェアベアンとスミスによるリベット打ち機は，ボイラ製造の作業が人間の手作業から機械による製造に取って代わるきっかけにもなったのである[573]。この機械は工業の様々なところに応用できるものであったが，フェアベアンは最初からこれをボイラの製造に用いようとしていた。図32はフェアベアンのリベット打ち機である。この図でリベットを打ち付けている"A"はボイラである。

　さらにフェアベアンは1856年に蒸気機関によって駆動されるRiveting Machineを発表している。これによって1分間に16分の7 in.(0.011 m)の鉄板に16分の11 in.(0.017 m)の穴を31個空け，8〜10個のリベットを打ち付けることが可能になった[575]。このフェアベアンが開発した蒸気機関で駆動するリベット打ち機は図33に示すようなものであった。パンチ部分が，クランクとコネクティング・ロッドを介して蒸気機関のピストンにつながれている。この機械によるリベット打ちは，人間の手によるリベット打ちに比べ大きな利点があった。熱いうちにリベット打ちができ，リベットの冷却に伴う

収縮によって蒸気と水に対する完璧な接合が出来上がったのである[576]。

フェアベアンによって,ボイラ製造における機械化が始まった。機械化によるボイラ製造は,人間の手作業の不確実な作業を解放し,機械による正確かつ迅速なボイラ製造作業に取って代わることになったのである。

7.3.2 ボイラ煙管の接合部の改良

さらなる蒸気圧の上昇に対し,内圧に耐えるボイラ外殻と共に外圧に耐えるボイラ煙管もまた脆弱な箇所となる[578]。この部分の設計と安全性の改良にもフェアベアンは貢献している。この円筒形容器の外圧に関する耐圧

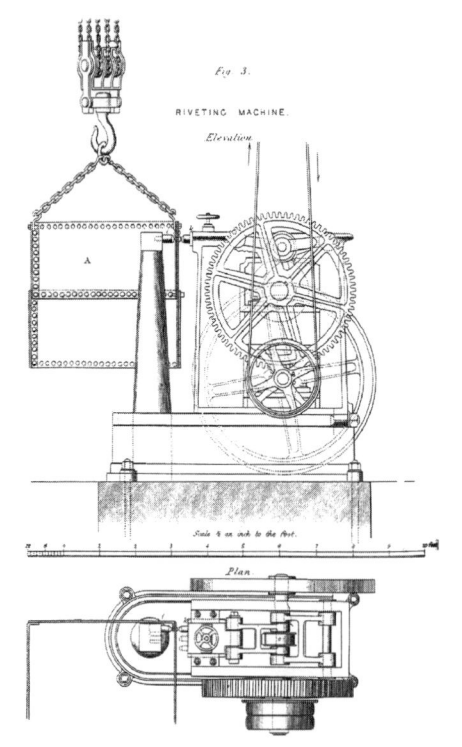

図32 フェアベアンのリベット打ち機(Riveting Machine)[574]

性能の一連の実験は,フェアベアンによってなされている[579]。それによると,ボイラの外殻の耐圧性能は,ボイラ全長に反比例すること,またボイラ全長 30 ft.(9.1 m),外殻の直径 7 ft.(2.1 m)で,炉筒の直径が 3 ft.(0.91 m)か 3 ft.6 in.(1.1 m)の通常のボイラの場合,炉筒よりも外殻の方が,3倍から4倍強いことを示した[580]。

さらに炉筒の継ぎ目に関する画期的な改良がダニエル・アダムソン(Daniel Adamson, 1820-1890[581])によってなされた。この接合部は彼の名前を取ったアダムソン・ジョイントと呼ばれた。1851年にアダムソンはこの継ぎ目に関する特許を取得している。アダムソンは,このフランジがついた継ぎ目を1852年にコーニッシュ・ボイラやランカシャー・ボイラに導入した[582]。ア

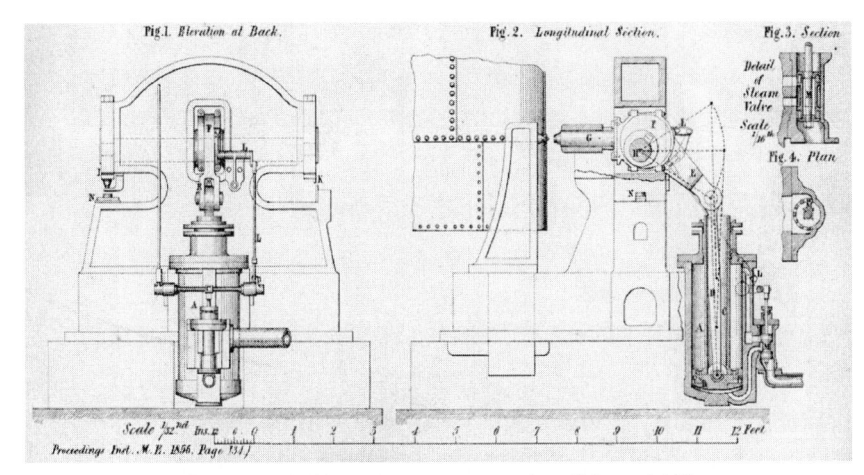

第 5 章　陸用定置蒸気機関高圧化への技術的諸問題　155

図 33　蒸気機関で駆動されるリベット打ち機(1856 年)[577]

　ダムソンの炉筒にフランジを付けてそれにリベットを打ち付ける方法は，単純なものではあったが，火焔が直接リベットに当たらないという利点があった。また蒸気漏れを防ぐためのリングを煙管についたフランジの間に挟めて，接合部の気密を高めた[583]。そのため，アダムソン・ジョイントはランカシャー・ボイラにおいて一般に使用されるようになった。
　アダムソン・ジョイントに関する調査結果は，フェアベアンによる煙管の破壊強度の測定における調査によって公表された。フェアベアンはこれらセクショナル・フルーを備えたボイラをすでに 180 基製造していたが，このアダムソン・ジョイントを備えたボイラはこれまでに製作されたどのボイラよりも高い水蒸気圧に耐えたのである[584]。アダムソン・ジョイントは図 34 に示すようなものであった。
　以上のようなボイラ煙管の接合部に対する改良はその後も続けられ，波形の煙管をしたコルゲート煙管などの改良が引き続きなされた[586]。
　こうした圧延技術と工作機械の発達がランカシャー・ボイラのさらなる圧力上昇を支え

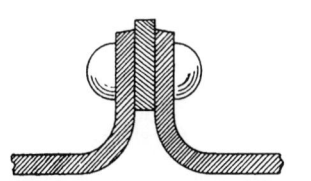

図 34　アダムソン・ジョイント(1851 年)[585]

たのである。また以上のような、フェアベアンとアダムソンによる蒸気ボイラにおける高圧化への挑戦は、鋼という新材料の採用へとつながっていくのである。次に陸用円筒形ボイラにおける鋼の使用について見ていきたい。

8. 陸用高圧蒸気機関と円筒形ボイラへの鋼の使用

8.1 ボイラ腐食の原因

19世紀中頃の陸用ボイラ蒸気圧力は10〜50 psi (0.70〜3.5 kgf/cm²) ほどで、中には150 psi (11 kgf/cm²) を超えるものもあった。19世紀を通じた蒸気圧力の上昇に従ってボイラの爆発事故は、その数を増した。

これまで述べてきたような圧延技術の発達による厚板の製造、鋲接法の改良でも腐食による事故は完全には防ぐことができなかった。ボイラ事故の幾つかのケースで観察されたのだが、ボイラ鉄板の板厚は腐食によって減ってしまっていた[587]。また当時ボイラ外殻の耐圧性と同時に直接火焔に接する炉筒や煙管の腐食劣化も問題となってきていた。『エンジニアリング (Engineering)』誌1866年2月16日の論説によると、1859年ボイラ保険蒸気動力会社 (The Boiler Insurance and Steam Power Company) が設立されて以来、1865年末までに322のボイラが爆発し、554名が死亡した。同社の1865年の検査回数は、2万8,825回に及び、うち3,424基のボイラに欠陥が見つかり、そのうち腐食によるものが1,031基で最も多かった[588]。

さらに『エンジニアリング』誌1870年2月25日の論説によると、1869年にイギリスで59台のボイラが爆発し、87名が死亡し、128名が負傷しているが、原因別に見てみると腐食に起因するものが最も多かった[589]。

ボイラ事故の報告は、イギリス議会文書にも見い出すことができる。1869年12月31日までの5年間に、288のボイラ爆発が報告されており、そのうち詳細がわかった233の事故の原因別内訳は、外部腐食によるものと水不足によるものが、それぞれ36で最も多く、続いて外部燃焼方式のボイラ下部のリベット継ぎ目の破壊と不十分な補強材や不完全な構造によるものそして内部煙管の脆弱さによるものが、それぞれ29。さらに圧力過剰によるもの

が 24，内部に出来た溝によるものが 9，内部腐食によるものとマンホールがある部分の外殻の脆弱性によるもの 8 となっている[590]。

図 35 は，1865 年から 1892 年までのボイラ事故数の割合をグラフ化したものである。水不足と腐食が，主なボイラ爆発の 2 大原因であることがわかる。水不足は，言わばボイラ運転管理の欠陥であり，腐食は保守点検の不備によるものと考えられる。1890 年代には事故原因のおおよそ 40％が腐食によるものであることがわかる。

当時のボイラで使用されていた錬鉄製鉄板に腐食が多く見られた理由は何だったのだろうか。実際にパドル鉄で製造した棒鉄を観察することで検討してみたい。図 36 は，パドル鉄製の棒鉄を蒸気ハンマーで押しつぶしたものでベッセマーの自伝から引用したものである。「使用したサンプルは当時通常に取り引きされていた 1 平方インチの断面を持つ棒鉄を血色熱程度に加熱し，小さい蒸気ハンマーで何度か叩いてみた[592]」結果である。パドル鉄から

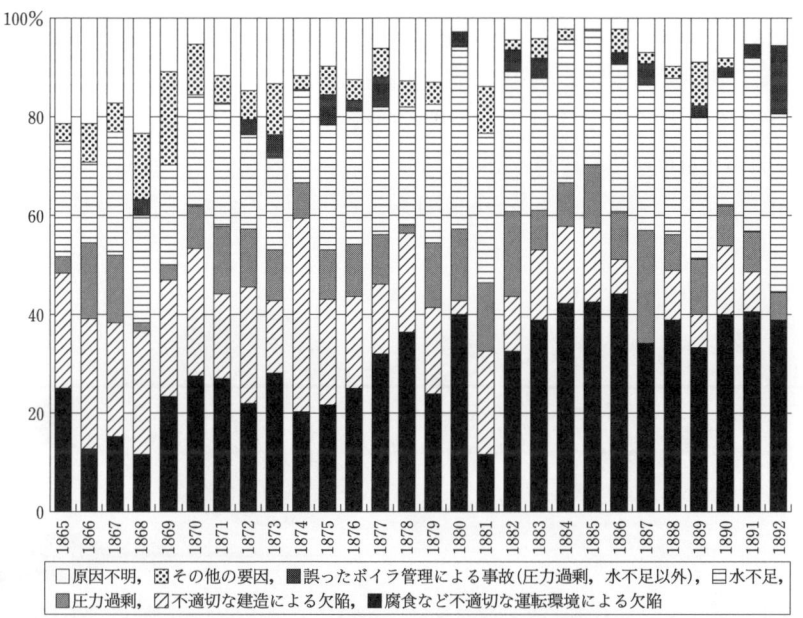

図 35 1865 年から 1892 年にかけてのボイラ事故の割合[591]

製造された棒鉄はほうきのごとくバラバラになっている。パドル鉄は半溶状の鉄を機械的にかき混ぜる(パドリング)という製造方法のため，その過程で比較的大きな酸化物や不純物(溶融スラグ，砂，固体酸化物，鉄スケール)が不可避的に混入していた[593]。また第5章第7節で述べたように，棒鉄の製造には，パドルボール・パドル棒を切る・束ねる・加熱・圧延という工程がある。この工程は2回以上繰り返され鍛接されるのだが，これら鍛接箇所は決して完全に接合されているわけではなかった[594]。これら酸化物や不純物さらに鍛接箇所は，層状となって鉄板内に存在していたのである。

　ボイラ材料であるパドル錬鉄に目に見えない境界が存在していたとすると，その境界に沿って腐食が発生することは容易に想像がつく。実際，パドル錬鉄で作られたボイラはよく溝ができる腐食が発生していたのである[596,597]。

　したがって引張強度を上げることと共に腐食を防止するには，不純物をなくし，均質な金属を作ることが必要なのである。当時それは金属を溶融状態にすることで解決されると考えられていた。ところが当時鉄鋼材料の中で溶融状態に出来るのは固くて脆い鋳鉄のみで，鋼および錬鉄は，融点が高くボイラに使用できるほどの大量の鋼を溶融状態にすることは出来なかった。これを可能にしたのは1850年代にアルフレート・クルップ(Alfred Krupp, 1812-1887)が大量生産した鋳鋼と1856年にヘンリー・ベッセマー(Henry Bessemer, 1813-1898)によって発表された転炉法(ベッセマー法)である。図37を見てほし

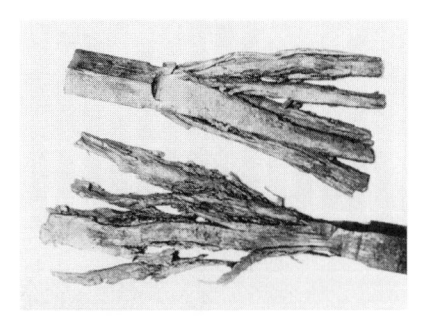

図36　蒸気ハンマーで叩いてバラバラになった棒鉄サンプル[595]

図37　蒸気ハンマーを使って平らに押しつぶしたベッセマー軟鋼[598]

い。これは先ほどと同じ条件で，ベッセマー鋼を蒸気ハンマーで押しつぶした時のサンプルである。ベッセマー鋼から製造された棒鉄は上図のように平らに打ち延ばされている。

　パドル鉄に対するベッセマー鋼の優位性は，その製造方法（鋼もしくは錬鉄を溶融状態で製造出来ること）からもたらされる等方性・等質性であり，その結果非常に靱性と展性に富んだのである。以上のように，パドル錬鉄に代わって鋼の鋳造技術は引張強度と共に耐腐食性の向上に大きく貢献したと考えられる。本節では，クルップによる鋳鋼の大量生産とボイラへの鋳鋼の利用と，ベッセマー鋼のランカシャー・ボイラへの使用について検証してみたい。

8.2　クルップによる「るつぼ鋳鋼」の大量生産とボイラへの鋳鋼の利用

　パドル錬鉄より優れたボイラ材料として登場したのが鋼(steel)である。鋼は炭素を約 0.02〜2.1％含む鉄鋼材料であり，引張強度などの機械的性質に大変優れている。当時から鋼は非常に硬く，かつ強靱な可鍛鉄として知られていた。しかしながら，その生産量はごくわずかで非常に高価な材料であった。その使用用途は刃物・ゼンマイなどでごく少量にしか使用できず，とても構造用用途として大量に使用できるような代物ではなかったのである。また鋼は鋳鉄と比べ融点が高いため溶かすことが出来ず，その成形には限界があった。

　鋼の生産法の改良は，1740年にベンジャミン・ハンツマン(Benjamin Huntsman, 1704-1776)によってなされる[599]。ハンツマンは「るつぼ鋳鋼法」を考案し，鋼を溶かして鋳造することを可能にしていた[600]。この鋼は鋳鋼(cast steel)と呼ばれるようになった。

　ハンツマンによる「るつぼ鋳鋼」は，鋼の生産に大きな変革をもたらしたが，依然小規模生産であることには変わりがなく，かつ高価な材料であった。また鍛鉄と比べ，硬く加工が難しかったため，当時の圧延・鍛造技術では例え鋳鋼の巨大なインゴットを鋳造出来たとしても，それを加工する方法はなかったのである。したがってボイラに一般的に用いられていたパドル鉄に取って代わるものではなかった。

しかし，小規模生産しかできないと思われていた鋳鋼の大量生産に挑戦し，成功したのがドイツのアルフレート・クルップである。1850年以降，クルップは，るつぼ鋳鋼法を用いて鋳鋼の大量生産を開始するのである。彼は，るつぼを次第に多くして，「最終的には100個にも近いるつぼで同時にるつぼ鋼を製造し，これを大きな取鍋に集めて，大鋳型に流し込んで鋳鋼の大塊を製造したのである[601]」。

クルップの鋳鋼工場の優れた生産能力は，プロイセン国内でのパドル鉄の自給を基礎としていた。すなわち，「クルップは，ジーゲルランドの銑鉄で優秀なパドル鋼を製造し，これを棒鉄からの滲炭鋼の代わりに鋳鋼の原料として使うことに成功し，それによってスウェーデンの棒鉄を買い入れないで済むようになったのである[602]。」クルップの鋳鋼工場は1851年には労働者192人，生産高は560,000 kgであったが，1860年には労働者数1,764人，生産高4,000,000 kgに増加した。クルップは大砲を鋳鋼で作ることに力を注いだが，鋳鋼の大量生産の結果，1850年代の終わりには鋳鋼が，ボイラ用鉄板として使用され始めるのである[603]。ボイラへのクルップの鋳鋼の使用について，ベックは次のように述べている。

「1855年，Jackson, PetinおよびGaudetがフランスではじめて蒸気ボイラ板を鋳鋼で作って，パリ世界博覧会に出品した[604]。」

「1856年から1857年にかけて，シェフィールドのShortridge, Howell and Jessopは，船の蒸気ボイラーのために彼等の軟かい均質な鋼(Homogenstahl)をすすめ，イギリス政府がこの材料について行った試験は，きわめて満足すべき成績をおさめた。マンチェスターのD.アダムソンは，1857年から1859年にかけて，この鋼から多数の蒸気ボイラをつくり，1859年には機関車のボイラも作った[605]。」

こういった鋳鋼をボイラ用鉄板に使用できるようになったのは，圧延技術の発達が大きく影響していた。

しかし，鋳鋼をボイラ材料として使う試みも少々遅すぎた。すでに鋼の大量生産を可能にする熔鋼法がヘンリー・ベッセマーによって開発されようとしていたのである。

8.3 近代熔鋼法の成立とランカシャー・ボイラへの鋼の利用（1856-1865）
――アームストロングの妨害とボイラ製造業者の支持[606]

8.3.1 ベッセマーによる近代熔鋼法の成立とベッセマー法初期の欠点

ヘンリー・ベッセマーは，1856年8月11日，チェルトナム(Cheltenham)で開かれた英国科学振興協会の総会で，彼の発明した新しい鋼の製造法について演説した。「燃料なしに鉄と鋼を製造することについて」"On the Manufacture of Iron and Steel without Fuel[607]" という演説である。ベッセマーの論文の概要はほぼ次の通りである。「転炉内の羽口から送風を開始し，熔銑を流し込むと，銑鉄中の炭素は酸素との急速な反応によって爆発を起こしながら，銑鉄は次第に炭素を失い，鋼に変わっていく。反応に必要な熱量は，銑鉄内の炭素の燃焼によってまかなわれ，燃料は少しも必要でない。一回の操業時間はわずか40分ほど。送風の時間によって熔銑は，るつぼ鋳鋼の状態，さらに高炭素鋼から軟鋼へ，最後に純鉄へと連続的変化する。よって送風の時間に応じて，どんな鋼，鉄でも自在に作り分けることが出来る[608]。」

ベッセマーの方法より前までは，練鉄は鋳鉄よりも融点が高いため溶けずに半熔融状態のまま精錬されていたのであり，ベッセマー法によって人類は初めて熔けた練鉄を目にしたのである。ベッセマーのこの炉は，その作動形態から日本では転炉と呼ばれるようになる。

ベッセマー法のるつぼ鋳鋼法に対する利点は，第1に一挙に大量の銑鉄が短時間(20～40分)ほどで精錬可能であったこと，第2にベッセマー法では燃料を全く必要とせず，したがってコストが安かったこと，第3にるつぼ鋳鋼法では鋼しか製造できなかったが，ベッセマー法では吹精の時間を変えることによって，銑鉄から鋼へ，そして鋼から錬鉄へ，自在に炭素の含有量を変えることが可能であったことなどである。ただ当時，引張り強さでは，るつぼ鋳鋼の方がベッセマー鋼よりも優れていると考えられていた。

しかし，発表当時画期的だと思われたベッセマー法は，イギリスで操業するにはまだ多くの困難があった。この解決とボイラ製造業者とボイラの関係については次項で論証していきたい。

8.3.2 アームストロングの妨害とボイラ製造業者の支持
――機械技術者協会での発表(1861年)

　ベッセマー鋼のボイラへの使用についての最も重要な資料は，1861年7月にシェフィールドで開催されたイギリス機械技術者協会の年会での会議録である。シェフィールドに住んでいたベッセマーも「鋳鋼の製造と構造用用途への使用」"On the Manufacture of Cast Steel and Its Application to Constructive Purposes" と題して発表している[609,610,611]。

　その講演では構造用材料，特にベッセマー鋼をボイラに使用することについて議論が繰り広げられた。この講演での討論の一部始終は本書にとって非常に重要である。特に，ダニエル・アダムソンとウィリアム・リチャードソンの発言を述べておきたい。

　まずダニエル・アダムソンはベッセマー鋼の優秀さを主張した。彼はマンチェスター近くのハイドに工場を持つ蒸気ボイラ製造会社の経営者であり，当時すでにボイラ用鉄板に年間200トンのベッセマー鋼を使用していたが，さらに70トンのベッセマー鋼を注文していた。彼はベッセマー鋼が優れた品質で性質が安定しており，ボイラに望ましい材料であることを知っていた。アダムソンは機関車のボイラ火室内の深いフランジが付いた集熱用鉄板を会場で展示した。これは非常に高い蒸気圧を扱うボイラの製造のためにアダムソンが使用したもので，鉄板を2重にしたものであるが，最も満足のいく結果を残した。ベッセマー鋼は見事にフランジにされ，そしてその性質はある点では銅によく似ている[612]。しかし，ベッセマー鋼は，銅とは違い熱によるダメージを受けにくい利点がある。彼は，非常に過酷な状況でベッセマー鋼を試験することで，ベッセマー鋼の強さを十分に確認することができた。彼は用心のためすべての鉄板において全周に渡って1 in.(2.5 cm)のマージンを取って注文し，鉄板の品質を検査するために，この余計な部分を切り取って折り曲げ試験を行った。金属表面のいかなる部分にもき裂が入っておらず，金属が2倍の曲げに耐えるとわかった。またベッセマー鋼で製作したボイラは，それまでの最上の鉄板で製作したボイラと比べて3分の1の費用で済んだ。継ぎ目はすべて2重リベット打ちで，仕事の正確さを保持し金属内にひ

ずみが入るのを防ぐためにリベット穴の多くの部分はパンチによる打ち抜きに代わって，ドリルを用いて行われるようになった。このボイラは100 psi（7.0 kgf/cm^2）かそれ以上の蒸気圧で動作するように意図され設計された。アダムソンは，激しい炎にさらされる蒸気ボイラの煙管に使用するベッセマー鋼の耐久性を，彼が実際に製作したボイラにおいて試験を行い，その結果極めて満足行く結果を得たのである。

アダムソンがベッセマー鋼を使用する上で遭遇したたった1つの困難がある。それは板もしくは棒材における不均一な膨張によって引き起こされており，異なる温度条件でコイルを放置していたときに起こっていた。圧延した鋼板を巻き取って製造した鋼板と巻き取らずに冷却された鋼板をリベットで接合し，このボイラを高温で加熱した時に，等しい膨張を示さなかったのである。そして継ぎ手に等しくひずみが生じた。この困難は，最初はしばしば起こったが，圧延した後にすべての鉄板と棒材を焼き鈍し(anneal)することで，この困難を克服した。そしてボイラはこの焼き鈍し処理を通して軟らかく均一な品質を持つようになり，そのため最も大きい設備においていかなる方法でも作動させることが可能になったのである[613]。

圧延後，巻き取った板と巻き取らずそのまま放置した鉄板では，冷却速度が異なる。すなわち巻き取ってコイル状にしたものでは表面の冷却速度は速く，内部は遅くなる。そのため，巻き取らずそのまま冷却された鉄板と比べて，析出する結晶が異なり金属中の組織が均一ではなくなる。その結果，それぞれの鉄板で熱膨張率が異なり，そのためこれらを組み合わせたときに熱応力が発生するのも当然であろう。これを焼き鈍しによって，熱処理の履歴を消そうとしたことは正しいことであった。

このようにアダムソンは蒸気ボイラに鋼の利用を開始したパイオニアであり[614]，これはアダムソン・ジョイントと並んで，ボイラ製造における彼の大きな業績である。

さらにこの講演で討論に加わったもう1人のエンジニアはウィリアム・リチャードソンである。彼はオルダムのジョン・プラット社の専務で，約5,000人の労働者を指揮監督していた人物である。彼は次のように述べてい

る。

「私はオルダムのプラット工場で何度かベッセマー鋼をボイラ用に試用してみました。これは数年前から蒸気ボイラの使用蒸気圧が以前のより高くなってきたための対応策でありました。当時からしばしばボイラの継ぎ目の問題で苦労しており，二重リベットでなんとか切り抜けていました。ボイラ火室は最良の錬鉄で製造されていたにもかかわらず，しばしば腐食を起こしてしまいました。そのため，3つのボイラを均質な鋼(著者注：おそらくるつぼ鋳鋼のこと)で製造してみました。このボイラは3年間が経過していますが，現在も稼働中です。しかし，ベッセマー鋼が製造され，安い価格で製造され，以前広範に使用していたるつぼ鋳鋼の強さと質において信頼性が等しく，そのため現在6つのボイラをこの新しい鋼からつくった鉄板で製造しているのです。今まで私たちが鉄板の腐食と継ぎ目のひずみからくるトラブルに見舞われたことは皆無であり，その一方で，金属の厚さを減らすことで運転コストの節約に効果がありました。それは板厚を薄くすることで同じ動力を生み出すのに燃料が少なくて済んだためでした。ベッセマー鋼から製造した鉄板の厚さは，たった 5/16 in.(0.79 cm) で以前の鉄板の 9/16 in.(1.4 cm) と同じ強度が得られました。そのため鉄板の継ぎ目の部分は以前の 9/8 in.(2.9 cm) に代わってわずか 5/8 in.(1.6 cm) になり，鉄板どうしが重なった部分で，通常使われていた一枚の鉄板の厚さより，わずか 1/16 in.(0.16 cm) 厚いだけで済むようになったのです。私たちはベッセマー鋼という新しい材料についてわずか2年間という短い使用実績しかもっていませんが，それでもこの間の結果は十分に満足できるものであります[615]。」

さらに B. Forthergrill からパドル鉄鉄板でしばし見られた継ぎ目の腐食の問題について質問されたリチャードソンは次のように述べている。

「今までいかなる腐食もベッセマー鋼ボイラ用鉄板においては見たことがありません。しかし，腐食が完全に起こらないかどうか認めるには運転期間がそれほど長くないのです。私たちは1年に一度徹底的な検査のためにすべてのボイラの部品を取り外し，すべてのスケールと汚れを

取り除き，亜麻仁油の膜を全体に塗装しておりますが，これによって腐食から鉄板を効果的に維持しているのです。このボイラは直径 6.5 ft. (1.98 m)，全長 30 ft. (9.1 m)，内部に直径 3 ft.10 in (1.2 m) の煙管を持ち，85 psi (6.0 kgf/cm^2) の蒸気圧で動作したのです[616]。」

以上のような議事録から，すでにウィリアム・リチャードソンが，この発表が行われた 1861 年の 2 年前から，つまり 1859 年からすでにボイラ用鉄板としてベッセマー鋼を使用し，85 psi (6.0 kgf/cm^2) の蒸気圧力を発生させており，またアダムソン[617]もベッセマー鋼を採用し，100 psi (7.0 kgf/cm^2) 以上の蒸気圧力を発生させていたことがわかる。

これは大変興味深いことである。というのもベッセマー法は 1856 年 8 月 11 日，チェルトナム (Cheltenham) で開かれた英国科学振興協会での発表後，ベッセマーから特許実施権を得て，鋼を製造した 5 つの製鉄会社がことごとく失敗したのである。彼らのベッセマー鋼に対する評価は，信頼性が低い，というものであった。新聞はベッセマーに多くの非難を浴びせた。製鉄業界も攻撃に向かった。もしベッセマー法が成功したら既存のパドル鉄工場全部がその存在を脅かされることは明らかであった。彼らがこの発明のあら探しをやり，酷評した理由の一部は自己防衛のためであった。失敗した 2, 3 の試験結果を示すだけで，ベッセマー法を断罪するには十分であった。

ベッセマーの失敗の原因は，銑鉄中に含まれるリンであった。パドル法ではリンはある程度除去できたが，転炉法では全く除去できなかった。ベッセマーはたまたまリンが少ない鉄鉱石を用いたから成功したのであった。しかし，実際はヨーロッパに埋蔵される鉄鉱石の 90%は，含リン鉱石なのであった。パドル法では，1,300°C前後の温度で精錬する。そこでは滓の中の 5 酸化リンの方が酸化鉄より安定であった。しかし，ベッセマー法のように 1,600°C前後の高い温度では，滓の中の五酸化リンは安定ではなくすぐに還元されて再び鋼の中に戻ってしまう[618]。ベッセマーの脱リンのための努力は，実らなかった。

一方，ベッセマー法による最初の成功は，1858 年 7 月 18 日スウェーデンにおいてゲラルソン (Göran Frederic Göranson, 1819-1900) によってなされた。

この時，用いたベッセマーの溶鉱炉は，内径 2.5 ft.(0.76 m)，全長 4 ft.(1.2 m)の円筒形であり，内部をイギリス製の耐火煉瓦で覆っていた[619]。ゲラルソンはベッセマーの忠告に反して炉に空気を吹き込む際の圧力を減じ，送風量を増やした。またスウェーデンの銑鉄は，木炭で製錬したためにイギリスのコークス銑と比べリンと硫黄が少なかった。またマンガンが多いダネモラ鉱石を使用していた。これによって高温の流れの良い熔鋼が得られ，スラグはきれいに分離し，湯だしの際の湯の流れは静かであった。出来たインゴットは純粋で，スラグがなく，非常に良く鍛造出来た[620]。これがベッセマー法による最初の成功となった。ゲラルソンが行ったベッセマー法での操業の様子は，図 38 に示すようなものであった。

このゲラルソンの成功が，ベッセマーに成功への足がかり，すなわち鉱石の選択，リンと硫黄の少ない優良銑鉄の必要性を認識させたと思われる。

ベッセマーは，ついにリンが少ない鉄鉱石から製造した銑鉄を用いるという迂回策に出たのであった。ベッセマーはスウェーデンから木炭銑を購入し，それを転炉に投入した。見事大成功であった。

ベッセマー法はこうして実用化にこぎ着けたわけである。ベッセマーは当初の目的通り，それを大砲材として使用することを意図して，陸軍省に売り込みをかけた。最初ウーリッチ王立砲兵工廠の長官，アードレイ・ウィルモット大佐はベッセマー鋼の優秀さを認め，ウーリッチ王立砲兵工

図38 スウェーデン Edsken におけるベッセマー法の成功(1858 年)[621]

廠内に転炉を作る計画を立てた。しかし，強力なライバルが現れた。ウィリアム・アームストロング (William George Armstrong, 1810-1900) である。アームストロングもクリミア戦争に刺激を受けて，1855 年に後装式旋條砲を考案し，これは 1858 年に軍の正式砲になっていた。さらに 1859 年には特許を政府に譲り，ナイトに叙せられると共に，王立旋條砲製作工場の主任に任命された。言うなれば，政府・軍とアームストロングは蜜月関係にあった。彼は 2 重砲身を採用し，内側にパドル鉄を使っていた。しかし，砲身の内側に鋼を使う 2 重砲身の特許は，1855 年にブレークリー大佐によって取得されていた。したがって，ベッセマー鋼を大砲内側の材料として使えば，ブレークリー大佐の特許に抵触することは明らかであった。

またアームストロングは，政治と陸軍と海軍のリーダーから支持を受けていた。しかし，アームストロング砲は耐久性が十分でなく，ウィルモットはアームストロング砲を支持していなかった。そのためウィルモットはウーリッチ王立砲兵工廠を首になり，その後任にはアームストロングが就いたのである。アームストロングは陸軍大臣に「ベッセマー鋼は兵器の製造にはまったく使えない」と意見した。1859 年 11 月 4 日アームストロングは王立旋條砲製作工場の主任に任命された。ヘンリー・ベッセマー製鋼会社が政府指定の受注契約を結ぼうとして拒否されたのは，1859 年 12 月 7 日であった。以上のように，アームストロングがベッセマー鋼を自身の大砲に使用しなかった理由は，ブレークリー大佐の特許に抵触しないようにするためと，彼の大砲製造における独占的な立場を守ろうとしたためであることはほぼ間違いない。

こうした軍の酷い対応に対し，いち早くベッセマー鋼を採用したのが民間のボイラ製造業者たちであった。1858 年 7 月ゲラルソンの最初の操業を受けて，当時ボイラ製造において最も権威のあったウィリアム・フェアベアンは，同年 9 月，英国科学振興協会で行った「機械技術の進歩」でこれを取り上げ，次のように称賛している。

　「ベッセマーの方法が公にされて以来，今や高炉で製錬し，予備精錬し，パドルという古い方法から直接的連続的作業法への移行が始まった

と言えるまでに進歩した。鋼板や棒鉄は長い中間過程を必要としないで製造されるようになり，したがって機械製作用その他の棒鉄が，ずっと大きな引張り強さという利点をもつ新しい商品に替えられるだけの理由がある。ベッセマーの発見が工業にとって非常に有益であることはすでに実証されたが，鋼の板や棒を最良の棒鉄の製造とほとんど同じ値段で製造できる大きな改良の導入も確実に期待される[622]。」

このようにイギリスでは特にフェアベアンが公然とベッセマー法を支持した。フェアベアンはさらに1861年に出版した本の中で[623]，ベッセマー法をパドル法，滲炭鋼およびるつぼ鋳鋼製造法と並べ，これらと同等の資格のある方法として扱い，将来この方法が持つべき効果と重要性と意義を指摘した。これは学問的な教科書でベッセマー法が価値を評価された最初である[624]。不信続きであったベッセマーとベッセマー鋼にとってフェアベアンのような権威あるエンジニアに認められたことは大変重要なことであった。

同年9月8日ベッセマーの会社は最初のボイラ鋼の注文をフェアベアンから受け，ボイラ用鉄板のサンプルを供給している[625]。さらに1859年5月24日，ベッセマーはこのことをイギリス土木技術者協会にて「可鍛鉄と鋼の製造について」"On the Manufacture of Malleable Iron and Steel"と題して発表した[626]。この論文では，当時のベッセマー鋼の製造法が詳細に示されている。彼はこの新しい鋼を大砲用に用いようと考えており，大砲材としてのベッセマー鋼の優位性を主張しているが，さらにボイラ用，船体構造用の材料にも使用できるとしている。

こうしてベッセマーの新しい鋼は，ベッセマーの最初の意図と反して，ボイラ用に使われ始めるわけである。

その後の，ボイラ材へのベッセマー鋼の使用については，ベックによる記述が詳しい。以下にベックによる記述を述べておく。

「1862年にはベッセマー金属の蒸気ボイラへの使用が始まった。P. Harkortが，すでに実験によって，鋳鋼のボイラがパドル鉄板のボイラに対し同じ時間に20〜28％多く蒸気をつくる能力を持ち，なめらかな表面のためにボイラ石の付着が少なく，40〜50％高い引張り強さを

持っていることを実証していた[627]。」

「Samuel Adamson[628] は，1862年，Oldham の Platt 会社にすすめて，直径 7 ft., 長さ 36 ft. の蒸気ボイラをベッセマー鋼板から製造させた。1888年ヘンリー・ベッセマーがイギリス鉄鋼協会の会議でアダムソンにベッセマーメダルを授与したとき，Adamson はこの最初のベッセマー鋼のボイラが今なお良好な作業状態にあると述べることができた。1862年，プロイセン政府が比較実験を行わせたところ，ベッセマー鋼に非常に有利な結果が出た。一般に同じ寸法のパドル鉄板のボイラに比して，鋳鋼のボイラは 45～60％，ベッセマー鋼ボイラは 15％だけよいと評価された[629]。」

このようにボイラ製造業者・技術者達が積極的にベッセマー鋼を採用した理由は，ボイラがさらに大型化，高温・高圧化が求められていたからであり，ボイラに使用される材料は他のどんな用途よりも，材料の水準(引張強度，耐腐食性)は高いものになっていて，すでにパドル鉄ではボイラが要求するこの条件に応えることが出来なくなっていたからである。

ベッセマー鋼をフェアベアンやアダムソンらが蒸気ボイラに使用した実績は次第に多くの技術者が認めるようになった。1865年には，鉄道関係当局によって，ボイラ用鉄板にパドル錬鉄に代わって引張強度に優るようになった軟鋼の使用が許可されたのであった[630]。

9. 高圧陸用蒸気機関用ボイラにおける材料技術の影響

18世紀に行われたボイラ形式および使用材料の変化については，効率に関してはほとんど考慮されず，むしろ初期費用を安くする方向に発達した。18世紀に行われたワットによる一連の蒸気機関の性能に関する実験は，ボイラの性能よりはむしろ機関の熱効率が著しく悪いことを示していた。ボイラ性能に関する改良は，加熱面積を増やしたことだけである。

1800年，ワットが1769年に取得した特許が失効して以降，高圧蒸気機関は，膨張作動原理の適用と共に，まずコーンウォール地方で始められた。蒸

気を膨張させて使用させる方法は，1789年，ジョナサン・ホーンブロワーが先鞭を付けたが，ホーンブロワーの機関はそもそもあまり効率が良くなく，またホーンブロワーの特許延長申請に対し，ワットが反対するなどして，ホーンブロワーの試みは成功しなかった。しかし，19世紀その発展を妨げるものはなくなった。こういった19世紀以降の高圧蒸気機関の開発は，ワットの特許失効だけが原因ではないと，本書第3章で述べた。

　19世紀初頭，蒸気機関に関する理論的研究は，ワットによる偉大な成果にも関わらず，むしろ後退したといった方が良いかもしれない。高圧蒸気機関の性能に関しては，推進派反対派それぞれに様々な意見があった。しかし，高圧蒸気機関の推進派も，高圧蒸気機関は効率の悪いものと思っていたことは確かである。その理由は，高圧蒸気機関は当初，分離凝縮器を使用せず，真空を犠牲にしていたからである。それでも高圧蒸気機関が使用されていった理由は，低圧蒸気機関から高圧蒸気機関への移行は，利子率が上昇しつつあった18世紀末において，一部の発明家は資本の節約を目的にしていたためである[631]。ワット機関は非常に巨大で，機構も複雑であったため製造にも運転にも経費がかかった。それに対し高圧蒸気機関は，「簡単な弁機構で場所も取らず初期投資もほとんど必要なく運転も容易な高速で直接動作[632]」の機関であった。また「ほんの数人の職人で行う小規模な仕事に適していた[633]」し，また小さくても高圧で動作するため出力を稼ぐことができたのである。

　しかし，コーンウォール地方の技術者たちの経験は，高圧蒸気機関が熱効率の改善に大きな影響を及ぼすと考えられるようになっていった。さらにサディ・カルノーが1824年に『火の動力についての考察』を著し，初めて高温化による熱効率の向上が熱力学的に明らかにされたが，これはあまりに先駆的でありすぎたことは周知の通りである。発表当初はフランスの技術者どころか科学者にもほとんど目もくれられず，また実践に走るイギリスの技術者たちもカルノーの仕事を目にすることはなかったであろう。しかし，カルノーの定理が示す熱機関の本質的性格は極めて重要で，高圧化というのは，単にピストンを押す力の増加にあるわけではなく，高温化による熱効率の向

上に本質的意義があるのである。

　18世紀の最初の50年間は，高圧蒸気の利点は明らかではなかったが，理論がなくても，陸用揚水機関は高圧化したのである。すなわち，コーンウォールでの高圧機関の高性能によって，また動力需要の増大もあって高圧蒸気機関の要求は高まっていった。

　しかし，ワットが使用していたようなワゴン・ボイラでは内部に平板部があったため，どんな材料を用いようとも内圧に耐えられない。また高圧蒸気機関の利点を活かすため，機関を小さくする必要があり，ボイラが小さくても，大きな加熱面積を確保する必要があった。したがって高圧蒸気機関の開発は，何よりも高圧に耐え，小さいながら大きな加熱面積を確保しうるボイラ形状を考案するところから始まったのである。ボイラは銅鍋から圧力容器へと変化を余儀なくされ，それに相応しい形状は，球形もしくは円筒形が最も強いことは明らかである。さらに放射熱を減らすためにも球形もしくは円筒形が相応しい。またボイラ効率を上げるために，それまでもっぱらボイラの外部にあった燃焼室が，ボイラ内の炉筒において燃料を燃焼させる方式に変更された。また加熱面積を確保するためにボイラの水線下に炉筒が据え付けられた。この内部炉筒を長くするために，球形よりも円筒形が採用されたのである。このボイラ内の炉筒は，水の中に浸かっており，発生する熱は必ず水を伝わって外へ逃げることになる。大気圧機関でも，スミートン[634]やワットがこの方式を採用したボイラを製造したりしたが，決して主流ではなかった。しかし，19世紀以降，この型式が一般的な型式として認められるのである。こうしたボイラ形状の劇的な変化の全ては，高圧蒸気を用いるという目的によって起こったものであった。しかし，度重なるボイラ事故など，高圧蒸気を発生させるボイラの開発は困難を極めた。その原因は信頼性の高い材料がなかったことと加工技術の未熟によるものであった。19世紀，陸用ボイラ技術者たちはボイラの耐圧性能を増すため，引張強度と耐腐食性に優る材料を要求したのである。

　図39は，陸用定置機関用ボイラの蒸気供給圧力の変遷をグラフ化したものである。表5は，その内訳である。セーバリー機関の10気圧という蒸気

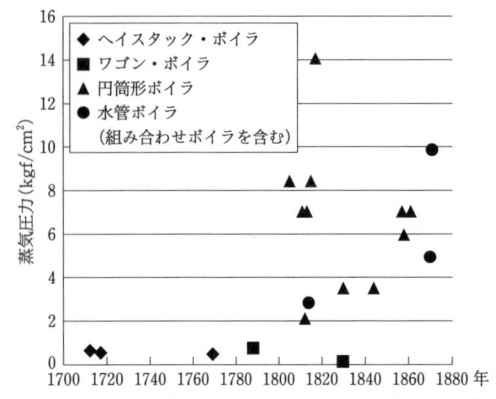

図39 陸用定置蒸気機関用ボイラの蒸気供給圧力の変遷

圧は，実用に耐えなかったので除いた。ヘイスタック・ボイラ，ワゴン・ボイラ共，蒸気供給圧力は1気圧以下である。1800年以降，高圧機関の開発が始まり，円筒形ボイラが使用された。ここで7〜8気圧ぐらいの蒸気圧が使用される。その理由は，第3章で述べたように水力機関とのアナロジーによる熱素説の影響が少なからずあった。しかし，当時のボイラ製造技術としては，それほど大きな蒸気圧は満足に使えたはずはないと考えられる。例えば，アルバンが使用した蒸気圧45 kgf/cm^{2}などは，石谷によると，当時の工学水準を考慮すると到底満足に使えたはずはないとのことである[635]。こういった19世紀初頭の高圧蒸気機関のパイオニアたちの試みは，蒸気機関車を除いてはそれほど盛んには使用されなかった。1830年頃の陸用機関の平均の蒸気圧力は50〜70 psi（3.5〜4.9 kgf/cm^2）であったと推定されている[636]。ランカシャー型は，通常運転で50 psi，最大70 psiであったとされている[637]。アダムソン，フェアベアンらの改良および鋼製ボイラの登場で，1860年頃には100 psi（7.0 kgf/cm^2）の蒸気圧力が可能になった。19世紀末頃になって水管型が使用され，160 psi（11 kgf/cm^2）の蒸気圧力が使用できるようになる[638]。こうして見ると，陸用蒸気機関の高圧化には，2つの流れがあったと言えよう。1つは19世紀初頭にトレビシックらによる高圧揚水蒸気機関の開発で，コーニッシュ・ボイラの発明があったが，7〜8気圧といった蒸気圧はそれほど一般には使用されなかった。もう1つは，ランカシャー・ボイラ，水管ボイラへとつながる流れであり，ボイラ製造技術や鋼などのボイラ材改良によって着実に上昇していったものである。

さらに著者は次のことを指摘しておきたい。すなわち，最初の高圧蒸気機

第5章　陸用定置蒸気機関高圧化への技術的諸問題　173

表5　陸用定置蒸気機関用ボイラの蒸気供給圧力の変遷

製作者	年	蒸気圧力 kgf/cm²	特徴	引用文献
ニューコメン	1712	0.66	Haystack boiler	ディキンソン『蒸気動力の歴史』, 61頁.
ヘンリー・ベイトン (理論的な換算表)	1717	0.56	Haystack boiler	アボット・ペイザン・アッシャー(富成喜馬平訳)『機械発明史』岩波書店, 454頁.
当時の平均	1769	0.47	Haystack boiler	ディキンソン(石谷清幹, 坂本賢三訳)「蒸気機関—1830年まで」シンガー『技術の歴史』筑摩書房, 第7巻, 1963年, 150頁.
ワット	1788	0.74	Wagon boiler	ディキンソン(石谷, 坂本訳)「蒸気機関—1830年まで」シンガー『技術の歴史』第7巻, 152頁.
エバンス	1805	8.4	cylindrical 銅製ボイラ	ディキンソン『蒸気動力の歴史』, 144頁.
トレビシック	1811	7.0	Cylindrical boiler (egg ended boiler)	W. D. Wansbrough, *Modern Steam Boilers (The Lanchashire Boiler)*, (Crossby Lockwood and son, 1913), 4.
トレビシック	1812	2.1	Cylindrical boiler コーニッシュ型。30-50 psi (30を採用)	Wansbrough, *Modern Steam Boilers*, (1913): 5
トレビシック	1813	7.0	Cylindrical boiler プランジャー・ポール機関	ディキンソン(石谷, 坂本訳)「蒸気機関—1830年まで」シンガー『技術の歴史』第7巻, 1963年, 160頁.
アーサー・ウルフ	1814	2.8	組み合わせボイラ(水管ボイラの原型)2段膨張機関	ディキンソン(石谷, 坂本訳)「蒸気機関—1830年まで」シンガー『技術の歴史』第7巻, 156頁.

製作者	年	蒸気圧力 kgf/cm²	特徴	引用文献
トレビシック	1815	8.4	Cylindrical boiler プランジャー・ポール機関	ディキンソン(石谷,坂本訳)「蒸気機関—1830年まで」シンガー『技術の歴史』第7巻,160頁.
エバンス	1817	14	Cylindrical boiler	Zerth Colburn, "Description of Harrison's Cast Iron Steam Boiler," *Proc. Inst. Mech. Eng.*, (1864): 61.
工場用標準動力	1830	0.14	Wagon boiler(2ないし3 psi, ここでは2 psiを採用)	ストワーズ(石谷清幹,坂本賢三訳)「定置蒸気機関—1830〜1900年まで」シンガー『技術の歴史』第9巻,98頁.
コーンウォール機関	1830	3.5	Cylindrical boiler 当時の平均	ディキンソン(石谷,坂本訳)「蒸気機関—1830年まで」シンガー『技術の歴史』第7巻,163頁.
フェアベアン	1844	3.5	Cylindrical boiler 通常のランカシャー型	Zerth Colburn, "Description of Harrison's Cast Iron Boiler," *Proc. Inst. Mech. Eng.* (1864): 63.
アダムソン	1857	7.0	Cylindrical 鋼製ボイラ	The Institute of Mechanical Engineers, "Memoirs," *Proc. Inst. Mech. Eng.*, (1890): 168.
リチャードソン	1858	6.0	Cylindrical boiler Bessemer Steel	Henry Bessemer, "On the Cast Steel and Its Application to Constructive Purposes," *Proc. Inst. Mech. Eng.*, (1861): 151.
アダムソン	1861	7.0	Cylindrical boiler Bessemer Steel	Henry Bessemer, "On the Cast Steel and Its Application to Constructive Purposes," *Proc. Inst. Mech. Eng.*, (1861): 149.
ベンジャミン・ルート	1870	4.9	水管ボイラ	ディキンソン『蒸気動力の歴史』,194頁.
ハワード	1871	9.8	水管ボイラ(錬鉄製水管)	ディキンソン『蒸気動力の歴史』,192頁.

関の開発は，すべて揚水機関であったことである。工場用の回転機関では，相変わらずワットの大気圧機関が使われていたと考えられる。この理由については，すでに述べたように何を駆動するか，すなわち作業機によって，蒸気機関の体系が規定されていたのである。

10. 小　　括

　第1に，強度上優れた新材料がすぐに古い材料に取って代わるわけではない。その理由は，新材料は加工技術が未熟である場合が多く，その機能を十分に発揮できるような形に加工できないためである。次に材料のコストと入手のしやすさの問題がある。しかし，蒸気ボイラは，関連する技術全体の中で発展する方向が規定されるので，その結果，ボイラは大出力化，高温・高圧力化，高効率化が進む。それに伴って材料技術は，新素材の開発と素材の加工技術が相互に関連しながら発展するのである。

　第2に，蒸気ボイラの性能(圧力・温度・蒸発量の発展)にとっては，形式の変化(例えばワゴン型から円筒形，さらに円筒形から水管型)が主導的であり，材料の変化は副次的である。あるボイラ形式はその初期(本書でいえば円筒形ボイラの場合)には，材料と加工技術の未熟からその機能を十分に果たすことができないが，次第に材料的改良がなされ性能が向上する。しかし，その漸次的変化では需要に応えきれなくなったとき，全く異なった形式への変化が起こるのである。

　第3に材料技術の変化はその形式(例えば円筒形とか水管型など)の中における性能(蒸気ボイラの場合，蒸発量・圧力・温度)の発展にとって非常に重要であり，その形式が本来持っている性能を十分に発揮するために必要なものなのである。しかし，材料に関することは，開発の当初においては十分に考慮されない，もしくは配慮が十分であるとは言い難い。その理由は，最初に特定の作業のために(例えば，耐圧性能を高めるために，またコンパクトなボイラでも蒸発量を保持するために)機械や装置が限定され，それを実現するような個々の具体的な技術(本書で言えば，外殻が円筒形で内部炉筒を持つボイラ)が決定されるためで

ある。その際，材料は実は非常に重要なファクターであるにも関わらず，個々の具体的な機械・装置の機能やメカニズムの設計と比べて，遅れて問題となるからである。

第6章　舶用蒸気機関高圧化への技術的諸問題

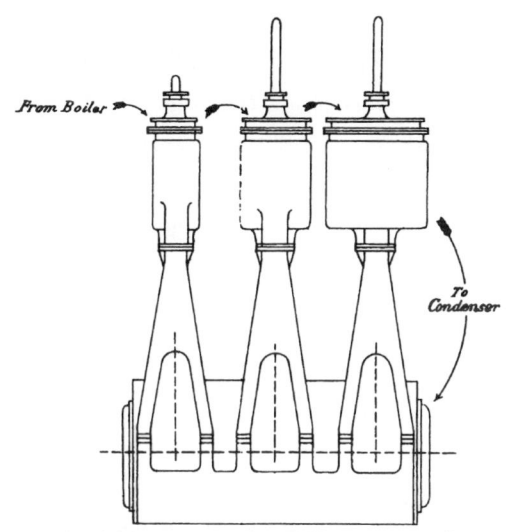

アバディーン号に設置された3段膨張機関 (A. C. Kirk, "On the Triple Expansive Engines of the S. S. "ABERDEEN."," *T.I.N.A.*, **23** (1882): Plate II. Fig.1. より)

　本章では，陸用と異なり，舶用ボイラでは海水使用による腐食の問題があり，高圧化への妨げになっていたこと，この問題は1860年代以降，表面復水器および蒸化器などの実用化によってボイラ水として純水を使用できるようになって解決されたこと，また熱力学の認識の拡大が高圧化への進展を促し，水管ボイラや舶用3段膨張機関などの導入がなされたこと，ただ19世紀は細い水管の製造には幾つかの困難があり，その結果，全鋼鉄製円筒形ボイラが標準型として採用されたことを述べる。ただし舶用の場合は，陸用よりも燃料の経済性の問題が強く作用して，具体的な機関の形態を規定していたことを指摘する。

1. 舶用蒸気機関高圧化への道のり

　第 5 章では，陸用ボイラの高圧化に関わった技術的諸問題を，主にボイラ形状と材料およびその加工技術から分析したが，本章では舶用ボイラの高圧化に関わった諸問題を取り上げて分析する。

　19 世紀後半は，陸用よりも舶用が発展の前線にあり，耐圧性能がより問題になっていた。特に，19 世紀後半の舶用機関の発展において，需要を満たす新型ボイラがタイムリーに開発されてきたかは，検討の余地がある。

　ここで，19 世紀中葉以降のボイラの歴史について確認しておきたい。大筋 19 世紀中葉以降のボイラ開発の歴史は，ランカシャー・ボイラーをはじめとする円筒形ボイラの改良と水管ボイラの開発に特徴付けられる[639]。そして，円筒形ボイラから水管ボイラへの移行は，前述した石谷清幹の論によれば，必至のこととなっている[640]。

　石谷の言うようなボイラ発展史は，工学的に根拠があるのだが[641]，実際のボイラの発展史を実証的に見てみると，必ずしも石谷の主張するようにボイラは発展してこなかった。すなわち，石谷のボイラの発達法則と実際の発展の仕方にはギャップが存在する。例えば，19 世紀における水管ボイラの開発には大きな困難があったことがよく知られている。ディキンソンは，水管ボイラ開発の困難を次のように述べている。

　　「多数の継目を気密にする問題，蠟づけ，溶接あるいは鋲接の適，不適の問題，不均一な熱膨張の問題である。しばしば見逃されるのだが，この他次のようなことも考慮にいれなくてはならない。例えば，水の循環装置とか，発生した蒸気を迅速に分離する方法とか，あるいは最後ではあるが決して小さくない問題，すなわち各要素の清掃といったことである[642]。」

　ここでディキンソンが「しばしば見逃される」と形容した「水の循環」「蒸気の分離方法」が，石谷によれば，ボイラの根本要因の 1 つであるとされている。一方，ディキンソンが最初にあげた問題は，ボイラを構成する材

料およびその加工技術の問題である。歴史的に見てみると，これらの問題は，「対立する条件下で，代わる代わる[643]」現れている。そもそも機械を設計・製造・運転する上で，材料およびその加工技術の問題は，基礎的な条件として働きうると思われる。石谷の緒論は，その点をほとんど考慮に入れていない。

　一方で，ディキンソンは，石谷と比べれば，機関，ボイラ，動力の伝達機構およびその他の付属部分，また熱力学の成立史を含めて蒸気原動機全体の展開に配慮して歴史を記述はしているが，機関なりボイラなり熱力学の発展を個別的に論じたために，体系としての技術という観点は乏しい[644]。ディキンソンと同時期に，舶用機関の歴史を描いたエドガー・スミスも同様である[645]。

　スミスの著書以降，イギリスの舶用蒸気原動機に関するまとまったモノグラフはほとんど存在せず[646]，通史的に語られることはあっても，資料に依拠した実証研究はあまりなかったが，1990年代に，ニュービーは，サムソン・フォックスによって発明されたコルゲート煙管が舶用ボイラにどのように導入されたかについてオリジナルな資料に基づいた研究を発表した[647]。それによると，1880年代にコルゲート煙管の製造法が蒸気ハンマーとダイスを用いたプレスから専用の圧延機に変更されたことや，1882年頃にヨークシャーのパドル棒鉄に代わって鋼がコルゲート煙管を含めたボイラ全体に使用されたことなど，当時の舶用ボイラの製造法に言及しており，その点，本章と取り扱っている内容と重なる部分が多い。しかし，ニュービーの論文は，サムソン・フォックスの伝記としての側面が強く，また舶用多段膨張機関用のボイラとして，スコッチ・ボイラ[648]と水管ボイラがどのような位置を占めていたかといった問題意識はない。

　以上のような問題点をふまえた上で，本章では，舶用蒸気機関の高圧化への展開に大きな関係があったボイラ供給水に海水ではなく真水を用いることについて述べ，さらに19世紀後半の舶用円筒形ボイラから水管ボイラへの移行と鋼の大量生産技術の確立との関係からボイラ形式と材料技術との役割を再検討したい。

19世紀後半の舶用ボイラを取り巻いていた状況について言えば，当時，船舶の大型化に伴い，舶用機関は陸用のいかなる用途よりも大出力を求められており[649]，また航海の範囲の拡大に伴い，熱効率の改善とそれに伴う蒸気条件の高温化・高圧化が求められている。こういった背景の下，円筒形ボイラに代わって，盛んに舶用水管ボイラの開発がなされた。また一方で，ベッセマーの転炉法やウィリアム・シーメンズの平炉法などの鋼の大量生産技術の確立により，様々な用途への鋼の使用が進んでいる。

つまり，19世紀後半の舶用ボイラは，他のどんな用途よりも，強度的に厳しい条件が要求されていたと同時に，鋼という強靭な材料が多くの用途で使用可能になった時期なのである。言わば，円筒形ボイラから水管ボイラへの形式の転換と鋼という新材料の大量生産とその普及が同時になされた時期であり，その点，非常にユニークで，この主題を研究するのに格好な研究対象なのである。

2. 初期の舶用円筒形ボイラ導入の試みとその挫折

本節では，本題に入る前に，19世紀初頭における舶用ボイラの高圧化への試みを述べておく。舶用で一般に使用され始めるのは陸用より遅れたことは前述の通りだが，19世紀半ば以降，一般に舶用円筒形ボイラが使用される前にも幾つか試みられている。その代表的な例を紹介しておきたい。

イギリス海軍における円筒形ボイラの使用の最も古い例は，エコー号艦長ロバート・オットウェー(Robert Otway)によるものである。オットウェーはより高い水蒸気圧の使用を支持していた[650]。元々エコー号のボイラは3.5 psi (0.25 kgf/cm²)ほどの蒸気圧で動作していたが，ワード氏(Mr. Ward)の援助を受けたキング大佐(Captain King)が15 psi (1.1 kgf/cm²)まで蒸気圧を高めた。ボイラの外殻，燃焼室および煙道は円筒形であった[651]。しかし，イギリス海軍においてこのボイラは継続して発展しなかった。

客船用の最初の円筒形ボイラはビクトリア号(*Victoria*)とクリケット号(*Cricket*)に搭載されていたものである。

1848年に建造されたクリケット号は，ロンドン・ブリッジ―ハンガーフォード間で定期運行された。機関は2段膨張，蒸気圧力は36 psi(2.5 kgf/cm^2)で，当時の舶用機関としては相当な高圧であった。この船は非常に経済的であったが，ボイラ事故を起こして17名が死亡した[652]。この事故の原因は，ブラムウェルによると，ボイラ両端の強度不足であるとされている[653]。

ビクトリア号は，1837年6月19日に進水した。ビクトリア号は全長185 ft.(56 m)，全幅27 ft.5 in.(8.5 m)，高さ17 ft.3 in.(5.2 m)，総重量442トンであった。200馬力機関を2基備え，シリンダ直径72 in.(1.8 m)，行程6 ft.(1.8 m)，ボイラは4つの円筒形ボイラを備え，乗客がボイラ内の水が見えるようにガラスのゲージが付いていた。エンジンは4つの真鍮製空気ポンプを備えていた。外輪の水掻きは14 ft.^{2}で，その軸はイギリスで最も大きな鍛造製品で重量は16トンであった。機械類およびボイラは，グラスゴーの造船業者，デビッド・ネイピア(David Napier)によって設計および製造がなされた。船体はハル―ロンドン間の貿易のために建造された[654]。

ビクトリア号の最初の航海は1838年3月16日であった。しかし，テームズ川をロンドン近くまで下ってきた時に，ボイラ2基の煙道が破壊した。この事故で1等機関士アレン(W. Allen)，2等機関士トンプソン(W. Thompson)，3等機関士ウォーカー(Thos. Walker)，火夫のブロック(Geo. Block)，ロビンソン(Jos. Robinson)の5名が死亡した。陪審員立会いの審議において，船長のベル(Bell)とボイラの設計者デビッド・ネイピア，ペン，マーレー(Murray)，レントン(Renton)が証拠を提出した。判決は，水の不足によるボイラの爆発によって引き起こされた不慮の死である，とされた[655]。

ビクトリア号のボイラはロンドンで修理されて，同年5月27日ハルへ回航された。6月6日には客を乗せて通常の旅客営業を再開した。6月15日の航海は，ロンドン―ハル間の航海の中で非常に成功を収めた航海として宣伝された。航海時間21時間，航行速度12.28ノットで，これまでの最短記録となった。しかし，ビクトリア号のボイラは，6月22日に再び爆発した[656]。この事故で1等機関士ヤコブ(W. Jacob)と2等機関士コービル(W. Coville)，その他に7人の火夫の総計9名が死亡またはその時の怪我が元で亡くなった。

事故の調査証拠としては、ボイラ内に蒸気を閉じ込めておくことの困難と、ゲージ内の水位変動が原因で水位の確認が不可能であったことがあげられた。新しく修理されたボイラは使用蒸気圧 6.5 psi (0.46 kgf/cm²) で、40 psi (2.8 kgf/cm²) の蒸気圧まで試験されていた。航行速度は 13 ノットであったとされた[657]。

ここでビクトリア号の円筒形ボイラについて見てみよう。以下に示すものがビクトリア号のボイラである。4つのボイラがあり直径 6 ft.6 in. (2.0 m)、全長 38 ft. (12 m) 円筒形の燃焼室は直径 6 ft. (1.8 m) であった。ボイラ前面の上部から後面の下部へ斜めの水管がそれぞれの燃焼室に付いていた。そして2つの垂直な管によって上部の蒸気室につながれていた。それぞれのボイラは4つの蒸気ドームを持ち、それらはすべてパイプによって接続されていた。中央部のボイラの2つのドームは他のものよりも高くなっていた。これらから主蒸気管が機関へとつながっていた。ボイラは煉瓦積みで、燃焼の生成ガスは4つのボイラの下と中央のボイラの上部の上を通る。燃焼室の肉厚は 0.25 in. (0.0064 m) しかなく、蒸気圧力は 10.5 psi (0.74 kgf/cm²) であった。燃焼室とボイラ外殻の水のスペースはわずか 2.5 in. (0.064 m) で、ボイラは内部に火薬を詰めたも同然であった。技術者は、「ボイラの水位を維持するのは大変難しく、ガラスのゲージは最も信頼がおけなかった。燃焼室破損の原因は燃焼室の周りと上部の水の不足によるものだということは、何の困難もなく説明される。」と述べたが、デビッド・ネイピアが提出した証拠によると、シェフテン号 (S. P. *Chieftain*) に積まれた同じようなボイラは、燃焼室とボイラ外殻の隙間が 1.5 in. (0.038 m) しかなかったにも関わらず多くの航海で満足に動作したとのことである[658]。

ビクトリア号のボイラの図 (図 40、図 41) を見ると、陸用のコーニッシュ・ボイラに比べて著しく水のスペースが少ない。ネイピアがボイラ外殻と燃焼室との間の水を少なくした理由は、ボイラの蒸気発生量をよりセンシティブに制御するためであったと考える。しかし、当時の制御技術ではこのような設計によるボイラを安全に運転することは不可能であった。

このような円筒形ボイラの設計は、石谷が指摘している円筒形ボイラが

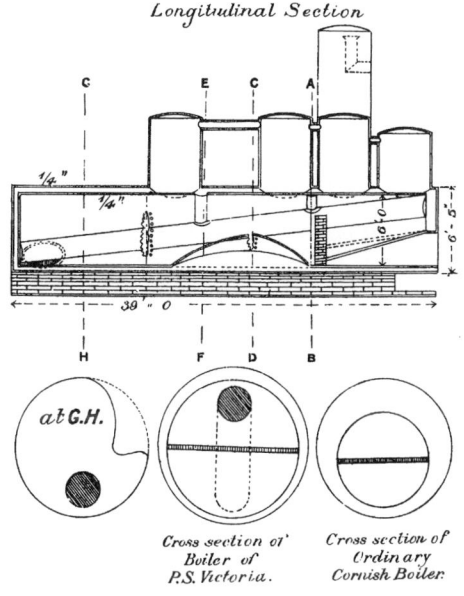

第6章　舶用蒸気機関高圧化への技術的諸問題　183

図40　ビクトリア号の円筒形ボイラ[660]

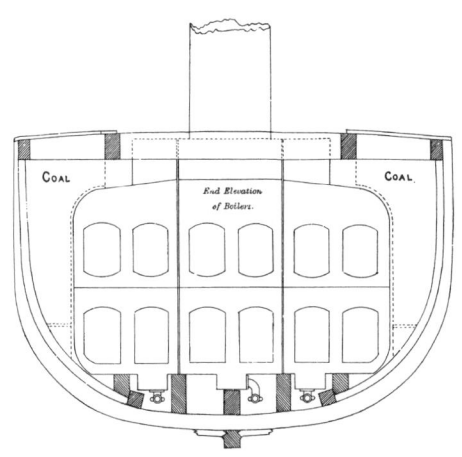

図41　ビクトリア号の箱形炉筒ボイラ[662]

持っている本質的長所，すなわち「(1)水面位置させ適正に保っておけば伝熱面への水補給は全く自動的に行われる。(2)蒸発能力当りの水保有量が多くて，それ自体が蓄熱器の役を果たすから蒸気取出量と燃焼による熱吸収量の間に不均衡があってもそれがなかなか圧力の変動となってあらわれない。(3)蒸発能力当りの水面積が広いから蒸気取出量と給水量との間に不均衡があってもそれがなかなか水位変動となってあらわれない[659]」を全く活かしていない。

　商務省はボイラ蒸気圧力を2 psi(0.14 kgf/cm^2)に限定するよう答申を出した。結局，このボイラは取り外され，3つの箱形煙管ボイラに交換された。このボイラはバターレー社(Butterley Company)によって製造された。蒸気圧力は5 psi(0.35 kgf/cm^2)であった[661]。これらのボイラは以下に示すようなものであった。

　このように結局，円筒形ボイラの導入の試みは潰えてし

まった。このボイラはコーニッシュ・ボイラに大変近いものであったが，蒸気の発生量の制御を敏感にさせようとする意図とは裏腹に，そのボイラは非常に危険なものとなってしまったのである。そして結局は箱形炉筒ボイラに据え代えられてしまった。

　ブラムウェルによると，ビクトリア号の事故の後，構造的脆弱性を持っている箱形ボイラは，頑丈であるはずの円筒形ボイラより強いという先入観ができてしまった，とのことである[663]。

3. 海水から純水へ——表面復水器の発明，挫折とその再導入

　舶用蒸気機関が河川から海に出て行くのには，幾つかの困難があった。それらのうち，最も大きな，そして長い間，技術者を悩ませたのは，ボイラに使用する水の問題であった。陸用で使う蒸気機関を使う場合，ボイラに供給する水は真水である。ところが海に出ると，そこに広がっているのは海水であり，ボイラに海水を使うことはごく自然なことであったろう。ところがボイラに海水を使う場合，陸用ではなかった様々な現象がボイラ・機関に現れ始める。第1に，沸騰を続けると海水濃度が上昇し，ついには沸騰不可能に陥り，そのため，あるタイミングでボイラ水を排出しなくてはならず，それが大きな熱の損失になっていたことである。第2に，ボイラに分厚い堆積物が付着すること，そしてこれがボイラ過熱の原因になったことがある。第3に，海水をボイラ水に使用したことでボイラ材に使われた鉄材料が腐食したことである。これら問題は，表面復水器によって解決される。ここでは，その表面復水器の開発と普及の過程について述べる。

3.1 サミュエル・ホールによる表面復水器の開発とその失敗

　1834年2月13日，ハル(Hull)のサミュエル・ホール(Samuel Hall, 1781-1863)によって，表面復水器の特許が取得された(特許番号6556)。この発明によって排気を大気圧よりずっと低い復水器真空まで引くことが出来る上，復水器から得られる水は，極めて良質の蒸留水であって，それによってボイラ

第 6 章　舶用蒸気機関高圧化への技術的諸問題　185

腐食の問題はある程度軽減できたと考えられる。ホールの表面復水器はハルの造船業者によってよく使用された。ホールの蒸留器と表面復水器のパッキングは，図 42 に示すようなものであった．

これを試験した最初の船は，プリンス・ルウェリン号(*Prince Llewellyn*)[665]で，2番目はウィンダミア号(*Windermere*)で機関はフォーセット・プレストン社(Fawcett, Preston)によって製造された。メガエラ号(H. M. S. *Megaera*)とペネロープ号(H. M. S. *Penelope*)

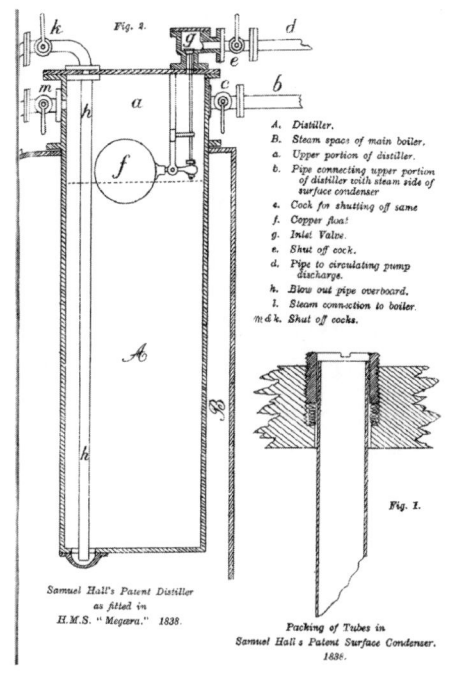

図42　左：1838年 H. M. S. *Megaera* に搭載されたホールの蒸留器。右：表面復水器細管のパッキング[664]

と初期の大西洋航路汽船シリウス号(*Sirius*)とブリティッシュ・クィーン号(*British Queen*)など他の幾つかの船でも表面復水器は試された[666]。特にシリウス号は1838年に蒸気動力のみで大西洋を横断した最初の船となった[667]。シリウス号は元々セント・ジョージ汽船会社のものであったが，米国人ジュニアス・スミスが中心となって1836年に設立した英米汽船会社(British and American Steam Navigation Co.)に傭船されたのである。そのいきさつは，スミスがニューヨーク―ロンドン間をこれまでにない巨大な豪華蒸気客船ブリティッシュ・クィーン号――ライムハウスのカーリング・ヤング社(Curling, Young & Co.)に建造依頼をしていた――の建造を計画中に，グレート・ウェスタン鉄道会社がイサンバード・キングダム・ブルネルの指揮の下，これまた巨大な蒸気船グレート・ウェスタン号(*Great Western*)を建造していること

を知ったからである。到底ブリティッシュ・クィーン号の完成は間に合いそうになく，苦肉の策としてシリウス号を傭船することになったのである[668]。シリウス号は全長187 ft.(57 m)，全幅25 ft.6 in.(7.8 m)，総重量700トン，機関はシリンダー直径60 in.(1.5 m)，行程6 ft.(1.8 m)，320馬力であった。シリウス号に使用されたボイラでは，1トンの石炭を燃やすのに1時間15分かかった。ボイラ供給水はホールの表面復水器から常に新鮮な水が供給されたとのことである[669]。ボイラは箱形炉筒ボイラ(rectangular flue boiler)であった[670]。また，プレブルによると，海水から純水を作る蒸留装置からボイラに水が供給されたが，この蒸留装置は，ほぼ4マイルで小さな銅製の細管が浸食してしまったとのことである[671]。シリウス号は1838年4月4日コークを出航し，一路ニューヨークを目指した[672]。シリウス号の航海記録によると，航行開始5日目には蒸気圧力5.75 psi(0.40 kgf/cm^2)に達したとある[673]。シリウス号は，1838年4月22日ニューヨークに到着した[674]。

しかしながら，そのわずか数時間後4月23日の早朝，グレート・ウェスタン号がニューヨークに到着した[675]ことは周知の通りである。グレート・ウェスタン号は全長236 ft.(72 m)[676]，全幅34 ft.4 in.(10 m)，重量1,320トン，機関はモーズレー・フィールド社製200馬力機関2基を備え，総馬力400馬力であった。シリンダ直径73.5 in.(1.87 m)，行程7 ft.(2.13 m)，毎分12～15回転で[677]，石炭積載量600トンで，1日30トンずつ燃料を消費しても20日間は航行できるよう設計されていた[678]。グレート・ウェスタン号のボイラもまたモーズレー・フィールド社製であり，煙道と燃焼室は1馬力当たり10 ft.^{2}の加熱面積を持つように計算されていた[679]。ボイラは炉筒ボイラ(flue boiler)4基で，全長11 ft.(3.4 m)，全幅9.5 ft.(2.9 m)，高さ16.75 ft.(5.1 m)であり，煙管は燃焼室の上になるように工夫されていた[680]。

当時，ホールの表面復水器を搭載していた船は表6の通りである。

ウィルバーフォース号(*Wilberforce*)は，ハンバー組合会社(The Humber Union Co.)の新しい船として1837年7月2日ライムハウスのカーリング・ヤング社(Curling, Young & Co.)の造船所から進水した。280図示馬力のエンジンの設計はダートフォードのジョン・ホール父子会社(John Hall & Sons)のフ

表6 ホールの表面復水器採用の船[681]

船名	船主	航行路
Sirius	St. George S. P. Co.	ロンドン―ニューヨーク
Megæra	Royal Navy	なし
Hercules	St. George S. P. Co.	コーク―グラスゴー
Seahorse	St. George S. P. Co.	ハル―ロッテルダム
Juno	St. George S. P. Co.	コーク―ロンドン
Vulture	St. George S. P. Co.	コーク―ロンドン
Tiger	St. George S. P. Co.	ハル―ハンブルグ
Wilberforce	Humber S. S. Co.	ハル―ロンドン
Kilkenny	Waterford S. N. Co.	ウォーターフォード―ロンドン
Albatross	Boardman & Harman	ハル―ヤーマス

ランシス・ハンフリー(Francis Humphrys)によってなされた[682]。ウィルバーフォース号は全長179 ft.4 in.(55 m)，全幅24 ft.3 in.(7.4 m)，高さ15 ft.(4.6 m)，重量368トンであった。機関行程は6 ft.(1.8 m)，外輪の直径は24 ft.(7.3 m)，3つの円筒形ボイラを備え，その全長は25 ft.(7.6 m)，重量60トン，燃焼室を2つ備えていた。そして，ホールが特許を取った表面復水器を備えていたのである。ウィルバーフォース号は11月初旬にハル(Hull)に到着し，11月14日スパーム(Spurn)へ向けて出航した。天候は晴天，会社は，船の仕様が満たされていることを確認した。この試験航海では，潮の流れに逆らって航行速度11ノットを発揮した。機関回転数は21 rpmで，真空度は29.625 in.(0.75 m)であった[683]。

　表面復水器によって，ボイラには常に蒸留水が供給されることになり，海水をそのまま使った場合に比べれば，はるかにボイラ腐食は起こりにくくなり，ボイラ腐食の問題はある程度軽減できるのである。この表面復水器の発明は海水をボイラ供給水として使わざる得ない舶用機関にとってはまさに救世主となるべきものであった。スプラットはCharles Singer, *A History of Technology* (Oxford: Oxford University Press, 1958)の中でホールのこの発明によって，表面復水器からの「きれいな蒸留水をボイラに送って連続運転できるようになった[684]」とまで述べている。しかしながら，実際は，表面復水器はしばらく放棄されていたのである。したがって，スプラットの記述は間

違っている。

　表面復水器が放棄された理由としては，まず，コストが高かったためであることが技術史家のスミス(Edger Smith)，ディキンソン(H. W. Dickinson)[685]によって指摘されている。またスミス，ディキンソン，当時の技術者ジェームズ・ネイピア，ハックスリ(T. Hawksley)は，当時ボイラ・機関で使われていた獣脂が復水器を目詰まりさせたことを指摘している[686]。当時の技術者エドワード・ハンフリー(Edward Humphrys, 1808-1867)は，分離凝縮器(Jet-condenser)に対する先入観のために，表面復水器の導入が遅れたとしている[687]。

　また1888年7月25日イギリス造船協会(The Institution of Naval Architects)第30回例会でヘンリー・ダイアー(Henry Dyer)が「舶用機関の最初の一世紀」("The First Century of Marine Engine")と題した講演を行い，その後の討論でホールの表面復水器が失敗に終わった原因が議論された。その議論の中でマーシャル(F. C. Marshall, 1831-1903)は，ホールが管の金属部分の伸縮を十分に考慮しなかったために失敗したとしている[688]。ブラムウェル(Frederick J. Bramwell)は，外部復水器は理論的おもちゃのようなものであって，注意を払うに値しないものとして扱われたためだとしている[689]。著者はここでどの意見が正しいか判断することはしない。どの意見も当時の状況をよく反映していると思う。ただ，ジェット復水器と表面復水器とでは後者の方が真空度において劣っていたことだけを指摘しておくにとどめようと思う[690]。

3.2　表面復水器再導入のための努力

　表面復水器の実現のためには機械製造技術の進歩と共にその真空度を高める必要があったと思われる。つまり復水器の冷却能力を高める必要があったのだが，その基礎実験はジュールによってなされた[691]。彼はウィリアム・トムソンと共に実験を行い，内側の径の小さい管に蒸気を，外側の径の大きい管に水を通した2重の管を用意し，その管の間に螺旋状のワイヤーを施し，これによって冷却面積 1 in.^{2} 当たり毎時 40〜100 lbs. の蒸気を水に変換できたのである[692]。ジュールの実験での表面復水器の真空度は，水銀柱で 23 in.

であった[693]。

　表面復水器の実船への再導入は，一般にはジョン・エルダーとチャールズ・ランドルフによってなされたことになっているが，その名声は彼らに帰すべきではない。その再導入はデットフォードのエドワード・ハンフリー(Edward Humphrys)とロンドンのジョン・フレデリック・スペンサー(John Frederick Spenser, 1825-1915)[694]とジョン・ローワン(John Martin Rowan)らによって独立に，かつほぼ同時期になされることになる。

　そもそもホールの表面復水器がうまくいかなかった理由の１つとして，金属の伸縮に対する考慮が十分でなかったことが挙げられるが，スペンサーは金属の伸縮を克服するために，ゴムパッキン(India rubber)を細管の終端に取り付けたのであった[695]。ゴムパッキンを挟み込むために管板の穴は管よりも大きく開けられた。冷却水は管の内側を，蒸気は管の外側を通った[696]。1857年８月にはスペンサーの表面復水器を導入した船，アラー(Alar)が登場している[697]。

　スペンサーとほぼ同時期に表面復水器の再導入を行ったエドワード・ハンフリーによる詳細な報告は1862年イギリス機械技術者協会の会議録(*Proceedings of The Institution of Mechanical Engineers*)に収録されている。1859年ペニンスラー・オリエンタル蒸気船会社(Peninsular and Oriental Steam Navigation Company)の新しい蒸気船モールタン号(*Mooltan*)のために総出力400公称馬力の機関のセットを，船の機器の動作において節約が達成できるという目的で設計と製造を行った時に，ハンフリーは表面復水器を用いることを決めた。ハンフリーはこの仕組みだけでいかなる経済性も得られるとは思っていなかったが，ボイラ耐久性の向上に良い結果をもたらすであろうと信じていた。そして，ボイラ清掃に必要な時間の節約と，海水が濃縮されたボイラ水を廃棄する(blowing out)ことが不要になることから燃料経済性が向上すると考えていた。当時はボイラ清掃のために少なくとも４回ボイラの水を排出する必要があり，結果的に燃料の費用は最も高かった。モールタン号の表面復水器は図43に示すようなものであった[698]。

　モールタン号のボイラの加熱面積は4,800 ft.^{2}に対し，表面復水器の冷却

面積は 4,200 ft.² であった。出力は 1,734 図示馬力であったので，1 図示馬力当たりの復水面積は 2.5 ft.² 以下であった。復水器の管は，引き抜いて製造されたシームレス管 1,178 本で，外殻の直径 8 分の 5 in.(1.6 cm)，肉厚 0.5 in.(1.3 cm)，全長 5 ft. 10 in.(1.8 m)，重量 28 オンス (0.79 kgf)であった。モールタン号の表面復水器の細管は鋳造された砲金(gun-metal)で厚さ 4 分の 3 in.(1.9 cm)であった[700]。

この復水器は蒸気が細管内を通り，冷却のための海水は細管の外側を通るようになっていた。モールタン号は当時すでに 4 万 2,000 マイル(6 万 7,600 km)航行していた。ハンフリーは 3 万マイル(4 万 8,300 km)航行した後で復水器細管の検査を行った。管の外側は完璧にクリーンであった。管の内壁は，機関内で使用された潤滑油のためにグリースが薄くへばりついていた。しかし，これは表面復水器にとってたいした影響はなかった。3 万マイル(4 万 8,300 km)の最後の 300 マイル(483 km)は 24 psi(1.7 kgf/cm²)の蒸気圧で，機関の平均回転数は 60 rpm であり，復水器内の真空度は水銀柱で 27.5 in.(70 cm)であった。ハンフリーはボイラに表面復水器からの水が入ったことで何か影響があったのではと入念に調査したが，何の劣化も認められなかった。機関からの潤滑油はボイラに貯まり，水線付近の内壁とステイにこびり付いており，また燃焼室より下のボイラ底にもその塊があった。これらは時折取り除く必要があった[701]。

ハンフリーはホールによる表面復水器の作製方法を採用した。この形式に

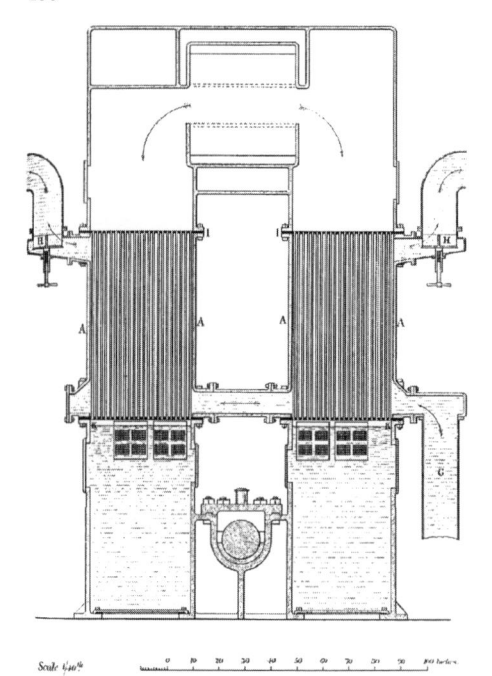

図 43 モールタン号の表面復水器[699]

たどり着く前に，ハンフリーは細管と板との間を硫化ゴムでパッキンすることを試している。しかし，銅管と硫黄が添加されたゴムとの間で化学反応が起きてしまい，この新しい方法では，ホールのコンデンサーを超えるいかなる利点をも発見することが出来なかったので，ハンフリーはモールタン号の表面復水器において，ホールの方法に固執することになった。銅管と硫化ゴムとの腐食に関しては，ハンフリーは硫化ゴム製の管の内部に銅管の一部を置いて，毎月注意深く洗浄し銅管の重さを正確に量った。そしてその重量がわずかに減少していることを発見した[702]。

エルダーとランドルフが表面復水器を導入する以前に，表面復水器の再導入を大きな役割を果たしたのは，ジョン・マーチン・ローワン(John Martin Rowan)と彼の上司トーマス・ホートン(Thomas R. Horton)その協力者ジョン・スコット(John Scott)である。彼らは，表面復水器と共に2段膨張機関と水管ボイラをも導入したのである。1858〜1859年にかけてテティス号(*Thetis*)にて実験が行われた[703]。表面復水器は円筒型のケースの中に垂直な管を並べてまとめたものから構成されており，板との接合はパッキン箱(stuffing box)の特別なものからなっていた[704]。水管ボイラの開発を含めた経緯については次節で説明する。

後にジョン・スコットが語ったところによると，テティス号の蒸気原動機の効率は，ボイラの性能(著者注：おそらくはその高い水蒸気圧)に起因していたのであって，機関や運転方法によるものではなかったとのことである。また煙突の周りに廃熱を回収して水蒸気を発生・凝縮させ，ボイラに純水を製造・供給するための装置が取り付けられていた。この装置は結局うまくいかなかったが，その理由は蒸気を発生させるための廃熱が足りなかったからであったとスコットは述べている[705]。

3.3　表面復水器導入によるボイラ材の腐食

以上のように1860年代に表面復水器の再導入がなされたのであるが，一方で，表面復水器を備えたことによるボイラ材料の腐食が，様々なところで確認されている。スミスによれば，特に軍艦において頻発したとのことであ

る。それはバラストタンクまたは純水タンクを開けっ放しにしておいて大気中にさらされた水を使ったときに起こっていた[706]とのことである。

ところが表面復水器を備えたことによるボイラ材料の腐食は，軍艦以外でも様々なところで確認されている。例えば，ロンドン地中海蒸気船会社(London and Mediterranean Steam Navigation Co.)所有船イタリア号は，処女航海で排気管のつまりとボイラから水蒸気漏れを起こしてしまった。1862年4月23日付けで，トーマス・スペンサーはこの問題の改善法を報告している。それによるとソーダとカリの珪酸塩(silicate of soda and potash)を使用するよう提案した。しかし，その理由は示さなかった[707]。

当時のボイラ材腐食の状況について，スミスは次のように書いている。

「1862年ペニンスラー・オリエンタル蒸気船会社(Peninsular and Oriental Steam Navigation Company)は，幾つかの船のボイラで起こった急速な腐食の調査のために著名な化学者の助手であるG. H. OgstonとA. W. Hofmann教授に助言を求めた。調査の結果は，機関の潤滑油として使われていた獣脂と植物油と動物油を鉱物油に置き換えるよう勧めるものであった。さらにボイラ供給水の酸性を中和するために石灰やソーダ灰を添加するようにも勧めた。後者の提案は，40年も前にファラデーによってすでになされたもので，ホーリーヘッド―ダブリン間に最初の蒸気郵船が就航するのに先だって，この件について報告するために任命された下院の調査委員会によって与えられたものであった。ペニンスラー・オリエンタル蒸気船会社になされたこの勧告は，イギリス海軍のボイラの取り扱いにも多少の影響を与えた。しかし，1870年代前半には，腐食は非常に深刻な状況になったので，1874年イギリス海軍本部は，この件を十分に調査するための委員会を指名した。

この委員会の仕事は1874年6月から4年間続いた。この委員会は，パドル鉄と鋼の性質について，ボイラの製造・取り扱い・維持について，塩水と淡水の影響について，および石灰とソーダ灰とボイラ組成と亜鉛片の使用について調査を続けた。この調査は，海軍の実務だけに限定されず，陸用・商船の実務をも含むものであった。1878年には，元の委

員会に取って代わって，この仕事を完遂するために〝limited″ Committee が任命された．その委員会の調査結果は全3巻からなり，170以上の証拠と長大な別表からなっていた．ボイラの腐食に関するこの報告によって，多くの理論が前進させられ，ボイラ腐食を防ぐ多くの方法が提案された．この報告は軍艦と商船の両方にとって非常に利益になるもので，その対策は次々に採用されていった．その中には亜鉛片をボイラに広範に使用することも含まれており，それが大きな改良をもたらした．これは，長い徹底的な調査は，英国海軍本部をして1879年に有用な仕事の第1版を出版させしめた．それが，〝*Steam Manual for Her Majesty's Fleet; containing Regulations and Instructions relating to the Machinery of Her Majesty's Ships*″ である[708]．」

以上のように，ボイラ供給水に関しては次第にその取り扱いを厳重にするようになる．こういった腐食の原因については当初，復水器からボイラへの供給水に含まれる潤滑油が分解した際に発生する脂肪酸のせいだと考えられたが[709]，ボイラ委員会の結論は給水に空気が入るためだとされた．この答申を受け海軍規則は大幅に改訂され，1879年最初の〝Steam Manual″ が出される．ここで空気をボイラ水からできる限り除く方法についての指示が出され，またボイラ水の許容濃度は海水の2〜4倍とされた（忘れられがちだが，当時，海水を蒸留して給水する装置は，漏水が避けられず，装置内へ海水が流れ込んでしまったのである）．その中には亜鉛片をボイラに使用することも含まれていた．またボイラ表面に保護のための薄いスケールが付着することとボイラ水を塩基性に保つことを勧めたのだった[710]．

以上のように，循環して使用する水質にはやはり相応の注意が必要であった．また表面復水器からの蒸留水は完全な純水ではなく，海水と比べて比較的純度が高いというだけであったのである．

当時の表面復水器は図44に示すようなものであった．

3.4 ボイラ供給水の純水化──蒸化器の導入

表面復水器による腐食の原因は，表面復水器によって蒸気を復水して循環

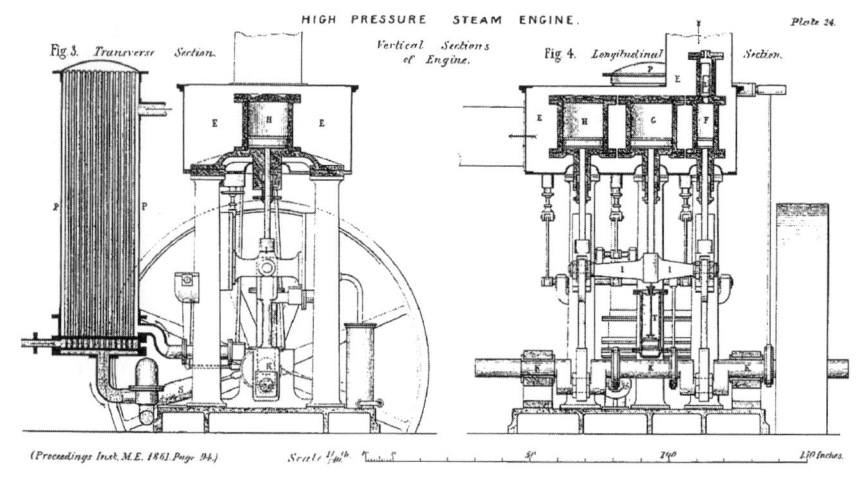

図44 高圧蒸気機関と表面復水器。図中左にあるPが表面復水器[711]

させて使用したとしても，ボイラおよび機関の安全弁や接合部からの蒸気漏れを完全に防ぐことはできず，その不足した水の補給には海水を用いるしかなかったからである。そして海水を補給するたびにボイラ水は濃縮された。海水を使用しないためには，純水をタンクに入れて持って行くしかなかった[712]。この問題の解決のためには，海水を蒸留してボイラに使用する必要があった。

ボイラ供給水のために，海水を蒸留するための装置は蒸発器(evaporator)と呼ばれ，1832年ソーシェ(Sochet)による多重効用式蒸発器(multiple-effect evaporator)や，1834年ホールによる蒸発器もある[713]。ホールは主ボイラの蒸気だめの中に海水を蒸留するための容器を設置し，そこから蒸留水をボイラに供給したのであった[714]。しかし，これも表面復水器同様，しばらくは一般的に使用されず，3段膨張機関の導入とほぼ同時期に再導入された。これは蒸気加熱コイルを備えた蒸化器によってなされる。このタイプの蒸化器は1873年，フランスの小型砲艦クロコダイル号(Crocodile)に設置され，さらに1880年代に入って，ウィアー社(Weir)，ケアー・レイナー社(Caird and Rayner)，カーカルディ社(Kirkaldy)やその他のメーカーなどによって製造さ

れ，ボイラ供給水として使用されるようになるのである[715]。

こうした表面復水器と蒸化器などの一連の改良によって，ボイラに純水が使用されるようになるのである。技術史の本によくあるような，サミュエル・ホールによる表面復水器の発明だけで，ボイラ腐食の問題が解決したとするのは誤りである。

4. 舶用3段膨張機関と全鋼鉄製円筒形ボイラ

4.1 ローワンによる水管ボイラの開発

第4章で述べたジョン・エルダーが2段膨張機関を開発したのと同じ頃，イギリス・スコットランドの技術者ジョン・マーチン・ローワンと彼の上司トーマス・ホートン，その協力者ジョン・スコットによって，高圧蒸気使用の取り組みがなされている。ローワンらによる解決策は，2段膨張機関と表面復水器と水管ボイラを採用することで，当時としては非常に先駆的な試みであった。

まずローワンは，トーマス・クラドック(Thomas Craddock)と協力して実験を行った。クラドックは2段膨張機関に関する特許を1840年から1846年にかけて取得していた[716]。1857年4月6日，商務省の監督官の立ち会いで240 psi(16.8 kgf/cm^2)まで試験されたが，設計上のミスからくる深刻な欠陥が見つかったので，機関とボイラは交換された[717]。

ついで，1858年4月19日，J. M. ローワンとホートンは連名で2段膨張機関と表面復水器と細分化されたボイラについて特許を取得した。そして1858～1859年にかけてイギリス商船テティス号(*Thetis*)にて実験が行われた[718]。この時に発生した蒸気圧力は125 psi(8.8 kgf/cm^2)であった[719]。石炭消費量の試験はランキンによってなされ，ランキンによる詳細な報告も残っている[720]。その報告の一部は，図45に示すようなものであった。その報告によると，試験航海での石炭消費量は，毎時毎馬力当たり1.018 lb.であった。様々な試験の後，テティス号は，リバプール―グラスゴー間で定期運行されることになる。通常の航海での石炭消費量は1～1.75 lb.であった[721]。

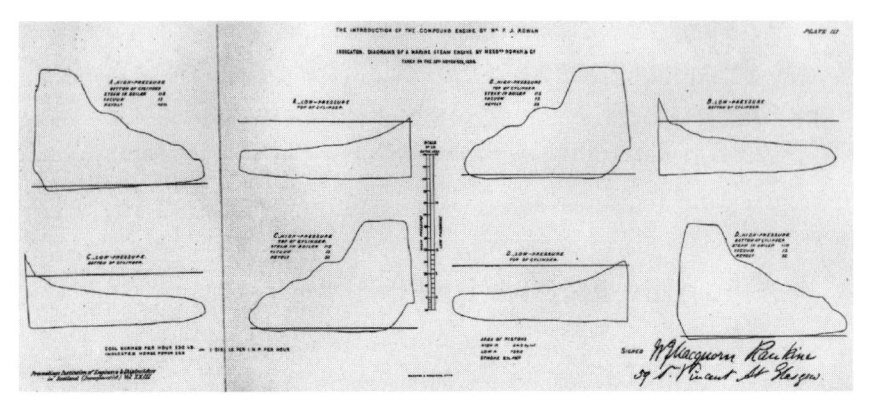

図45　ランキンによるテティス号の試験結果の一部[722]。右下に W. J. Macquorn Rankin の署名がある。

　ローワンは，高圧蒸気の使用を初めから念頭においていた。ジョン・エルダーを含め，それまでの舶用エンジニアの多くは，機関の設計を最初に考える場合が多かったが，ローワンは明らかに高圧蒸気の使用が第1目的で，そのために最適な機関・ボイラを選択している。こういった高圧蒸気使用のために，水管ボイラや表面復水器を導入した背景には，ランキンの技術指導の影響が大きいと考えている。

　しかしながら，ローワンらの努力もすぐには実を結ばなかった。テティス号は，グラスゴー—リバプール間を6か月，20往復し，さらに地中海で6か月就航した後，ボイラの水管の内部腐食により破損してしまった。そのため，ボイラと機関はジョン・スコットによって取り外され，低圧ボイラと単式機関に交換された[723]。後に，スケルトンは，テティス号のボイラが失敗した理由として，清掃と修理のしやすさと水の循環についての設計上の配慮が不十分であったからだと述べている[724]。

　ローワンの水管ボイラは図46に示すようなものであった。

　このような失敗にも関わらず，ローワンとホートンは，ボイラと表面復水器の改良を続けた。ローワンとホールトンは1860年2月8日にいわゆるタンデム式2段膨張機関に関する特許を取得した[726]。1861年9月5日付けで取得した特許[727]は，ボイラと表面復水器に関するものであった。この特許

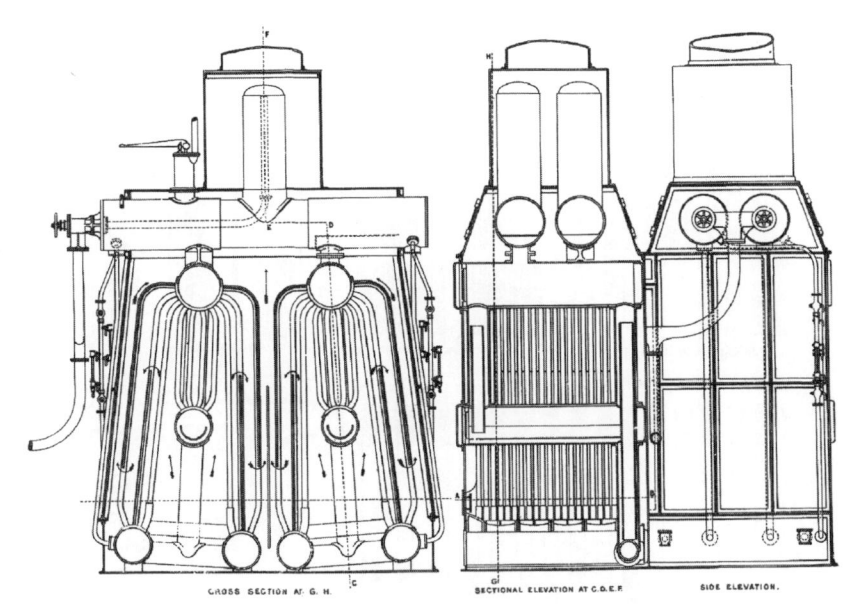

図46　ガンジス川汽船のために改良されたボイラ(1869年に特許が取得されたもの)[725]

明細書に付されたボイラは図47に示すようなものであった。

　テティス号の次にローワンタイプのボイラが使用されたのはアタナシアン号(S. S. *Athanasian*, 船体全長160 ft., 全幅25 ft.)であったが、このボイラの試験では、必要な蒸気圧力を維持することが不可能であったことなど、設計通りの性能を発揮することができず、結局これらのボイラは取り除かれてしまった[729]。

　ホートンとローワンの息子であるフレデリック・ローワン(Frederick J. Rowan)もまた舶用機関用の水管ボイラの開発を続けた。そして、河川の運行用、特にインド、ガンジス川の航行用として、数隻が建造された。このような、ローワン型の水管ボイラ導入事例のうち、最も有名なものがプロポンティス号のものである。

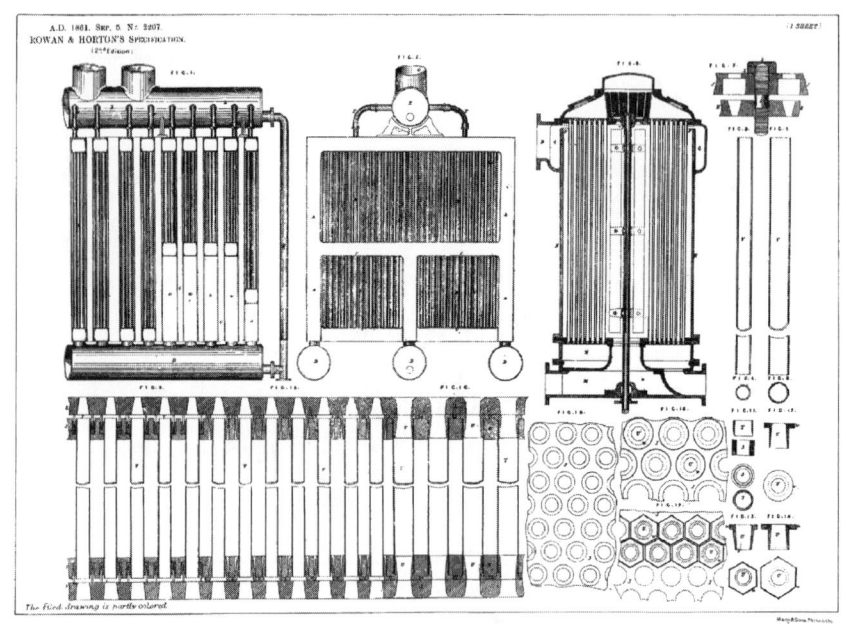

図47　1861年，ローワンとホートンらの特許明細書に付されたボイラの図[728]

4.2　プロポンティス号の3段膨張機関と水管ボイラ

1870年代，2段膨張機関と舶用円筒形ボイラ，通称スコッチ・ボイラが普及していく中で，舶用3段膨張機関と水管ボイラの組み合わせに最初に取り組んだのが，アレクサンダー・カーニージ・カーク(Alexander Carnegie Kirk, 1830-1892)であった。カークはエジンバラ大学を卒業後，技術者としての徒弟修行を経て，ジョン・エルダー社に勤めていた[730]。

当時は，通常のボイラで使用されていたものより高い蒸気圧力を採用することにためらいがあったが，1874年，燃料の経済性に大変興味を持っていたリバプールのディクソン(W. H. Dixon)は，燃料経済性を改善するためには蒸気圧力を上げることが必要であると確信した[731]。ディクソンのような科学者でも技術者でもない船主が，高圧蒸気の経済性を理解していたのは注目に値する。

こうしてディクソンは，彼の蒸気船プロポンティス号(S. S. *Propontis*)に，

ローワンとホートンが特許を取得した水管ボイラを搭載する決心をしたのである[732]。ボイラ製造を請け負ったのは，ジョン・エルダー社である。設計はジョン・エルダー社に勤務していたカークが担当した。カークは高圧蒸気の利点を利用する上で最上の機関を使用しなければならなかった。それは広い温度領域を3段階に分けて膨張させる方式であると彼は確信したのである。それが3段膨張機関であった。

こうしてプロポンティス号の機関とボイラの交換工事が始まった。設計時に計画されたボイラの蒸気圧力は150 psi (11 kgf/cm²)であった。加熱面積は8,700 ft.² (810 m²)，シリンダ直径は高圧側から順に，23 in. (0.58 m)，41 in. (1.0 m)，62 in. (1.6 m)であった。シリンダは側面と底部を完全に覆う蒸気ジャケットや表面復水器も設置された[733]。プロポンティス号の試験航海は，1874年4月に行われた。機関回転数は70 rpm，蒸気圧力は110 psi (7.7 kgf/cm²)を発揮した[734]。

ローワン社にとって，プロポンティス号への水管ボイラ採用は，エポックメイキングとなるべきものであった。しかし，その試みは，プロポンティス号で発生した2度のボイラ事故によって虚しく潰えてしまった[735]。

最初のボイラ事故は，1875年9月7日午前3時40分頃，前方に設置されたボイラで発生した。事故時の蒸気圧力は125 psi (8.8 kgf/cm²)であった。事故の当時，缶口にはだれもいなかったが，あとから様子を見に来た技術者が，高温の蒸気を浴びてひどいやけどを負い，後日死亡した。2回目の爆発は，同年9月19日に発生し，事故時の蒸気圧力は，110〜115 psi (7.7〜8.1 kgf/cm²)であった。ある目撃者は，ボイラに使用された垂直の管1,400本のうち，380本が，1回の航海でだめになってしまったと証言した[736]。

またフレデリック・ローワンによると，プロポンティス号のボイラの腐食は大変に急速で激しいものだったことが記録されている。プロポンティス号のボイラ事故の原因を，F.ローワンはわずかな海水がボイラ内に混入した結果による腐食によるものだとした。その解決にはボイラ表面にコーティングを施すしかなかったとのことである[737]。

一方，エンジニアリング誌1876年3月17日の論説では，サムソンの実験

に言及して,各ボイラの蒸気だめが適切に接続されていなかったために,ボイラ各部の水位の変動が大きくなった結果,過熱が起こってボイラが爆発した可能性を指摘している[738]。

どの意見が正しいかは明らかではないが,事実としてはローワンとホートンの水管ボイラは,最終的には取り外され,その代わりに円筒形ボイラ(蒸気圧力 90 psi(6.33 kgf/cm²))に交換されてしまった[739]。しかし,当時の舶用機関の水準としては,この蒸気圧力でもかなりの高圧であったことは確かである。この機関とボイラによる石炭消費量は,毎時毎図示馬力当たり 1.5 lb. であった[740,741]。

しかし,3段膨張機関を運転するには,この蒸気圧ではまだ不十分であり,それがために,3段膨張機関の普及には時間がかかった。この解決には,後述するが,水管ボイラ構造を採ることではなく,引張強さに優る鋼を使用することによって解決が図られることになる。次に舶用ボイラにおける鋼の利用を見ていきたい。

4.3 円筒形ボイラにおけるパドル鉄から鋼への移行
——バーナビーの妨害とシーメンズ鋼の海軍艦艇用ボイラへの採用[742]

陸用ボイラにおいては,ベッセマー鋼がダニエル・アダムソン(Daniel Adamson, 1820-1890[743]),ウィリアム・フェアベアン(William Fairbairn, 1789-1874)らによって1859年頃から使用されてきていた[744]が,舶用ボイラにおいては鋼の使用は陸用よりも遅れた。このころ2段膨張機関の導入による高圧蒸気の必要から円筒形ボイラがようやく採用された頃であった。当時,舶用ボイラは陸用と比べ15年は遅れていたと言える。

イギリス海軍本部が最初に舶用ボイラに鋼を使用したのは1857年で,その鉄板はショートリッジ・ハウエル・ジェショップ社(Messrs. Shortridge, Howell & Jessop)によって製造されたが,その結果は満足できるものからはほど遠かった[745]。この時,使用された鋼は,るつぼ法,もしくは,それによく似た方法によって製造されたものと考えられる[746]。

元々ベッセマーは,ベッセマー鋼の優秀性をイギリス海軍に対して説得し

ようとはしていなかった。ベッセマーの自伝によると，転炉法の開発当初，ウーリッチ王立砲兵工廠で陸軍省にベッセマー鋼の優秀性を示したにも関わらず，それを無視されたことがあったので，自分からイギリス海軍に対して働きかける気にはならなかったとある[747]。

一方，商船では1863年頃からその船体構造にいち早くベッセマー鋼が使用され始めた[748]。またロイズ保険会社はベッセマー鋼板の強度と信頼性を早くから認め，造船用鋼板にパドル鉄の板に要求されている板厚の20％減でも良いと認可した。これは当時ベッセマー鋼がパドル鉄に比べ，著しい強度・信頼性を持っていたことの有力な証拠となろう。またベッセマー鋼を使用することは同型船で20％の重量減少と20％増の積載能力を持つことを意味したのである[749]。このように商船における船体構造へのベッセマー鋼の使用は経済性の要因が大きかった。表7は1863年，1864年，1865年にロイズ保険会社に登録された船のリストで，ロイズ社の主任検査官からヘンリー・ベッセマーが借りたものである[750]。

表7　1863-1865年にかけてロイズ保険会社に登録されたベッセマー鋼製の船舶

船名	総トン数	建造年
スクリュー汽船「ペリカン」	329	1863
スクリュー汽船「バンシー」	325	1863
スクリュー汽船「アンニー」	330	1864
外輪汽船「クックスハーウェン」	377	1863
汽帆船「クリステムネストラ」	1251	1864
外輪汽船「リオ・デ・ラ・プラタ」	1000	1864
外輪汽船「シークレット」	467	1864
スクリュー汽船「スサン・バーニー」	637	1864
外輪汽船「バンシー」	637	1864
スクリュー汽船「タルタル」	289	1864
外輪汽船「ヴィラ・デ・ベノス・アイレス」	536	1864
帆船「ザ・アルカ」	1283	1864
外輪汽船「イザベル」	1095	1863
外輪汽船「カーリュー」	1095	1865
外輪汽船「プロヴァ」	410	1865
スクリュー汽船「スーダン」	184	1865
外輪汽船「ミドランド」	1622	1865
外輪汽船「グレート・ノーザン」	1622	1865

しかし，相変わらずイギリス海軍本部はボイラへの鋼の利用のみならず，船体構造への鋼の使用についても無視し続けていた。造船用プレートはボイラ用プレートほど強度を求められていなかったにも関わらず[751]，イギリス海軍艦船における鋼の利用は遅れることになる[752]。

ところが，1874年にイギリス海軍を揺るがす事態が発生する。フランス海軍が鋼を使って大型装甲艦「ルドゥタブル号」(*Redoubtable*)をロリアン造船所(L'Orient)で建造し，さらに「タムペート号」(*Tempête*)，「トネル号」(*Tonnerre*)の2艦を鋼で建造していることを明らかにしたのである[753]。当時，フランス海軍はイギリスの海上覇権を画期的な新設計の艦艇によって覆そうと画策し続けていたのである[754]。

こうした状況の中，イギリス海軍造船部長ナサニエル・バーナビー(Nathaniel Barnaby)は，1875年にイギリス造船協会で「造船材料としての鉄と鋼」(Iron and Steel for Shipbuilding)と題して発表を行い，この中で「ベッセマー鋼は造船材料およびボイラ材料としては確実性・信頼性に劣る」と述べたのである[755]。

ナサニエル・バーナビーはこの論文の冒頭で次のように述べている。

「確かに現在では，すぐれた鋼が10年前よりはるかに安価に転炉で少量ずつ生産されている。また管理が厳重で注意深く行われる場合には，相当量の信頼できる材料が作られている。それにも関わらず，これに対する私たちの不信は大きいので，この材料は民間の造船所では，ボートや小さい船，マストや帆桁以外には全く使用できないと言って良いだろう。」

また論文の中では，クランプトンが最近成功した回転パドル炉があげられ，そのパドル炉で製造されたパドル鉄の方がベッセマー鋼よりも引張強さにおいて優れており，さらに鋼で必要な複雑な熱処理についても考慮不要だと述べているのである。また鋼板にリベット穴を打ち抜き加工によって開けたときに，焼戻をしなければ鉄板が弱くなることを指摘している。

この論文の最後には，彼はこうも言っている。

「造船とボイラ用鉄板としてのベッセマー鋼の不確かさと裏切りは，

ロリエント造船所で失敗を避けるために行っているすべての注意が必要であるということなのである。私たちが製鋼業者に問いたいことは，面倒な取り扱いや恐怖なしに，安心して使用できるような材料を得る見込みがあるかどうかである。私たちは何年間も，種類が異なりそしてよく品質が知られていない不純な鉄を圧延機で不完全に鍛接した複合物を鉄板として使ってきた。私たちは完璧に接着され，確かに浸炭されたブルームとインゴットを望んでいる。圧延機は，銅やガンメタルの性質のように規則正しく正確な性質の鉄板を製造するために，その形を変えるためだけに使われるべきである。」

　この講演会場にはベッセマーが居合わせており，発表後の討論で真っ先に反論をしたのもベッセマー自身であった[756]。このようにイギリス海軍のベッセマー鋼に対する評価は，陸軍におけるウィリアム・アームストロング(William George Armstrong, 1819-1900)の対応のように大変保守的であったと言わざるを得ない。イギリス国内における平炉鋼の生産量は8.8万トンに対し，ベッセマー鋼の生産量はすでに62万トンを超えていた。平炉鋼とベッセマー鋼を合わせた溶鋼の生産量は，イギリスにおける銑鉄の生産量の1割程度[757]，またパドル鉄の生産量の3割程度ではあったが，その生産量は増大の一途をたどっていた時期である[758]。そのような状況におけるこのバーナビーの発言の意図がいったい何であったかは不明である。バーナビーは回転パドル炉で製造したパドル鉄の方がベッセマー鋼より強いと述べており，何か政治的な意図があったのかもしれない。

　ただバーナビーの心配も多少は理解できる面もある。鋼に比べ炭素含有量の少ないパドル鉄は，複雑な熱処理無しに使用できた。熱処理によって性質が変わるという鋼の利点は，当時においてはその取り扱いの難しさから弱点と見なされていたのである。また以前，鋼はごく少量だけ生産されていたのに対し，転炉法によって巨大な鋼塊が製造されるようになると，表面と内部での冷却速度の違いから析出する結晶粒に違いが生じる。そのため鋼の取り扱いにはより一層の難しさが付きまとっていた。すなわち当時は鋼の熱処理，特に焼き入れ後の熱処理，例えば焼き戻し(tempering)，焼き鈍し(annealing)

によって鋼の機械的性質がどのように変化するのかあまり良く理解されていなかったからである[759]。

　1874〜1876にイギリス海軍ボイラ委員会(The Admiralty Boiler Committee)は，多くの舶用機関の会社と鉄鋼会社にボイラへの鋼の使用について彼らの見解を求めた。そのうちの1つ，バターレー会社(Butterley Company)は1876年3月1日付けで，私たちはちょうどシーメンズのガス再生炉を導入したところであると回答している。さらにランドア・シーメンズ製鋼会社1976年3月1日に次のように回答している。「私たちが今製造している特別な性質の鋼は，最終的には錬鉄(著者注：原著ではIronとあるが，おそらくはwrought ironのこと)に取って代わることになるでしょう。そしてゆくゆくは全てのボイラ部品を鋼で製造することになるでしょう。」実際，ランドア(Londore)で製造された鋼の引張強さは1 in.^{2}当たり30トン(456 MPa)であったのに対し，パドル鉄は22トン(334 MPa)であった。さらにパドル鉄より均質であるという利点があった。

　ベッセマーは，ベッセマー鋼の優秀性を海軍に対して特に説得しようとはしなかった。ベッセマーの自伝によると，ウーリッチ王立砲兵工廠でウィリアム・アームストロングに受けた仕打ちを考えると，自分からイギリス海軍に対して働きかける気にはならなかったとある[760]。おそらく1875年の段階でも，ベッセマーの方から海軍に対して働きかけはしなかったと考えられる。

　ベッセマーがバーナビーを無視したのと対照的に，こういった海軍の不安に対し，その解決に取り組んだのは，平炉法の発明者であるウィリアム・シーメンズ(William Siemens, 1823-1883)であった。彼は優れた鋼の製造にずいぶん前から取り組んでいたし，鋼が造船用材として非常に優れていると信じていた。この実験はランドア・シーメンズ会社のジェームズ・ライリー(James Riley)が中心となって行われた。彼は数か月に渡って実験を行い，造船用において必要な板材とその他の形の鋼製品の製造において特別な指示を与えた。彼らの実験結果が翌1876年，イギリス造船協会第17回例会にて発表された[761]。この論文では，平炉鋼を熱間鍛造したり，冷間で曲げや衝撃を与えたりする試験が行われ，さらに焼鈍しによって引張強さがどのように変

化するのかなどが試験されている。結果，平炉鋼はパドル鉄と違って縦横両方向に同じ強度を持っていることや，鋲打ち機で平炉鋼鉄板を接合したものの強度は，焼鈍ししたものとしてないものでさほどの差はなく，その性質はベッセマー鋼より優れ，パドル鉄と比べても遜色がないことなどが主張されている。

シーメンズ製鋼会社はバーナビーの異議に対して釈明する機会を得ることができた。最終的には，イギリス海軍本部は，鋼はイギリス海軍が要求する仕様を満たしていると承諾することになる。こうしてイギリス海軍本部は，シーメンズ製鋼会社と鋼板と山形鋼と梁を供給する契約を結び，2隻の武装郵船アイリス号とマーキュリー号がペンブローク船渠で建造されることになった[762]。

イギリス軍艦アイリス号(H. M. SS. *Iris*)はイギリス軍艦としては初めて船体にもボイラにも軟鋼を用いた。この時，使用された鋼はランドア(Londore)の鋼であり，したがってベッセマーによって発明された転炉鋼ではなく，シーメンズによって発明された平炉鋼であったことがわかる。

アイリス号は2つのスクリューを持ち，最高航行速度は18.5ノット，船体全長300 ft.(91 m)，全幅46 ft.1 in.(14 m)，総排水量は3,750トンにのぼった。機関はモーズレー社製の2段膨張機関で，テティス号のものに似ていた。それぞれの機関は直径41 in.(1.0 m)の高圧シリンダ2本，直径75 in.(1.91 m)の低圧シリンダ2本を搭載し，それぞれの機関は別々の機関室に据え付けられた。気筒行程は3 ft.(0.91 m)であった[763]。表面復水器は真鍮製であった[764]。アイリス号の船体構造と各機械の配置は，図48に示すようなものだった。

アイリス号は1877年12月14日に初めて試運転を行った。そのときの試験結果は表8のようであった。

表8　1877年12月14日に実施されたアイリス号の試験結果[765]

喫水	船首	15 ft.8 in.
	船尾	20 ft.7 in.
船体中央部の断面積		702 ft.²
排水量		3,300 tons
シリンダ有効蒸気圧力	高圧側	41.5 psi
	低圧側	11.9 psi
平均回転数		90.318 rpm
平均図示馬力		7060 HP
速度		16.4 knots

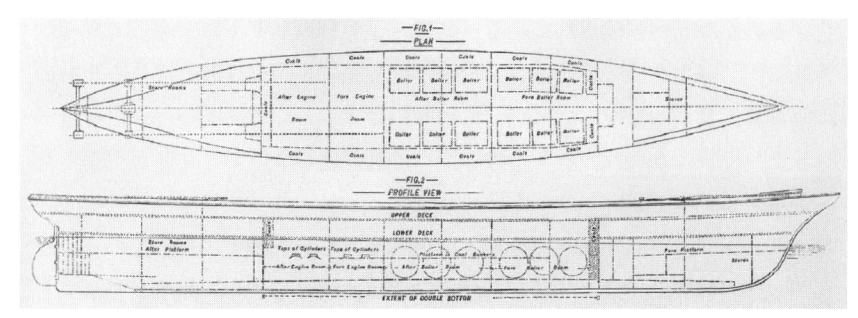

図48 アイリス号の船体構造[768]

ボイラ形式はスコッチ・ボイラで[766]，ボイラ外殻も船体材料と同じシーメンス製鋼会社から供給された鋼が使用された。ボイラの安全弁は 65 psi (4.6 kgf/cm^2) で作動するようになっていた。ボイラ数は 12 であり，水密区画が別の 2 つのボイラ室にそれぞれ 6 基ずつ設置された[767]。アイリス号に設置されたボイラは，図 49 に示すようなものであった。

またロイズ船級リストに最初に鋼船の種別が出来たのは，1878 年である[770]。さらに 1878 年 4 月 12 日に行われたイギリス造船協会第 19 回会合では，ロイズ保険会社の検査官，パーカー (W. Parker) が舶用ボイラへの軟鋼の

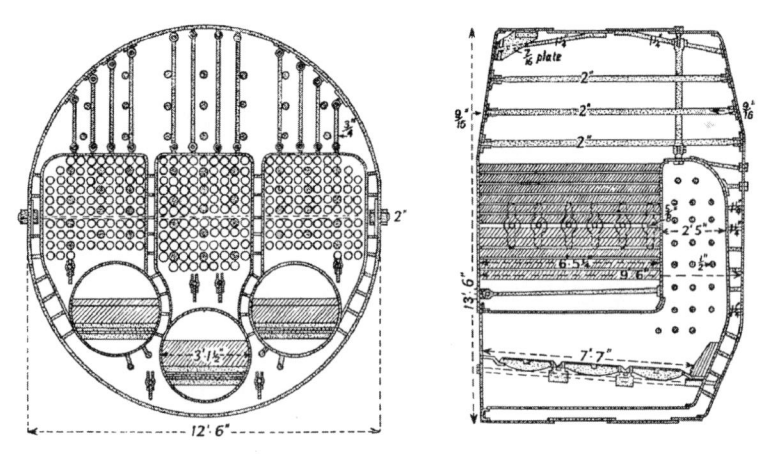

図49 1878年アイリス号に採用された卵形のボイラ[769]

使用について発表を行っている[771]。

　商船では船体にベッセマー鋼が使用される一方で，鋼製ボイラの導入は進んでいなかったが，このアイリス号以降，商船においても鋼製ボイラは急増する。1878年4月には27台の鋼製ボイラが製造中であった。その数か月前から1社か2社で鋼製ボイラが製造され始めている。ロイズ保険会社は鋼製ボイラについて外殻の補強角材とステイを25%の範囲で減らすことを認めた[772]。この1878年春の段階でロイズ保険会社に登録された舶用鋼製ボイラはわずかに1台であったが，1879年4月までの1年間に鋼製ボイラは120隻に搭載され，その総重量は約3,000トンであった。次の1年間に160隻に鋼製ボイラが据え付けられ，その総重量は約4,000トンであった。1880年12月までに総計で530隻に据え付けられ，その総重量は1万4,500トンにまで増加した[773]。

4.4　アバディーン号の3段膨張機関と全鋼鉄製円筒形ボイラ

　鋼製スコッチ・ボイラの普及は，舶用3段膨張機関の採用に影響を与えることになる。

　プロポンティス号の事故から7年後，ジョージ・トンプソン社(Messrs. George Thompson & Co.)はネイピア社(Messrs. R. Napier & Sons)にアバディーン号(S. S. *Aberdeen*)の製作を依頼した。この船の設計はイギリスからオーストラリアまた中国への長期間の航海を目的にしたもので，石炭消費量を減らすことが重要であった。

　ここでもこの仕事に携わったのが，カークであった。彼は，ジョン・エルダー社からネイピア社に移っていたのである。依頼を受けたカークは，3段膨張機関と鋼製スコッチ・ボイラの使用を決めた。つまり，構造が複雑な水管ボイラの製作・使用をあきらめ，当時，一般的であったスコッチ・ボイラを使用しながらも，材料を引張強さに優る鋼に変更することで，ボイラ強度の問題を解決しようとしたのである。

　アバディーン号は1881年に進水した。機関はプロポンティス号のものと本質的に同じである。シリンダは高圧側から直径30 in.(76 cm)，45 in.(1.1 m)，

70 in.(1.8 m)で行程は4 ft.6 in.(1.4 m)であった。ボイラ数2基，形式は両面缶(double-ended boiler)，全鋼鉄製であった。それぞれのボイラはフォックスのコルゲート煙管(Fox's corrugated tube)6本を使用しており，総加熱面積は7,128 ft.^{2}(662 m^2)であった。公試時の石炭消費量は1.28 lbs/(IHP・h)であり，通常航行時には1.5～1.6 lbs/(IHP・h)であると推定された。蒸気圧力は125 psi(8.8 kgf/cm^2)であった[774]。

3段膨張機関と鋼製スコッチ・ボイラを搭載したアバディーン号の処女航海はイギリスからオーストラリアへの往復であり，これまでこれほどの成功を収め，かつアバディーン号を超える影響を後世に及ぼした船はなかった[775]。

以上のように，カークは，ボイラ構造としては水管ボイラより一般に耐圧性能に劣る従来のスコッチ・ボイラを使用しながら，ボイラ材に鋼を使用することで3段膨張機関が必要とする蒸気圧力の使用を可能にしたのである[776]。

これまで舶用機関において，機関が要求する蒸気圧力を発生させるためには，ボイラ形式を変更するしかなかった。しかし，鋼の大量生産の開始により，ボイラにも鋼が使用可能になると，従来のボイラ形式でありながら，材料をパドル鉄から鋼へ変更することで，機関が必要とする蒸気圧力を発生可能になったのである。以上のことから，ボイラの耐圧性能の向上に関する歴史は，形式の変化による改良からのみ記述されるのではなく，外的な諸要因によって，いろいろな展開の歴史が書けうることを示している。

5. 水管ボイラの導入と管の製造技術について

前節では，舶用3段膨張機関に必要な水蒸気圧力を発生させるためのボイラとして，水管ボイラではなく鋼製円筒形ボイラが用いられたことを述べたが，水管ボイラの方が円筒形ボイラより耐圧性能としては一般に高い。本節では，そのような水管ボイラの実用化の経緯とその障害について概観する。

舶用水管ボイラは，前述のローワンの他に，ベルビール(Julien Belleville)やロフタス・パーキンス(Loftus Perkins)らによって開発されて実用される[777]。特に，ベルビール・ボイラは，1869年4月30日までに，フランス政府の工

場および民間工場で大規模に採用されると共に，フランス海軍艦艇で 125 基が搭載され，フランスでは全部で 350 基が使われているが[778]，前述したように舶用ボイラとしては，いわゆるスコッチ・ボイラが 1860 年代以降採用され，1870 年代頃から軍艦と商船に普及していく状況下にあり[779]，水管ボイラの利用はそれほど一般的ではなかった。

イギリス海軍における水管ボイラの最初の導入は 1895 年で，ベルビール・ボイラをシャープシューター号(H. M. S. *Sharpshooter*)に搭載し試験を行っている[780]。その後，イギリス海軍の大型艦艇としては初めての水管ボイラにベルビール・ボイラが採用され，テリブル号(H. M. S. *Terrible*)，パワフル号(H. M. S. *Powerful*)に設置され，250 psi (18 kgf/cm²) 以上の蒸気圧を発生させたが，ひどい水漏れにおそわれた[781]。そもそもベルビール・ボイラは水の循環が限定されており[782]，過熱の危険があったものと推定される。1901 年以降，ベルビール・ボイラの使用は広まらなかった[783]。

1900 年 9 月にイギリス海軍本部は，海軍用として水管ボイラの利点を調査するためのボイラ委員会を設置して，4 年間にわたって調査を行った。1904 年の最終報告では，艦艇用としては，水管ボイラは円筒形ボイラよりも適切であること，ベルビール・ボイラが艦艇用としては不適切であること，さらに Babcock and Wilcox, Niclausse, Dürr, Yarrow large-tube の 4 タイプのボイラが今後，見込みがあることが盛り込まれ，そのうち燃料の経済性では Babcock and Wilcox boiler が，腐食への耐久性では Yarrow boiler が優れていると報告された[784]。

以上のように，19 世紀末〜20 世紀初頭にかけての水管ボイラの導入には，紆余曲折があった。

19 世紀後半，水管ボイラの製造技術について言えば，管の製造だけを取り上げて見ても，最初は，銅管が使われていたが，次第に引き抜いて製造された継ぎ目なし鋼管や重ね合わせ鍛接(lap-welded)鋼管が使用されるようになった[785]。各種の重ね合わせ鍛接管の製造法が 19 世紀に考案されたが，ボイラ用途としては，1842 年に C. ホワイトヘッドと T. H. ラッセルらによって特許申請されていた製法が着目される[786]。一方で，真鍮製管は，鉄管や重

ね合わせ鍛接鋼管が使用されるようになった後でも1882年まで使用されていた[787]。

初期のベルビール・ボイラに使用された管は，重ね合わせ鍛接鋼管だったが，1894年になると継ぎ目なし鋼管が大直径の水管ボイラに使用されるようなっている[788]。1901年のイギリス機械技術者協会の会議録によると，6 in. 以下の鋼管の場合には，引き抜いて製造された継ぎ目なし鋼管が使用され，それ以上大きな径の水管の場合には，目板で接合部を覆った重ね合わせ鍛接管が使用されたとのことである[789]。そしてまた，1884年の自転車ブームは，継ぎ目なし鋼管の商業的生産の発展を促し，マンネスマンらはこうした事態を受けて継ぎ目なし鋼管製造に関する発明を行ったのである[790]。

水管ボイラの普及は，以上のような鋼製の，特に継ぎ目なし鋼管を製造するような，鋼材の加工技術が確立した後であった。

6. 帆船から蒸気船の時代へ

当時の帆船と蒸気船の社会的状況を概観しておこう。軍艦においては，大砲の威力増大と装甲板の厚みが増えていったことをあげる必要がある。

パドル鉄の船殻は砲撃を受けると，パドル鉄がその製造工程で不可避的に混入した介在物によってバラバラに砕け散り，木造船よりもかえって被害が大きくなってしまう。したがって鉄板を打ち抜かれないようにより厚い装甲板を施すようになり，またそれを打ち抜く威力のある大砲が必要になったのである。こうして装甲板の厚さと大砲の威力は増していった。そうするともはや古い設計原理に従って軍艦の両横腹に列をなして大砲を並べるわけにはいかない。新式の大砲はあまりに重いので，船の安定を損なわないためには，その中央部に据え付ける必要があり，そのためにはマストと帆は取り払わなくてはならない。そうでなければ，四方八方自在に砲撃を加えることは出来ないからである[791]。分厚い装甲と巨大な大砲を備えた鈍重な艦艇は，もはや蒸気機関無しに動かすことは出来なくなっていた。こうして1869年にデバ

ステーション号(H. M. S. *Devastation*)が建造された。この艦では蒸気の過熱が行われ，スクリュープロペラと 2 段膨張機関と表面復水器を備えていた。1859 年に建造されたイギリス海軍最後の 3 層甲板木造戦列艦ビクトリア号(H. M. S. *Victoria*)に比べ大砲の威力は 4 倍であった。威力のある大砲と装甲板を持つこの船は最初の戦艦(battle ship)と呼べるものであった[792]。

商船においては，帆船は燃料が不要であり，19 世紀半ばまで燃料がかさむ蒸気船は勝負にならなかった。したがって舶用蒸気機関は，政府補助のある郵便船か旅客船にしか使用できなかった。また 1849 年には快速帆船クリッパーが登場し，インド航路における主要船となっている。その後のクリッパーも汽船から鉄製船体をそのまま導入し[793]，速力・安全性も向上している。また当時の蒸気船は帆を備えていた。このように蒸気船が帆船に取って代われなかった最も大きな原因は，燃料の消費量が多すぎたからである。それは鉄船やスクリューの導入によっても解決されていなかったのである。蒸気動力が舶用動力源として単独で使用可能になるためには，熱効率が良い新しい機関が出現しなければならなかった。

2 段膨張機関とこれまで述べた技術的改良によって燃料経済性が向上すると，次第に蒸気船が増えていった。1869 年スエズ運河が開通したことは，帆船に大きな打撃を与えることになった。スエズ運河を航行出来るのは蒸気船に限られていたので，インド航路においては蒸気船がクリッパーを駆逐することになるのである[794]。

このような多段膨張機関が出来るまで，帆船は巨大な貨物を長い距離運ぶための最も経済的な方法であった。風が吹いていれば，すばらしい高速帆船は最上の蒸気船をはるかに上回っていた。しかし，1880 年代に入り蒸気船の総トン数が帆船の総トン数と同じになり，次の 10 年間で，帆船の総トン数は急速に減少していった[795]。

詳しい統計を見てみよう(図 50)。イギリスにおける新造船の総トン数の推移を見ると，蒸気船は 1850 年代から急増する。これは 2 段膨張機関の登場とほぼ同時期である。1870 年代には帆船の総トン数を上回るようになる。この期間に表面復水器の導入・円筒形ボイラの採用・ボイラ材におけるパド

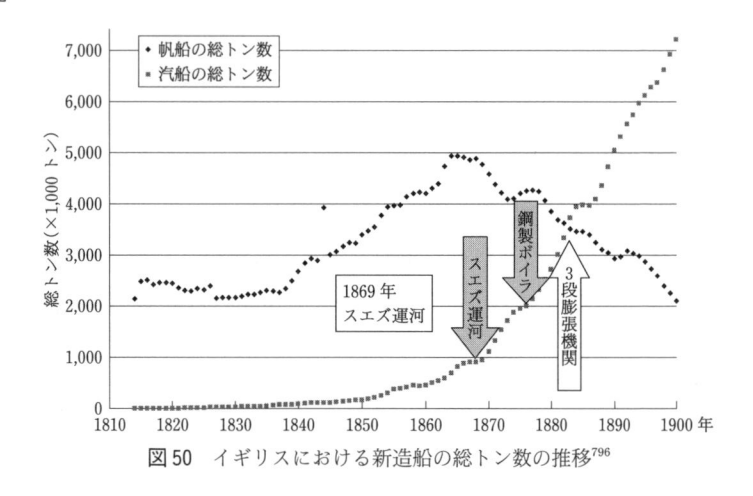

図50 イギリスにおける新造船の総トン数の推移[796]

ル鉄から鋼への移行が行われ，舶用ボイラは十分に高い蒸気圧を発生出来るようになって，2段膨張機関が真に実用的・経済的な機関になり，3段膨張機関も実用化された。こうして19世紀の終わりまでに，帆船は蒸気船にその主役の座を奪われることになったのである。

7. 舶用蒸気機関用ボイラの蒸気供給圧力と石炭消費量の推移

次に舶用蒸気機関の燃料消費量を見ていこう。舶用蒸気機関における蒸気圧力の上昇とそれに伴う蒸気原動機の石炭消費量の変遷は次のようになる。

最初の実用舶用蒸気機関は河川運行用であり，燃料の効率は商船である以上多少は問題にされたが，遠洋航海用と比べれば深刻ではなかった。蒸気圧も大気圧より数ポンド高いだけであった。

遠洋航海用の舶用蒸気機関の誕生以来20年間にわたって，蒸気圧は3〜5 psi(0.21〜0.35 kgf/cm²)で，10 psi(0.70 kgf/cm²)を超えることはまれであった。石炭消費量については信頼できる資料はほとんどないが，7 lbs/(IHP・h)を下回ることはほとんどなかったと考えられている[797]。ボイラ材には銅・真鍮が使用されたが，次第に安価なパドル鉄の使用が増加した。

1850年には単筒機関の使用蒸気圧は15〜20 psi(1.1〜1.4 kgf/cm²)で、石炭消費量は4〜5.5 lbs/(IHP・h)であった[798]。1854年ランドルフ・エルダー社はブランドン号に2段膨張機関とジェット復水器を導入し、蒸気圧26 psi(1.8 kgf/cm²)、石炭消費量3.25 lbs/(IHP・h)を達成した[799]。ランドルフ・エルダー社の2段膨張機関の平均の石炭消費量は、2.5〜3 lbs/(IHP・h)であった[800]。また2段膨張機関によって、ボイラの能力が許せば高圧蒸気を扱うことが可能となった。

　こうして1860年代円筒形ボイラと表面復水器の導入が行われ、舶用機関は低圧機関から高圧機関へと変化し、2段膨張機関に相応しい蒸気圧を発生できるようになった。1860年に蒸気圧50 psi(3.5 kgf/cm²)、石炭消費量2.35 lbs/(IHP・h)であった円筒形ボイラ使用の最初の2段膨張機関は、1872年になると多数の船舶で使用されるようになり、それらの平均は、蒸気圧52.4 psi(3.7 kgf/cm²)、石炭消費量は2.11 lbs/(IHP・h)へと向上した[801]。

　2段膨張機関の導入を通じて、表面復水器とスコッチ・ボイラとボイラ材のパドル鉄から鋼への移行が行われ、蒸気圧力は一段と増した。こうして誕生した3段膨張機関は蒸気圧力125〜150 psi(8.8〜11 kgf/cm²)、石炭消費率は1.5〜1.6 lbs/(IHP・h)まで低下した。この燃費の向上が、蒸気船が帆船に取って代わる重要な契機となったのである。

図51　舶用ボイラの蒸気圧力の変遷

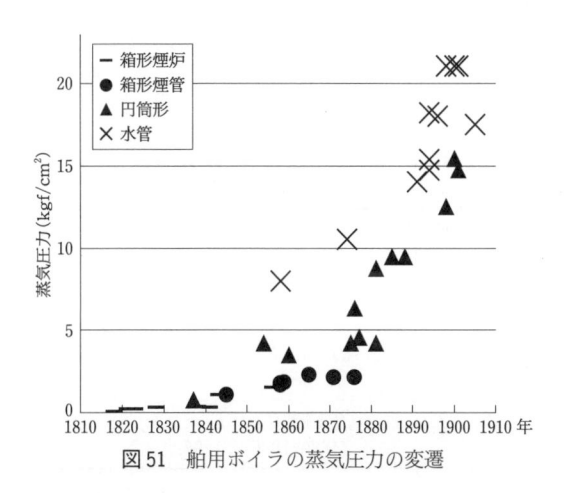

　図51は、以上のような舶用ボイラにおける蒸気供給圧力の変遷を示したもので、表9はその内訳である[802]。

　グラフから明らかなように、水管ボイラが円筒形ボイラよりも高い圧力を発生する傾向にあることがわかる。一方で、19世紀後半にかけて、円筒

表9 舶用ボイラの蒸気圧力の変遷

年	ボイラ形式	ボイラ材	蒸気供給圧力 kg/cm²	蒸気供給圧力 psi	船名	文献(書誌情報の詳細は参考文献一覧を参照されたい)
1818	箱形煙炉	銅	0.070	1	*Savannah*	H. P. Spratt, *Handbook of the Collections Illustrating Marine Engineering*, (1953): 16-17.
1821	箱形煙炉	銅	0.21	3	*Rising Star*	Spratt, *Transatlantic Paddle Steamers*, (1980): 19-20. 蒸気圧力は2-3 psiとのことだが，ここでは3 psiを採用した。
1823	箱形煙炉	銅	0.21	3	*H. M. S. Lightning*	E. C. Smith, *A Short History of Naval and Marine Engineering*, (1937): 19. 蒸気圧力は2-3 psiとのことだが，ここでは3 psiを採用した。
1828	箱形煙炉	銅	0.32	4.5	*H. M. S. Comet*	Smith, *A Short History of Naval and Marine Engineering*, 126-7.
1837	円筒形	不明	0.46	10.5	*Victoria*	Pearson, *The Early History of Hull Steam Shipping*, 44: Plate 8.
1838	箱形煙炉	不明	0.35	5	*Great Western*	Smith, *A Short History of Naval and Marine Engineering*, 101-2.
1841	箱形煙炉	パドル錬鉄	0.32	4.5	*H. M. S. Driver*	Smith, *A Short History of Naval and Marine Engineering*, 126-8.
1843	箱形煙炉 (double ended)	不明	1.1	15	*Great Britain*	Spratt, *Marine Engineering*, 31-32. ボイラ形式について具体的には書いていないが，これは説明を読む限り明らかに箱形煙炉(Box flue)タイプのボイラである。
1845	箱形煙管	不明	1.1	15	*H. M. S. Terrible*	Smith, *A Short History of Naval and Marine Engineering*, 56.
1854	円筒形 through tube	不明	4.2	60	*H. M. S. Malacca*	H. H. P. Powles, *Steam Boilers Their History and Development*, (1905): 109, 152, Plate VIII, Fig. 10.
1856	箱形煙炉	不明	1.5	22	*Valparaiso*	*BAAS*, **30** (1861): Appendix No. I, Table 1.
1858	水管	不明	8.0	114	*Thetis*	*Trans. Inst. Eng. Ship. Scot.*, **23** (1879-1880): 51-97.

年	ボイラ形式	ボイラ材	蒸気供給圧力 kg/cm²	蒸気供給圧力 psi	船名	文献（書誌情報の詳細は参考文献一覧を参照されたい）
1858	箱形煙炉 double ended	不明	1.8	25	*Great Eastern*	Spratt, *Marine Engineering*, 38-39. Screw 機関用。
1858	箱形煙炉 double ended	不明	1.7	24	*Great Eastern*	Spratt, *Marine Engineering*, 27-28. 外車機関用。
1859	箱形煙炉	Iron (tube)	1.8	26	*Bogota*	BAAS, **29** (1860): 232. BAAS, **30** (1861): Appendix No. I, Table 1., Supplementary Appendix. 199.
1860	円筒形 Spiral Flue	Iron (tube)	3.5	50	*San Carlos*	BAAS, **30** (1861): 207-210., Appendix No. I, Table 1.
1865	箱形煙炉	不明	2.3	32.5	H. M. S. *Constance*	T. I. N. A., **33** (1892): 65-66. Proc. Inst. Mech. Eng., (1930): Appendix.
1871	箱形煙炉	不明	2.1	30	H. M. S. *Devastation*	Proc. Inst. Mech. Eng., (1930): Appendix.
1874	water tube	不明	11	150	S. S. *Propontis*	*Engineering*, (April 17, 1874): 281-282. T. I. N. A., **28** (1887): 127, 130.
1875	円筒形 (Oval, return-tube)	不明	4.2	60	H. M. S. *Dreadnought*	Proc. Inst. Mech. Eng., (1930): Appendix.
1876	箱形煙炉	不明	2.1	30	H. M. S. *Thunderer*	Spratt, *Marine Engineering*, 81.
1876	円筒形	不明	6.3	90	S. S. *Propontis*	Smith, *A Short History of Naval and Marine Engineering*, 243.
1877	円筒形	平炉鋼	4.6	65	H. M. S. *Iris*	T. I. N. A., **20** (1879): 117-132.
1881	円筒形 Double-ended and single ended	不明	4.2	60	H. M. S. *Inflexible*	Proc. Inst. Mech. Eng., (1930): 18. *Engineering*, **26** (1878): 417-418.
1881	円筒形 Double-ended	鋼	8.8	125	S. S. *Aberdeen*	T. I. N. A., **23** (1882): 34-36.
1885	円筒形 (return-tube)	不明	9.5	135	*Sans Pareil*	Proc. Inst. Mech. Eng., (1930): Appendix.
1888	円筒形 Round single-ended	鋼	9.5	135	*Victoria*	T. I. N. A., **33** (1892): Table of Weights. & c., For Engines of of War Ships, From 1838-91. [To face page 72].

年	ボイラ形式	ボイラ材	蒸気供給圧力 kg/cm^2	蒸気供給圧力 psi	船名	文献(書誌情報の詳細は参考文献一覧を参照されたい)
1891	水管 Thornycroft	不明	14	200	*Speedy*	Spratt, *Marine Engineering*, 84.
1894	水管 Belleville に換装	不明	15	219	H. M. S. *Sharpshooter*	*T. I. N. A.*, **38** (1897): 155, 163.
1894	水管: Belleville	Tube: mild steel. junction box: malleable cast iron	18	260	*Terrible*	*T. I. N. A.*, **38** (1897): Table III. [To face page 164]. *Proc. Inst. Mech. Eng.*, (1930): Appendix. *Engineering*, (June 28th, 1895): 822-826. Spratt, *Marine Engineering*, 84.
1894	水管: Yarrow 両面式	不明	15	210	*Turbinia*	Smith, *A Short History of Naval and Marine Engineering*, 275-6. H・フィリップ・スプラット(石谷清幹，坂本賢三訳)「船舶用蒸気機関」シンガー『技術の歴史』第9巻，118-119頁。
1896	水管 Belleville	鋼管	18	257	H. M. S. *Powerful*	*T. I. N. A.*, **38** (1897): Table III. [To face page 164]. *Proc. Inst. Mech. Eng.*, (1901): 619.
1898	水管 Belleville	不明	21	300	*Venerable*	*Proc. Inst. Mech. Eng.*, (1930): Appendix.
1898	円筒形 Double-ended Single-ended	不明	13	178	*Kaiser Wilhelm Der Grosse*	*Proc. Inst. Mech. Eng.*, (1901): 656-7, 661.
1900	円筒形 Double-ended Single-ended	不明	15	220	*Deutschland*	*Proc. Inst. Mech. Eng.*, (1901): 656-7, 661.
1900	水管 Belleville	不明	21	300	*Duncan*	*Proc. Inst. Mech. Eng.*, (1901): 660.
1901	水管 Belleville	不明	21	300	*King Alfred*	*Proc. Inst. Mech. Eng.*, (1901): 656-7, 660.
1901	円筒形 Double-ended	不明	14	210	*Cetlic*	*Proc. Inst. Mech. Eng.*, (1901): 658-9, 660-1.
1905	水管 Babcock and Wilcox	不明	18	250	H. M. S. *Dreadnought*	*Proc. Inst. Mech. Eng.*, (1930): Appendix.

形ボイラの発生蒸気圧力が急上昇し，19世紀末には一時，水管ボイラに肉薄している。各ボイラに使用された材料を逐一特定することは資料上の制約から不可能であるが，イギリスでは1885年頃に，溶鋼がパドル鉄の生産量を上回ったので[803]，ボイラには鋼が使用される場合が多かったと考えて差し支えないと思われる。鋼の使用によって，水管ボイラと同じような耐圧性能を示すことも事実としてあり得たのであろう。

　以上のような，3段膨張機関と鋼製円筒形ボイラの採用をもって，この本書を終わりにしたい。ジョン・エルダーとチャールズ・ランドルフによって始められた多段膨張機関への流れは，19世紀末に往復動蒸気機関の完成型として結晶したのである。これ以降は，蒸気タービンの導入によって，蒸気機関は新たな段階を迎える。蒸気タービンを含めた高圧蒸気機関の歴史については，今後の課題としておきたい。

8. 小　括

　19世紀中頃，舶用ボイラにおいては，陸用ほどの高圧蒸気は使用していなかった。陸用の揚水機関や工場用回転機関に比べ高圧化が遅れた理由は，ボイラ水に海水を使用していたことによるボイラ材腐食のため，高圧蒸気を使用できなかったからである。高圧蒸気使用による熱効率の向上は，経験的には陸用機関で実証されてはいた。しかし，理論的に人々が高圧蒸気の利点を理解するまでは，舶用において積極的に高圧化を進める原動力にはなり得なかった。そのため，ボイラ材料変更への誘因は，少なかった。

　しかし，19世紀中葉以降の熱力学の普及により，高圧蒸気の有効性がはっきりと認識されるようになると，技術者や企業家はより燃料消費量の少ないエンジンを求めて蒸気機関の高圧化を求めるようになる。そのためには，機関だけではなくボイラも含めた，原動機全体の設計を考慮しなくてはならなかった。こういった要求の高まりと共に，表面復水器を始めとしたボイラ水に純水を使うための一連の改良がなされ，同時にボイラの耐圧性能向上もなされたのであった。

石谷は，ボイラの性能(蒸発量・効率)の向上には形式の変化が主導的である，と主張している。実際，19世紀中頃まで舶用機関においても，機関が要求する蒸気圧力を発生させるためには，ボイラ形式を変更するしかなかった。当時，ボイラの耐圧性能向上のための最も効果的な手段は，水管ボイラの導入である。しかしながら，19世紀中頃における水管ボイラの導入はうまくいかなかった。

　ところが，19世紀後半のベッセマーの転炉法やウィリアム・シーメンズの平炉法によって鋼の大量生産が可能になると，陸用ボイラの場合は，ベッセマーの転炉法によって製造された鋼が主に使用され，舶用ボイラの場合には，ウィリアム・シーメンズらの努力によってイギリス海軍に平炉鋼のボイラが使用されることになった。

　当時の材料技術の水準では，水管ボイラの製造技術，特に鋼管の製造技術は不十分であったので，既存のスコッチ・ボイラを用いながらも鋼の使用によって3段膨張機関が必要とする耐圧強度を高めることに成功した。こうして，19世紀後半には，3段膨張機関と全鋼鉄製のスコッチ・ボイラが使用された。

　19世紀末～20世紀初頭にかけての水管ボイラの普及は，継ぎ目なし鋼管を製造するような鋼材の加工技術が確立した後であった。

　以上まとめると，第1に，19世紀後半における舶用ボイラの場合，高圧化は，安全性よりも，燃料の経済性の問題に動機付けられていたことがはっきりと認められる。この点，陸用と舶用とのボイラ技術発達形態の違いとして認められる。したがって，ボイラの発達にとっては，石谷の言うような，動力需要の増大だけではなく，安全性や燃料の経済性といった，様々な要因によって，また陸用・舶用といった技術を取り巻く環境によっても，技術の発達形態が規定されることになる。

　第2に，石谷動力技術史論には十分に扱われていない部分があり，それは材料の変化である。そのことを裏付ける事実として，技術形式の変化を材料の変化が代替する，つまり本来技術形式の変化を促すような問題に直面しながら，工作技術の未発達のために技術形式の変化が困難な局面において，新

材料の導入によって問題を解決するというような技術発達のメカニズムが介在していたと考えられる。

　一般には，ボイラ強度に関してボイラ形式の変更が材料の改良よりも決定的である。しかし，安全性・効率といった社会的経済的要求に対し，それに対応したボイラ形式がすぐに実現出来るとは限らない。水管ボイラのように，通常新しい形式の技術は，より高度な材料や製作技術を必要とするからである。その意味で材料技術・機械製作技術は，新技術の物質的土台として機能していると言えよう。

　したがって，石谷が言うような，ボイラ形式の変化に着目しただけでは，実際のボイラ史を書くには不十分であると言える。19世紀後半の舶用ボイラの展開は，材料技術という物質的諸条件によって規定されていた。その点，全技術史の記述においても，材料技術の役割は，特に重視される必要がある。

第 7 章　結　論

グラスゴー大学。著者撮影。グラスゴー大学は、ブラック、ワット、ケルビン卿、ランキンらの活動の舞台となった。

本章では、これまでの論点を総括した。すなわち、19世紀の高圧蒸気機関の展開は、具体的な使用目的に応じた作業機などの関連する他の労働手段との関係によって左右されてきたのである。しかし、同時に、蒸気原動機技術の発達には、「出力」と共に「効率」の問題が関わっている。すなわち出力と効率の問題が、個々の蒸気機関の展開において、ある時は同時に問題になる時もあれば、またある時はその1つだけが強く働いて、蒸気機関の発展を促す時があるということを明らかにする。

17世紀末から始まった蒸気機関の開発は，18世紀には鉱山の揚水用からやがて工場用の原動機という用途を見い出し，19世紀には高圧蒸気を使用する段階に入った。この発展過程，特に高圧蒸気機関としての発展過程を分析して見ると，従来，着目されていなかった幾つかの発展の特質をあげることができる。

　第1に，蒸気機関の形式は，蒸気機関の具体的な使用目的によって決まった。セーバリー，ニューコメンが作った蒸気機関の用途は揚水であった。しかし，前者の方法は一般的には使用されず，普及したのはニューコメン機関であった。ニューコメン機関の基本的な形式は，ピストンとシリンダを用いて動力を発生させる方法である。またニューコメンが使った機構や部品はすべて既存のものである。このようなニューコメンが取った方法は，揚水という目的に特化したものであった。

　18世紀の後半，イギリス産業革命の進展と共に，回転用動力の需要が増大し，水車に代わる新しい汎用原動機の需要があった。揚水が主な用途であった蒸気機関に汎用動力として改良したのがワットであった。ワットは複動機関，遊星歯車機構などの揚水機関から工場用の汎用動力として使うための一連の改良を行った。

　19世紀以降，高圧蒸気機関の開発が始まるが，最初に高圧化したのは揚水機関であった。蒸気機関車用機関は，その発明の最初から高圧蒸気を使用していた。工場用機関では，ワットの低圧機関が使われていた。舶用でも，低圧機関が使用されていた。この理由については，すでに第2章で述べたように，何を駆動するか，すなわち作業機の形態や関連する手段との関連で，蒸気機関の形態が規定されているからである。したがって，蒸気機関の展開を分析するには，関連する技術体系全体を考慮にいれて分析しなくてはならないことが明らかになった。

　第2に，高圧蒸気機関への契機を見てみると，その高圧蒸気機関の発達には2つの源流があった[804]。その1つは，石炭価格が高かったコーンウォール地方において製造された陸用揚水機関である。この機関は，この地方の名前にちなんで，コーンウォール機関と呼ばれた。これら機関を製造した技術者

たちは，試行錯誤や彼らが独自に持っていた知識を使って，蒸気機関を製造していた．ただ，それらは今日の熱力学からすれば，不完全であったり，間違っていたが，彼らが高圧蒸気機関を製造する上での1つの契機になり，そして当時の「理論」以上の熱効率を達成したのである．

もう1つの流れは，蒸気機関の動作を鋭い洞察力によって考察した人たちによってなされ，その最初の人がジェームズ・ワットであった．彼は高圧蒸気の使用には反対であったが，彼が考案した膨張作動原理は，蒸気を膨張させて仕事させることであり，高圧蒸気機関の事実上の出発点になったことは確実である．ワット自身は，科学的洞察と実際の蒸気機関の建造・運転との現場をうまく取り持った．しかし，ジョン・ロビソンを含め多くの自然哲学者と技術者は，ワットが持っていた理論的側面を重視したように思われる．

18世紀末～19世紀初頭にかけて，熱を不可秤量流体として考える熱素説が確立する．蒸気機関の理論的考察は，水車のアナロジーから出発し，蒸気圧力と水圧との関係に類似点を見い出した．すなわち，水位が高ければ高いほど水が持つ位置エネルギーは大きいのと同じように，蒸気に含まれている熱素が多ければ多いほど蒸気は大きな弾性力を持つのである．高圧蒸気機関の有用性を強力に主張したのが，デービス・ギディ（ギルバート）である．彼は，ジョナサン・ホーンブロワーやリチャード・トレビシックと交友関係を持ち，彼らに高圧蒸気機関の有用性を積極的に説明し，仕事を進める上でアドバイスをし，彼らの発明活動を励まし続けた．ギディが行った蒸気の断熱膨張の際に発揮する仕事の計算は，ダニエル・ベルヌーイが空気の圧縮に使った活力の計算の方法と形式的にはほぼ同じことがわかっている．またギディによる膨張作動原理は，すでにワットによって1769年と1782年に提唱されていた．彼らは水蒸気の断熱膨張過程でもボイルの法則が成り立つとしており，その前提は間違っている．ただこの段階では，「熱素説」に基づいた熱理論は，高圧蒸気機関の有用性を説明していた．

一方で，18世紀末にランフォード伯やデービーによって提示された熱運動説は，高圧蒸気機関の有用性を説明しなかったように思われる．ただし，熱運動説と蒸気機関技術の展開との関連については，予断を持たずに継続し

て研究する。

　さらにワットによって先鞭をつけられた蒸気機関の性能に関する考察は，熱素説と結び付いて発展し，19世紀の最初の25年ぐらいまでに，熱の理論として確立し，蒸気機関の理論的理解に適用された。この熱素説と結び付いた蒸気機関の理論は，飽和水蒸気が保持する熱量が常に一定だとする「ワットの法則」とほぼ同一視された。しかし，熱素説も「ワットの法則」も今日の熱力学では間違いであり，この熱素説に基づいた蒸気機関の理論は，高圧蒸気の利点を説明しなかった。

　一方，ワットの膨張作動原理は，フランスにおいてカルノーに研究の題材を与えた。しかし，カルノーの成果も熱素説を前提としており，彼は結論においてそのほとんどは正しかったが，その前提の根拠の一部は間違っており，その成果にはある限界があった。

　以上のような19世紀初頭における高圧蒸気機関に関する理論の展開をまとめると，熱素説が技術者に高圧蒸気機関への大きな希望を与え，熱素説のさらなる発達が高圧蒸気機関への希望を失望に変えたのだと言える。

　ところが，実際のコーンウォール機関は間違いなく高いデューティーを示し続けていたのであり，その性能はとどまるところを知らなかった。パンブールによる『蒸気機関の理論』は高圧の膨張作動原理を用いた凝縮器付き機関をも想定していたが，ますます高くなる水蒸気圧と膨張作動原理の適用に対し，つまり実際の蒸気機関と理論との乖離は広がっていった。インジケーターの普及と使用は，その乖離を埋める手段として機能した。

　第3に，高圧蒸気機関の採用が最も遅れたのは舶用蒸気原動機であった。実際の舶用蒸気原動機は，限られた船体内に機関・ボイラその他の付属物一切を詰め込まなくてはならず，洗練された設計・高度な加工・製造技術が必要であった。また海水をボイラ水に使用する以上，腐食をどのように防止するかも技術者の課題であった。また外車もしくはスクリューを駆動するためには，長い軸を回転させなくてはならない。だからあまりに高い蒸気圧力は，伝達軸に過大な荷重をかけるし，軸受けを加熱する危険がある。こういった揚水用などの陸用機関には無い特殊性のため，舶用蒸気原動機には，自然科

学的知識の適用は不可欠であったと考えられる。こういった舶用蒸気原動機における高圧機関の不利を正当化するのに，熱素説に基づく熱理論は，良く適合していた。

　以上のような舶用に特殊な条件は，舶用に特化した蒸気原動機として独自の発展を遂げた。それが箱形ボイラと低圧機関であった。箱形ボイラと円筒形ボイラの性能に関して言えば，ボイラ効率・蒸発量のいずれも箱形ボイラは円筒形ボイラを上回っていた。船舶の燃料消費量の問題は，原動機の改良よりも先に鉄製船体の導入といった船体構造の改良や外車からスクリューへの推進方式の改良によってなされた。さらに低圧機関ながらジョン・エルダーとチャールズ・ランドルフは2段膨張機関を舶用に導入し，燃料消費量を改善した。

　しかし，19世紀中頃，船舶の原動機は，航海範囲が拡大するという使用環境に直面する。ここでは，より熱効率の高い機関を必要とされるようになってくる。しかし，そもそも熱素説と「ワットの法則」は誤っており，したがってこの誤った前提に立った蒸気機関の理論もまた正しくなかった。特に，高圧蒸気を膨張作動原理によって作動させる際に問題となっていたのが，蒸気の供給を止めた後，蒸気がシリンダ内で断熱膨張した際に起こる復水である。これを初期復水と呼ぶ。熱素説によれば，体積増大に伴って起こる温度低下によって失われたかのように見える熱は，なお「膨張の潜熱」としてシリンダー内にとどまっていなければならない。熱素説とワットの法則によれば，完全に断熱されたシリンダであれば，このような復水は起こるはずがない。しかし，実際，蒸気を断熱膨張させればシリンダからは大量の水が出てくる。熱と仕事との等価関係を示す熱力学第1法則によれば，この復水の本当の原因は，蒸気が外部に仕事をしたためによる熱の消費にあるわけだが，熱素説では熱量は保存されるので，初期復水の問題に熱素説は全く無力であった。この熱素説に基づいた蒸気機関の理論はもはや，高圧蒸気の利点を説明出来なかった。

　一方，熱力学第1法則は，蒸気機関とは離れたところで模索されていた。1849年，ジュールは「熱の仕事当量について」を発表する。ジュールに

よって熱と仕事との等価関係が定量的に明らかにされたが，イギリスの技術者は，ジュールの仕事にすぐにはなんの影響も受けなかった。

　ジュールの業績とカルノーの業績を取りいれた形で，クラウジウスが熱力学第2法則を定式化し，ウィリアム・トムソンはそれを発展させた。ランキンは，スコットランドを舞台に船舶の技術者ジョン・エルダーとジョン・マーチン・ローワンに技術指導を行った。特にエルダーの2段膨張機関の導入とその改良は特筆すべきもので，前述の初期復水の解決に大きな成果をあげたのである。初期復水を防ぐためには，すなわち蒸気が仕事をした後も飽和状態を保ち続けるためには，蒸気が外部に仕事をした分だけ，またはそれ以上に熱を加えなければならないのであり，そのためにエルダーが採用したのが蒸気ジャケットであった。エルダーはこうして初期復水を解決し，さらに円筒形ボイラを導入して舶用高圧蒸気機関を実現した。ローワンは舶用2段膨張機関と表面復水器と水管ボイラを導入し，当時としては非常に高い蒸気圧力を発揮させた。このように19世紀中頃，スコットランドを中心にランキンと船舶の技術者によって，蒸気機関に熱力学の成果が適用されたのである。エルダーの一連の成果は，多段膨張機関と円筒形ボイラの使用という意味で，19世紀末まで継続的に続く高圧蒸気機関の最初であったのであり，また熱力学を適用したという意味では，今日まで継続的に続く高圧蒸気機関の嚆矢であったと言えよう。こうして，熱力学による裏付けもあって高圧蒸気機関への方向性がよりはっきりした形で確定し，ボイラの高圧化への指向が高まった。

　熱力学によって高圧蒸気の利点がはっきりすると，ボイラと機関を合わせた原動機全体でその性能を考えるようになった。実際に，毎時毎図示馬力当たりの石炭消費量において，箱形ボイラ＋低圧機関より円筒形ボイラ＋高圧機関の方が上回ったのである。こうして高圧蒸気の利点が明らかになり，また船舶の動力需要の増大もあって舶用蒸気機関における円筒形ボイラと高圧機関は次第に普及していった。

　以上のように，燃料消費量の制限といった社会的経済的な条件と要求によって，2段膨張機関のような機関の革新的な変更が必要となった。そして

機関の革新と熱力学の理解の深化の結果，ボイラの改良を通じて蒸気原動機全体の性能を改善する必要が技術者によって認識されたのであって，決して機関の改良以前にボイラの改良が先にあったわけではなかった。

このように舶用推進技術全体の発達にとっては，ボイラよりも機関がより主導的役割を担っていたと言える。その理由は，プロペラもしくは外輪を動かして船の推進力を発生するのは，機関であってボイラではないからである。すなわち労働対象に直接変化を与える労働手段に，より主導的側面があると考えられる。そして熱力学という科学的知識の普及が，ボイラを単なる機関の付属物から，蒸気原動機という労働手段の体系の一部に至らしめた。

その意味では，舶用ボイラ史は，機関とボイラと推進手段との関係の歴史であると言えるだろう。「機関」を外的要因として切り離してみる石谷の単純化された内的発展論に基づくボイラ史は，この複雑な歴史過程を説明し得ない。

第4に，以上のような展開の中で高圧蒸気機関製造を考えると，内圧に耐えうるボイラの製造技術が最も重要である。さらに高圧ボイラは，ボイラ形状と使用材料および加工技術との関係で耐圧性能が増していったことがわかる。形状に関しては，トレビシックをはじめとするコーンウォールの技術者たちは，高圧機関開発の比較的初期の段階から円筒形のボイラを製作しており，球形もしくは円筒形が内圧に耐えるというボイラの目的に対して相応しい方法だと気がついていたように思われる。一方，彼らが行っていた蒸気ボイラの改良は，試行錯誤による経験に基づくものであった。

彼らはボイラの使用材料としては，鋳鉄を使用していたが，1812年頃から錬鉄を使用する。鋳鉄はそもそも引張強度が錬鉄と比べ弱く，ボイラ材には不適であったが，鋳鉄は鋳造可能であり，そのために継ぎ目がなく分厚い円筒形容器が製造可能であった。しかし，鋳鉄は，内圧による引張力や不均一な熱にさらされるボイラ材としては不適であったし，致命的な破損をもたらすであろう鋳鉄中の欠陥を見つける方法などなかったのである。幾つかの悲惨な事故の末，技術者は錬鉄を採用したと思われる。錬鉄はもっぱらパドル法によって製造されていたが，人間が手作業でこね回すという製造方法の

ためにその製品である棒鉄の大きさは，人間が発揮できる動力に依存した。ボイラ製造のためには，これら棒鉄から製造される鉄板を多数リベットで接合しなくてはならない。こういった錬鉄をボイラに使用する上での多大な困難が，ボイラ材として鋳鉄を利用した最大の理由だと考えられる。したがって，錬鉄をボイラ材に使用する場合，ボイラの継ぎ目をどうやって処理するかがボイラ製造上重大な問題であった。フェアベアンやダニエル・アダムソンらはボイラ鉄板の接合方法の改良を行った。しかし，こういった改良は，ボイラ強度の改良としては，ボイラ形状の改良と比べれば漸進的なものであった。

1854年，ベッセマーによって新しい製鋼法である転炉法が発明される。ベッセマーはそもそも大砲材を製造することを目的に，この転炉法を発明したのであるが，イギリスの軍部はベッセマーを相手にしなかった。これを最初に使用したのが，フェアベアンやアダムソンらの民間のボイラ製造業者であった。彼らは，ボイラをより安く，より安全に，より高圧に耐えるようにするためにベッセマーの新しい鋼を採用したのである。しかし，陸用ボイラにおける鋼の使用もまた，ボイラ形状の改良と比べれば漸進的な改良であった。

以上のようなボイラ強度における形状と材料および加工技術との関係を整理すると，次のようなことが言える。まず強度上優れた新材料がすぐに古い材料に取って代わるわけではないということである。その理由は，新材料は加工技術が未熟である場合が多く，その機能を十分に発揮できるような形に加工出来ないためである。次に材料のコストと入手のしやすさの問題がある。しかし，蒸気ボイラは技術全体の中で発展する方向が規定されるのであり，ボイラは大出力化，高温・高圧力化，高効率化が進むのであって，それに伴って材料技術は新素材の開発と素材の加工技術が相互に関連しながら発展するのである。

次に，蒸気ボイラの性能(圧力・温度・蒸発量)の発展にとっては，形式の変化(例えばワゴン型から円筒形，さらに円筒形から水管型)が主導的であり，材料の変化は副次的である。あるボイラ形式はその初期(本書でいえば円筒形ボイラの

場合)には，材料と加工技術の未熟からその機能を十分に果たすことができないが，次第に材料的改良がなされ性能が向上する。しかし，その漸次的変化では需要に応えきれなくなったとき，全く異なった形式への変化が起こるのである。

次に材料技術の変化はその形式(例えば円筒形とか水管型など)の中における性能(蒸気ボイラの場合，蒸発量・圧力・温度)の発展にとって非常に重要であり，その形式が本来持っている性能を十分に発揮するために必要なものなのである。しかし，材料に関することは，開発の当初においては十分に考慮されない，もしくは配慮が十分であるとは言い難い。その理由は，最初に特定の作業のために(例えば，耐圧性能を高めるために，またコンパクトなボイラでも蒸発量を保持するために)機械や装置が限定され，それを実現するような個々の具体的な技術(本書で言えば，外殻が円筒形で内部炉筒を持つボイラ)が決定されるためである。その際，材料は実は非常に重要なファクターであるにも関わらず，個々の具体的な機械・装置の機能やメカニズムの設計と比べて，遅れて問題となるからである。

第5に，舶用ボイラの高圧化のための技術的諸問題に着目すると，ボイラ強度における形式と材料および加工技術以外の問題として，ボイラ水の純水化という問題もあった。この問題の解決は，1834年サミュエル・ホールによる表面復水器によると言われるが，当時の機械製造技術では実用上の困難が幾つかあり，実際にこの問題が解決するのは19世紀後半であった。

ボイラ強度における形式と材料の問題としては，舶用ボイラの展開はある興味深い事例を提供している。それは19世紀後半の3段膨張機関の導入に関する事例である。1874年，リバプールの船主ディクソンは，燃料の経済性を良くするためには高圧の蒸気を用いる必要があると確信する。そして彼は，ローワンの水管ボイラを自身の蒸気船プロポンティス号に搭載することを決意した。機関とボイラの製造を受けたジョン・エルダー社のカークは，機関として3段膨張方式を採用することにした。しかし，この水管ボイラは，2度のボイラ事故を起こし，通常の円筒形ボイラに交換されてしまったのである。

1878年に舶用円筒形ボイラに平炉鋼が採用される。この鋼製ボイラによって蒸気圧力の向上が可能になり，舶用3段膨張機関として水管ボイラではなく，鋼鉄製円筒形ボイラが使用されることになった。この3段膨張機関と鋼製円筒形ボイラは残りの19世紀を通じて舶用機関の標準として使用されたのであり，往復動蒸気機関は完成を見たのである。

　一般には，ボイラ強度に関してボイラ形式の変更が材料の改良よりも決定的である。しかし，安全性・効率といった社会的経済的要求に対し，それに対応したボイラ形式がすぐに実現出来るとは限らなかった。水管ボイラのように，通常新しい形式の技術は，より高度な材料や製作技術を必要としたのである。その意味で材料技術・機械製作技術は，新技術の物質的土台として機能していたと言えよう。

　以上のような，蒸気機関の高圧化の展開過程をまとめると，第1に，蒸気機関は揚水用・蒸気機関車用・工場用・舶用に大別でき，この順で高圧化してきた。こういった19世紀以降の高圧蒸気機関の開発の過程は，何を動かすかというその用途目的の労働手段との関係で規定されていた。具体的には，最初の高圧機関はビーム機関を使った揚水用に限定されていた。1820年以降は，蒸気機関車が，続いて工場用が高圧化した。舶用は1850年代末～1860年代初頭頃まで低圧であった。

　第2に，蒸気原動機の展開は，機関やボイラ単独の性能だけではなく，機関とボイラを含めた蒸気原動機全体の性能が考慮されることもあった。

　第3に，19世紀初頭の高圧機関の高効率は，経験的にわかったというべきであって，理論的にはほとんど何もわかっていなかった。ただ技術者が何の自然科学的理解なしに高圧蒸気機関を設計・製造したわけではなく，一部の技術者は，熱素説を基に高圧蒸気の利点を考えていた。後に熱素説は，飽和水蒸気が保持する熱量が常に一定だとする「ワットの法則」と共に「蒸気機関の理論」として使用されたが，それは高圧蒸気の利点を説明しなかった。熱と蒸気に関する科学的実験は，先進的な技術者に少なからず影響を与え，19世紀の半ばまでに，高圧蒸気不要論がある一定の支持を得た。

第7章 結 論

　1850年代後半，舶用機関に始まった今日まで続く高圧蒸気機関の実現は，蒸気機関に熱力学を適用したことによってなされた。これを担ったのは，グラスゴーの技術者たちとランキンであり，これらの結合を実現したのが，グラスゴーという都市が当時おかれた社会的経済的地理的な要因である。

　第4に，またその後高圧機関の開発を支えたのが，主にボイラの耐圧性能の向上であり，その改良は機械加工技術の改良と鋼の使用などによって達成されたということである。

　最後に，本書で蒸気機関の発達過程を分析した結果，上述のように蒸気機関のあり方は具体的な使用目的や作業機などの他の労働手段の状況によって左右されることがわかった。このことは，石谷清幹の「動力と制御の矛盾」説に基づくボイラ史の記述では，具体的な歴史は記述されないということである。ただし「動力と制御」そのものについての議論は，本書とは特に関係がないので，ここでは言及しない。

　石谷のボイラ史は，蒸発量に着目した議論に集約されたものと見ることができる。ところが実際にボイラの発展過程を分析してみると，ボイラの発展要因は蒸発量だけに左右されてはいない。実際には，18～19世紀半ばまで蒸気原動機全体の中でボイラが占める位置は，大きくなかった。19世紀半ば以降，熱力学の成立と普及の後，蒸気原動機の中でボイラが重要な役割を担うことが明らかになり，そしてボイラと機関を含めた蒸気原動機全体としての性能が重要になったのであり，その結果，高圧化が単に大出力という目的だけではなく，高効率という目的に対しても有効であるということが理論的に明らかにされるのである。

　もちろん，歴史記述では具体的な個々の発達過程を明らかにすると共に，その具体性を貫く一般的な傾向の有無を追求することも歴史研究上必要なことである。その点では，石谷のボイラ発展史は1つの一般的傾向の有無追求の試みであったと認めることが出来る。

　本書で明らかになったのは，個々の蒸気機関の展開を個別的に見れば，使用用途といった外的要因と結合して蒸気原動機が多様な形で展開しているということである。しかし，同時に，蒸気原動機技術の発達には，「出力」と

共に「効率」の問題が関わっていると認められる。すなわち出力と効率の問題が，個々の蒸気機関の展開において，ある時は同時に問題になるときもあれば，またある時はその1つだけが強く働いて，蒸気機関の発展を促すときがあるということである。

注と文献

[1] サジ・カルノー(広重 徹訳と解説)『熱機関の研究』みすず書房, 1973年, 40頁.
[2] 当時の人々に特に影響を及ぼした伝記としては, スマイルズの伝記が有名である.
Samuel Smiles, *Self-help: with illustrations of character and conduct* (London: J. Murray, 1859).
筆者が閲覧したのは, *Self-help: with Illustrations of Character, Conduct and Perseverance* (New York: A. L. Burt) のリプリントである.
邦訳は, 中村正直によってなされている.
サミュエル・スマイルズ(中村正直訳)『西国立志編』講談社, 1991年.
[3] T. S. アシュトン(中川敬一郎訳)『産業革命』岩波書店, 1973年.
[4] D. S. L. Cardwell, *From Watt to Clausius: The Rise of Thermodynamics in the Early Industry Age* (Originally Published by Cornell University Press, 1971, Reprinted by Iowa State University Press, 1989).
邦訳 D. S. L. カードウェル(金子 務監訳)『蒸気機関からエントロピーへ—熱学と動力技術』平凡社, 1989年.
[5] D. S. L. カードウェル(金子 務監訳)『蒸気機関からエントロピーへ』平凡社, 1989年.
[6] D. S. L. Cardwell, Richard L. Hills, "Thermodynamics and Practical Engineering in the Nineteenth Century," *History of Technology*, **1**, (1976): 1-20.
[7] ただ筆者は, この点を追求してきてはいる. 小林 学, 「19世紀イギリスにおける技術者への熱力学の普及について」, *SIMOT Pre-Doctoral Interim Report*, The Science of Institutional Management of Technology Research Center: SIMOT REC, Tokyo Institute of Technology, Vol. 2 No. 1 (2006, Spring): 1-4. なおこの拙稿は Tokyo Institute of Technology, 21st Century COE Program, SIMOT, *5-year Pre-Doctoral Report of the Science of Institutional Management of Technology*, (Tokyo: Tokyo Institute of Technology, 2009): 440-443頁に再掲されており, 次のウェブサイトからダウンロードできる. http://www.me.titech.ac.jp/coe/5YearReport/SIMOT_pre-doc.pdf (2011年7月29日現在)
[8] British Patent A. D, 1769, No. 913. James Watt, "Steam Engines, & c."
[9] W. D. Wansbrough, *Modern Steam Boilers: The Lancashire Boiler* (London: Crosby

Lockwood and Son, 1913), 3-4.
[10] 例えば，H・W・ディキンソン(磯田　浩訳)『蒸気動力の歴史』平凡社，1994 年，85-141 頁．H. W. Dickinson, *A Short History of the Steam Engine* (London: Cambridge U. P., 1938).
2nd edition, H. W. Dickinson; with a new introduction by A. E. Musson, *A Short History of the Steam Engine* (London: F. Cass, 2nd ed 1963).
[11] 「高圧の蒸気をつくることのできるボイラを設計しようとする一部の発明家たちのこころみは，何度もくりかえされた．なぜなら，出力が大きくて効率の高い蒸気機関をつくる問題は，高圧蒸気を用いないことには解決できなかったからである．だが，圧力の向上を求める要求は，ボイラの蒸気発生量の向上というもう 1 つの要求とある種の矛盾におちいった．圧力を上げてボイラの強度を確保するには，ボイラに球形あるいは円筒形の形状を与えなければならなかった．だがこれは，ボイラの加熱面積の増加という要求に矛盾するものであった．」
ベリキンド他(野中昌夫訳)『人間と技術の歴史 1』東京図書，1960 年，200 頁．
[12] ディキンソン(磯田訳)『蒸気動力の歴史』114 頁．
[13] W. D. Wansbrough, *Modern Steam Boilers* (1913), 3-4. and H・W・ディキンソン(石谷清幹，坂本賢三訳)「蒸気機関—1830 年まで—」チャールズ・シンガー『技術の歴史』筑摩書房，第 7 巻，1963 年，160 頁．
[14] ディキンソン(磯田訳)『蒸気動力の歴史』，120-121 頁．
[15] ディキンソン(磯田訳)『蒸気動力の歴史』，113-114 頁．
[16] D. S. L. Cardwell, *From Watt to Clausius: The Rise of Thermodynamics in the Early Industrial Age.*
邦訳カードウェル(金子　務監訳)『蒸気機関からエントロピーへ』平凡社，1989 年．
[17] 主に，カードウェル(金子監訳)『蒸気機関からエントロピーへ』194-234 頁．
[18] 「あらゆる動力源には好適出力範囲があって，それ以上でも以下でも使いにくいことが分かる．もちろん各動力源の好適出力限界は決して固定的ではなく，事情により多分に変化するが，しかし使いやすい範囲が存在することは明白である．人間社会の動力需要が上述の通り急激に増加してくると，必要な動力源単位出力も増大してくる．在来の動力源では到底まかない切れぬほど巨大な単位出力が必要になったとき，新動力源が急激に育成され，動力時代が転換するのである．」石谷清幹『ボイラ要論』山海堂，1961 年，17-18．
こういった好適出力範囲概念によるボイラ形式転換の具体的事例については，石谷『ボイラ要論』81-164 頁を参照されたい．
[19] 石谷清幹「技術における内的発達法則について(蒸気動力史論の結論にかえて)」『科学史研究』第 52 号(1959 年)，16-23 頁．
[20] 一般にボイラの性能を表す値として，蒸発量(単位時間単位伝熱面積あたりの蒸発量×伝熱面積)とボイラ効率(供給された燃料が完全燃焼した際に発生する熱量と，蒸気を発生させるのに使用された熱量の比)がある．蒸発量は，ボイラの仕事率すなわち出力に相当する．ボイラ効率は，文字通りボイラの効率に相当する．特に蒸発量については，石谷清幹『ボイラ要論』，68 頁を参照されたい．
[21] 石谷清幹「ボイラの現状と進歩の動向」『機械の研究』第 4 巻　第 8 号(1952 年)，497-502 頁．
[22] 石谷清幹「動力史の時代区分と動力時代変遷の法則」『科学史研究』第 28 号(1954 年)，12-17 頁．

石谷清幹「蒸気動力史論―第1報:陸用蒸気原動機単位出力発達史論」『科学史研究』第32号(1954年), 19-27頁.

石谷清幹「技術発達の根本要因と技術史の時代区分」『科学史研究』第35号(1955年), 28-32頁.

石谷清幹「蒸気動力史論―第2報:船用蒸気原動機単位出力発達史論」『科学史研究』第40号(1956年), 14-21頁.

石谷清幹「技術における内的発達法則について(蒸気動力史論の結論にかえて)」『科学史研究』第52号(1959年), 16-23頁.

[23] 石谷清幹『ボイラ要論』12-18頁を参照されたい.例えば,17頁に,「動力需要の増大は人類の全史を一貫する根強い傾向であり,……」とある.

[24] 石谷清幹「ボイラの現状と進歩の動向」『機械の研究』(1952年), 497-502頁.

[25] 石谷清幹「ボイラの現状と進歩の動向」『機械の研究』(1952年), 502頁.

[26] 山口 歩「1890〜1930年の日本の火力発電所ボイラー市場をBabcock & Wilcox社が独占した過程とその技術的理由」『科学史研究』第31巻181号(1992年), 9-18頁.

[27] 本著において,著者は技術を労働手段と呼ぶ.この用語になじみのない読者は,労働手段を技術と読み替えても,さしあたり大きな問題はない.ただし,著者が労働手段という用語を使う理由は,単に技術を具体的な機械や装置だけではなく,人間の労働に必要な鉱山のシャフトなど一般に技術とは呼ばれていないようなものも技術として扱っているためであるであることを明記しておく.技術規定に関する概説書としては,中村静治『技術論入門』有斐閣,1977年がある.

[28] ディキンソン(磯田訳)『蒸気動力の歴史』112頁.

[29] 酒井 宏「馬力」『大百科事典』平凡社, Vol. **12**, 1985年, 86頁.

[30] セーバリーとニューコメンとの関係について,ベックは彼らがすぐ近くに住んでいたことなどを理由にニューコメンは,セーバリーの影響を受けたとしている.またニューコメンがセーバリーの図面を手に入れて,模型を作り,実験したことにも触れている.ルードウィヒ・ベック(中沢護人訳)『鉄の歴史』III-1, たたら書房, 1968年, 205-206頁.

マチョスも,ニューコメンはセーバリーの図面を手に入れたとしている.
マチョス(高山洋吉編)『西洋技術人名辭典』北隆館, 1946年, 411頁.

それに対し,ディキンソンは,セーバリーとニューコメンとの間には,面識もなく,お互いの実験を知らなかったとしている.ディキンソンは,マルテン・トリワルド(Mårten Treiwald, 1691-1747)やスウィッツァー(Stephan Switzer)の発言など具体的な証拠を上げて,セーバリーとニューコメンが独立に蒸気機関の発明を行ったことを証拠付けているので,ディキンソンの記述の方が,信頼に足ると考えられる.本論では,ディキンソンの記述を採用した.

ディキンソン(磯田訳)『蒸気動力の歴史』, 43頁.

またベックによれば,ニューコメンがロバート・フック(Robert Hooke, 1635-1703)を通じて,ドニ・パパン(Denis Papin, 1647-1712?)の研究に関する覚え書きと,研究についての助言を得ていたとしている.

ルードウィヒ・ベック(中沢護人訳)『鉄の歴史』III-1, 206頁.

ボルンもニューコメンがパパンの計画を知っていた可能性は十分にあるとしている.
John Bourne, *A Treatise on the Steam Engine, in its Application, to Mines, Mills, Steam Navigation, and railways*, Second Edition (London: Longman, Brown, Green and Longmans, 1847), 6.

一方で，ディキンソンもこのことに言及はしているが，ディキンソンによると，これは
ジョン・ロビソン（John Robison, 1739-1805）の1779年の記述によるもので，ロビソン
の記述は信頼できないとしている．
ディキンソン（磯田訳）『蒸気動力の歴史』，45頁．
ベックは，ニューコメンの成果を，セーバリーとパパンの業績の結合と見て次のように
書いた．「セーヴリーは蒸気の凝結によって密閉容器（圧力容器）の中に真空をつくった．
一方，パパンはシリンダの中でピストンの下に空気ポンプで真空をつくろうとした．
ニューコメンはこの二つを結びつけ，シリンダ中のピストンの下に蒸気の凝結によっ
て真空をつくることを発想したのである」しかし，ニューコメンの仕事が，セーバリー
と独立になされたのであれば，ベックの記述は，言い過ぎであろう．
ルードウィヒ・ベック（中沢護人訳）『鉄の歴史』Ⅲ-1，たたら書房，1968年，206頁．

[31] British Patent A. D, 1698, No. 356. Thomas Savery, "Machinery for Raising Water, giving Motion to Steam Engines, & c."
ディキンソン（磯田訳）『蒸気動力の歴史』，31頁．

[32] ディキンソン（磯田訳）『蒸気動力の歴史』，30頁．

[33] Thomas Savery, "An Account of Mr. Tho. Savery's Engine for raising Water by the help of Fire," *Philosophical Transactions*, **21** (July, 1699): 228.

[34] ルードウィヒ・ベック（中沢護人訳）『鉄の歴史』Ⅲ-1, 1968年，203-204頁．Dickinson, *A Short History of the Steam Engine* (1938), 25-26.

[35] ディキンソン（磯田訳）『蒸気動力の歴史』，38頁．

[36] 金属を鑞付によって接合せるときの鑞材のうち溶融温度が450℃以上のものを硬鑞，それ以下のものを軟鑞あるいはハンダという．鑞付は，接合したい母材の温度よりもかなり低い温度で溶ける鑞材を使って，母材は溶かさずに鑞材を溶かして固めて接着を行う．硬鑞としては，銀鑞，黄銅鑞，アルミニウム合金鑞，リン銅鑞，ニッケル鑞，金鑞などがある．これらは一般に多成分の合金であって，例えば，銀鑞はAg-Cu合金主体であるが，さらにZn, Cd, Sn, Ni, などを添加した種々の合金があり，成分によって溶融温度が違い，したがって鑞付温度も違う．
大久保忠恒「硬鑞」『大百科事典』平凡社，Vol.**5**, 1984年，663-664頁．

[37] ディキンソン（磯田訳）『蒸気動力の歴史』，38-39頁．Dickinson, *A Short History of the Steam Engine* (1938), 26.

[38] ディキンソン（磯田訳）『蒸気動力の歴史』，39頁．

[39] Rhys Jenkins, "Savery, Newcomen, and the Early History of the Steam Engine," pp. 1-25, Reprinted from *Transactions of the Devonshire Association for the Advancement of Science Literature, and Arts*, **xlv** (1913): 343-367. on p. 21.

[40] Rhys Jenkins, "Savery, Newcomen, and the Early History of the Steam Engine," (1913): 20.

[41] Tho. Savery, *The Miners' Friend, an Engine to Raise Water by Fire, Described, and of the Manner of Fixing it in Mines* (London: 1702, Reprinted by George E. Eyre and William Spottiswoode, 1858).

[42] H. H. P. Powles, *Steam Boilers Their History and Development* (London: Archibald Constable, 1905), 16.

[43] ルードウィヒ・ベック（中沢護人訳）『鉄の歴史』Ⅲ-1, 203頁．

[44] ディッキンソン（原　光雄訳）『ジェームズ・ワット』創元社，1941年，273頁．
原著 H. W. Dickinson, *James Watt, Craftsman and Engineer* (Cambridge University

Press, 1935).
[45] ニューコメン機関および大気圧機関の発達過程については，小林　学「真空「真空は『ない』のにある」」34-40頁，山崎正勝・小林　学編著『学校で習った「理科」をおもしろく読む本—最新のテクノロジーもシンプルな原理から』JIPMソリューション，2010年を参照されたい．
[46] Dickinson, *A Short History of the Steam Engine* (1938), Plate II.
[47] ディキンソン（磯田訳）『蒸気動力の歴史』, 42-43頁．
[48] ファーガソンも，「往復動ポンプの配置は周知のものであり，適用するにあたって克服しなければならない問題はなかった．」と述べている．だが，ファーガソンはそれについての参考文献をあげていない．
E・S・ファーガソン（藤原良樹，砂田久吉訳）『技術屋の心眼』平凡社, 1995年, 31頁. Eugene S. Ferguson, *Engineering and the Mind's Eye* (Cambridge, Massachusetts, London, England: MIT Press, First published in 1992, First MIT Press Paperback edition, 1994, Sixth Printing, 2004), 13.
[49] ディキンソン（磯田訳）『蒸気動力の歴史』, 39頁．
[50] ディキンソン（磯田訳）『蒸気動力の歴史』, 39頁．
[51] ワットによる工場用機関の開発と馬力の考案については，小林　学「馬力「馬と比較した仕事率」」山崎正勝・小林　学編著『学校で習った「理科」をおもしろく読む本—最新のテクノロジーもシンプルな原理から』JIPMソリューション, 2010年, 168-174頁にも同じような記載があるので参考にされたい．
またワットの伝記については，小林　学「ジェームズ・ワットによる蒸気機関の改良」科学教育研究協議会編集／日本標準刊『理科教室』第五十巻第十二号, 2007年12月, 98-101頁にも同じような記載があるので参考にされたい．
[52] ルードウィヒ・ベック（中沢護人訳）『鉄の歴史』III-2, たたら書房, 1975年第2刷, 269頁．
[53] ディッキンソン（原訳）『ジェームズ・ワット』, 129-135頁．
[54] ディキンソン（磯田訳）『蒸気動力の歴史』, 93頁．
[55] ディッキンソン（原訳）『ジェームズ・ワット』, 135頁．
[56] ルードウィヒ・ベック（中沢護人訳）『鉄の歴史』III-2, 279頁．
[57] H. W. Dickinson, *A Short History of the Steam Engine* (1938), 84.
[58] ディキンソン（磯田訳）『蒸気動力の歴史』, 99-101頁．
[59] ディキンソン（磯田訳）『蒸気動力の歴史』, 53-54頁．
[60] H. W. Dickinson, *James Watt and the Steam Engine: The Memorial Volume Prepared for the Committee of the Watt Centenary Commemoration at Birmingham 1919* (London: Encore Editions, First published 1927, This edition published 1981, Reprinted 1989), 111.
[61] John Fitch, Edited with Introduction and Notes by Frank D. Prager, *The Autobiography of John Fitch* (Philadelphia: The American Philosophical Society, 1976): 10.
[62] E. C. Smith, *A Short History of Naval and Marine Engineering* (Cambridge: Babcock and Wilcox, LTD., 1937), 5-6.
[63] 1784年10月には，ヴァージニア州議会が，「ヴァージニア州の航海可能水域内におけるラムゼーの発明に関する排他的使用権を保証する」法律を可決した．1785年1月, ラムゼーはメリーランド州で，同州の航海可能な水域内で使用できる特許を取得した．その年はまるまる，蒸気船の建造に取り組んだ．

James Weir, Jr., "James Rumsey, Steamboat Inventor," *Engineering Magazine*, **9** (5) (1895): 878-879.
64. H. P. Spratt, *Handbook of the Collections Illustrating Marine Engineering, Part II., Descriptive Catalogue* (London: Her Majesty's Office, 1953), 10.
65. H. P. Spratt, *Handbook of the Collections Illustrating Marine Engineering*, 10.
66. James Rumsey, "An Explanation of new Constructed Boiler, for generating Steam in the great Quantities, with very little Fuel, invented by James Rumsey, in the Winter 1785," *Columbian Magazine*, **II**(1788): 275. Plate. 1.
67. H. P. Spratt, *The Birth of Steam Boat* (London: C. Griffin, 1958), 46.
68. Rumsey, "An Explanation of new Constructed Boiler," *Columbian Magazine*, **II** (1788): Plate. 1.
69. James Rumsey, *A Short Treatise on the application of steam, whereby is clearly shewn from actual experiments, that Steam may be applied to propel boats or vessels of any burthen against rapid currents with great velocity* (Philadelphia: Joseph James, 1788), 1028-1029. なお，この文献は，アメリカのある出版社から入手したものであるが，最初の頁には頁番号がなく，次頁から1014頁となっている．おそらく，幾つかの小冊子が製本されたものと思われるが，著者はその書誌情報を入手することはできなかった．
70. James Weir, Jr., "James Rumsey, Steamboat Inventor," *Engineering Magazine*, **9** (1895): 878-892. on p. 879.
71. Rumsey, *A Short Treatise on the application of steam* (1788), 1027-1028.
72. Rumsey, *A Short Treatise on the application of steam* (1788), 1020-1022.
H. P. Spratt, *The Birth of Steam Boat* (1958), 46-47.
73. スミスは，ラムゼーの特許として，1734号を記しているが，著者が確認したところ，この番号の特許は別の人物（James Tate）によって取得されていた．
E. C. Smith, *A Short History of Naval and Marine Engineering* (Cambridge, 1937), 6.
74. H. P. Spratt, *The Birth of Steam Boat* (1958), 30-31, 47-48.
75. H. P. Spratt, *The Birth of Steam Boat* (1958), 46-48.
76. H. P. Spratt, *The Birth of Steam Boat* (1958), 45.
77. 石谷らは次のように述べている．「技術はこのように主人持ちで自立性はないが，技術はそれに適した使用法で使うことを社会に強制し，いかに主人側の要求でも恣意的な要求には従わない．この理由の一つは，すべて技術では物的手段が強力に作用するが，物的手段は自然法則の厳格な支配を受けて人間の恣意を許さぬことである．第二の理由は，技術が究極的には労働生産性を尺度として耐えず社会から審査されるからだ．その結果技術の発展に技術固有の論理があらわれ，それは技術に対する外的指令の形を録らず，外的条件のもとで技術に内在する論理が発現する形になるのである．」
石谷清幹，赤木新介，加治増夫「船舶推進力変換技術の通史と展望」『日本機械学会誌』**83**, No. 742. (1980): 1139-1143. on p. 1142.
78. H. P. Spratt, *The Birth of Steam Boat* (1958), 40.
79. Robert Henry Thurston with a Supplementary Chapter by William N. Barnard, *A History of the Growth of the Steam-engine* (Ithaca; New York: Cornell University Press, London: Oxford University Press, Centennial Edition, 1939), 236.
80. Thurston, *A History of the Growth of the Steam-engine* (1939), 236-237.

[81] スプラットによると，この船は，時速3マイルで航行した．推進器は，12 ft. のオールを片舷に6本ずつ取り付けたもので，使用された機関は，凝縮器付きの低圧機関で，直径12インチ，ストローク3 ft. の水平式複動機関であった．船体の全長は45 ft.，深さ3.5 ft.，排水量9トンであるとのこと．H. P. Spratt, *The Birth of Steam Boat* (1958), 40-41.
[82] Thomas W. Knox, *The Life of Robert Fulton and A History of Steam Navigation* (G. P. Putnam's sons, 1886), 79.
[83] この3隻の全長は，それぞれ34 ft. 45 ft. 60 ft. であるとのこと．E. C. Smith, *A Short History of Naval and Marine Engineering* (Cambridge: Babcock and Wilcox, LTD., 1937), 6.
[84] Thurston, *A History of the Growth of the Steam-engine* (1939), 238-239.
[85] Thurston, *A History of the Growth of the Steam-engine* (1939), 238.
[86] Thurston, *A History of the Growth of the Steam-engine* (1939), 239.
[87] James Wier, Jr., "James Rumsey, Steamboat Inventor," *Engineering Magazine* 9 (1895): 878-882. on p. 881.
[88] John Fitch, Edited with Introduction and Notes by Frank D. Prager, *The Autobiography of John Fitch* (1976): 172.
[89] John Fitch, Edited with Introduction and Notes by Frank D. Prager, *The Autobiography of John Fitch* (1976): 10.
[90] H. P. Spratt, *The Birth of Steam Boat* (1958), 41-42. E. C. Smith, *A Short History of Naval and Marine Engineering* (1937), 6-10.
[91] Thurston, *A History of the Growth of the Steam-engine* (1939), 240.
[92] H. Philip Spratt, *The Birth of Steam Boat* (1958), 42-44.
[93] H. Philip Spratt, *The Birth of Steam Boat* (1958), 49.
[94] 杉浦昭典『蒸気船の世紀』NTT出版，1999年，64-65頁．
[95] Thomas W. Knox, *The Life of Robert Fulton and A History of Steam Navigation* (1886), 85.
[96] H. W. ディキンソン(磯田訳)『蒸気動力の歴史』，111頁．
[97] E. C. Smith, *A Short History of Naval and Marine Engineering* (1937), 12.
[98] 石谷清幹「蒸気動力史論―第2報：船用蒸気原動機単位出力発達史論」『科学史研究』第40号(1956年)16頁．
[99] 杉浦昭典『蒸気船の世紀』NTT出版，1999年，66頁．
[100] Thurston, *A History of the Growth of the Steam-engine* (1939), 252.
[101] H. W. Dickinson, *Robert Fulton: Engineer and Artist, His Life and Works* (London: John Lane, 1913), 136.
[102] H. W. Dickinson, *Robert Fulton* (1913), 154.
[103] 1793年イギリスが対仏大同盟に参加すると，フランスは1786年の英仏通商条約を破棄し，航海法など自国の産業を保護する政策を実施した．事実，フルトンの支援者でもあったパリ在駐アメリカ大使ロバート・リビングストン(Robert R. Livingston)は，1798年11月4日付けでワットに手紙を出し，ボールトン・ワット社から蒸気機関を購入しようとしたが，失敗している．
遅塚忠躬「大陸封鎖」『大百科事典』平凡社，Vol. 9, 1985年，157-158頁．
H. W. Dickinson, *Robert Fulton* (1913), 135-136.
[104] フラッシュ型の代わりに取り付けられたボイラについては，ディキンソンはH. W.

Dickinson, *Robert Fulton* (1913), 155. において，単純な外火式であったと述べているが，スプラットは H. Philip Spratt, *The Birth of Steam Boat* (1958), 67. において，水管ボイラの原形が使われたと述べている.

[105] Thurston, *A History of the Growth of the Steam-engine* (1939), 256.
[106] Thomas W. Knox, *The Life of Robert Fulton and A History of Steam Navigation* (1886), 94.
[107] Thurston, *A History of the Growth of the Steam-engine* (1939), 489-490.
[108] H. W. Dickinson, *Robert Fulton* (1913), 175-176.
[109] H. W. Dickinson, *Robert Fulton* (1913), 172-173.
[110] Robert Scott Burn, *The Steam Engine: Its History and Mechanism* (London: Ward, Lock and Tyler, 5th ed. 1870), 131.
H. W. Dickinson, *Robert Fulton* (1913), 326.
[111] H. Philip Spratt, *The Birth of Steam Boat* (1958), 64.
[112] H. W. Dickinson, *Robert Fulton* (1913), 179.
[113] H. W. Dickinson, *Robert Fulton* (1913), facing page 261, ディキンソンによると，オリジナルの図は建設局にあり，ワシントンの海軍省で修復されたとある.
[114] H. W. Dickinson, *Robert Fulton* (1913), 261.
[115] Thurston はフルトン一世の全長 167 ft.(51 m)，総重量 2,475 t であると述べているが，Dickinson によると，全長 156 ft.(48 m)，総重量 247.5 t とある. 重量に関しては，当時の船舶の水準から考えて 247.5 t が正しいものと思われる. ここでは Dickinson の記述を採用することにする.
[116] Thurston, *A History of the Growth of the Steam-engine* (1939), 261-263.
[117] H. W. Dickinson, *Robert Fulton* (1913), 133-134.
[118] E. C. Smith, *A Short History of Naval and Marine Engineering* (1937), 14.
[119] 杉浦昭典『蒸気船の世紀』NTT 出版, 1999 年, 72-73 頁.
[120] T. K. デリー，T. I. ウィリアムズ(平田　寛, 田中　実訳)『技術文化史』上, 筑摩書房, 1971 年, 365 頁.
[121] T. K. デリー，T. I. ウィリアムズ(平田, 田中訳)『技術文化史』上, 367 頁.
[122] E. C. Smith, *A Short History of Naval and Marine Engineering*, 15.
[123] H. Philip Spratt, *The Birth of Steam Boat* (1958), 88.
[124] ロンドン科学博物館所蔵. 著者撮影.
[125] 蒸気機関車の通史については, Robert Henry Thurston, *A History of the Growth of the Steam-engine* (1939), 144-220. を参照した. ロバート・スチーブンソンによるストックトン=ダーリントン鉄道については, Samuel Smiles, *The Life of George Stephenson* (Hawaii: University Press of Hawaii, 2001), 65-83. を参照した. また日本語で書かれた蒸気機関史に関する最近の著作である, 齋藤晃『蒸気機関車の興亡』NTT 出版, 1996 年初版第 1 刷, 1999 年初版第 4 刷, 2-36 頁も参考にした.
[126] 復水器を使わずに仕事をした後の蒸気を空気中に排出してしまっては，サイクル上の効率の改善は望めない. ただ排気をうまく利用してボイラ内の燃焼を高める工夫がなされている. ディキンソンは，トレビシックが行った排気に関する工夫に対し，次のような評価をしている. 「排気を煙突内に捨てて通風をよくする工夫の特許を彼がとっていたとすれば，彼は機関車の発達史に，独立復水器の特許によってワットが定置機関におよぼしたのと同様の支配力をおよぼすことができただろう.」
ディキンソン(石谷, 坂本訳)「蒸気機関—1830 年まで—」シンガー『技術の歴史』第

7巻, 157頁.
[127] Thurston, *A History of the Growth of the Steam-engine* (1939), 198.
[128] Michael R Bailey and John P Glithero, *The Stephenson's Rocket: A history of a pioneering locomotive* (NMSI Trading, 2002.), 15.
[129] アメリカで1804年ジョン・スティーブンス(John Stevens)が, 水管ボイラの原形となるようなボイラを製作した. ディキンソン『蒸気動力の歴史』, 153頁.
前述したが, フランスでは1803年ロバート・フルトンが, 大気圧の32倍もの蒸気圧を発生させることを目的に銅製フラッシュボイラを独自に設計・製造した. H. W. Dickinson, *Robert Fulton* (1913), 154. これら高圧ボイラは実用で使われることはなかった.
[130] トレビシック(Richard Trevithick, 1771-1833)は鋳鉄製の球形のボイラや, ウルフ(Arthur Woolf, 1766-1837)は鋳鉄製組み合わせボイラを作成している. H・W・ディキンソン(石谷, 坂本訳)「蒸気機関―1830年まで―」シンガー『技術の歴史』第7巻, 157頁., ディキンソン(磯田訳)『蒸気動力の歴史』151-153頁.
[131] トレビシックが高圧機関開発の当初遭遇した事故は, 当時, 高圧ボイラ製造がいかに困難であったかを例証している. ディキンソン(磯田訳)『蒸気動力の歴史』120-121頁.
[132] A・ストワーズ(石谷清幹, 坂本賢三訳)「定置蒸気機関―1830~1900―」チャールズ・シンガー『技術の歴史』筑摩書房, 第9巻, 1964年, 98頁.
[133] W. D. Wansbrough, *Modern Steam Boilers: The Lancashire Boiler* (1913), 3-5.
[134] ディキンソン(磯田訳)『蒸気動力の歴史』, 128頁.
[135] 「深さの浅いときには蒸気の締切りを早くすればよく, ポンプ・ロッドが長くなって重くなるにしたがって締切りを遅くすればよい.」
ディキンソン(磯田訳)『蒸気動力の歴史』, 128頁.
[136] ディキンソン(磯田訳)『蒸気動力の歴史』, 130頁.
また鋳鉄製ビームについての最近の研究としては, 次の論文がある. James ANDREWらによると, 曲げ荷重が働くようなビームには鋳鉄は不適切であること, ゆえにボールトン・ワット社によって製造されていた鋳鉄製ビームはその脆弱性ゆえに過度に頑丈に作られていたことが指摘されている.
James ANDREW, Jeremy STEIN, Jennifer TANN, Christine MACLEOD, "The Transition from Timber to Cast Iron Working Beams for Steam Engines: A Technological Innovation," *Trans. Newcomen. Soc.*, **70** (1998-99): 197-220.
[137] William Pole, partly written by himself, A Reprinted with an introduction by A. E. Musson, *The Life of Sir William Fairbairn, Bart* (First published in 1877 by Longmans Green and company, reprinted in 1970 by David Charles), 113-114.
[138] Richard Hills, *Power from Steam: A history of the Stationary steam engine* (Cambridge University Press, 1989, Transferred to digital reprinting 2000), 113.
[139] 三輪修三『ものがたり機械工学史』オーム社, 1995年, 90-93頁. 三輪修三「機械力学のあけぼの:車輪の釣合せと回転軸の危険速度問題」『日本機械学會論文集. C編』第57巻541号(1991年): 3063-3070. W. J. Macquorn Rankine, "On the Centrifugal Force of Rotating Shaft," *The Engineer*, **XXVII** (April 9, 1869): 249.
[140] Isambard Brunel, *The Life of Isambard Kingdom Brunel: Civil Engineer* (First published in 1870, reprinted by Nonsuch Publishing in 2006), 231 and L. T. C. Rolt, with an Introduction by R. A. Buchanan, *Isambard Kingdom Brunel* (First published by Longmans Green 1957, Reprinted with an introduction 1989), 313.
[141] D. S. L. Cardwell, Richard L. Hills, "Thermodynamics and Practical Engineering in

the Nineteenth Century," *History of Technology*, **1**, (1976): 1-20.
[142] カードウェル(金子監訳)『蒸気機関からエントロピーへ』, 114 頁.
[143] 三輪修三「回転機関の釣合せ技術の歴史」『科学史研究 第二期』第 29 巻(1990 年), 150-156. J. E. McConnell, "On the Balancing of Wheel," *Proc. Inst. Mech. Eng.*, (June 1848): 1-9.
[144] C・ハミルトン・エリス(古川光訳)「鉄道技術の発達」シンガー『技術の歴史』第 9 巻, 250 頁.
[145] 三輪修三「機械力学のあけぼの：車輪の釣合せと回転軸の危険速度問題」『日本機械学會論文集. C 編』**57** 巻 541 号(1991)：3063-3070 頁.
[146] ディキンソン(磯田訳)『蒸気動力の歴史』, 128-129 頁.
[147] ストワーズ(石谷, 坂本訳)「定置蒸気機関—1830〜1900—」シンガー『技術の歴史』第 9 巻, 99-100 頁.
[148] ディキンソン(磯田訳)『蒸気動力の歴史』, 162-163 頁. Dickinson, *A Short History of the Steam Engine* (1938), 137.
[149] ディキンソン(磯田訳)『蒸気動力の歴史』, 129-130 頁.
[150] ストワーズ(石谷, 坂本訳)「定置蒸気機関—1830〜1900—」シンガー『技術の歴史』第 9 巻, 101 頁.
[151] ストワーズ(石谷, 坂本訳)「定置蒸気機関—1830〜1900—」シンガー『技術の歴史』第 9 巻, 104 頁.
[152] エリス(古川訳)「鉄道技術の発達」シンガー『技術の歴史』第 9 巻, 262-265 頁.
[153] 1769 年の特許ではスコットランドはその範囲に含まれなかったが, 1775 年に延長された特許ではスコットランドも含むように変更された. British Patent A. D, 1769, No. 913. James Watt, "Steam Engines, & c." and British Patent No. 913. "Steam Engines, & c." Watt's Extension, Patent granted in 1769, extended in 1775. なおこのことはディキンソンも指摘している. Dickinson, *James Watt* (1935), 89.
[154] ディキンソン(磯田訳)『蒸気動力の歴史』, 98 頁.
[155] A. C. Todd, *Beyond the Blaze: Biography of Davies Gilbert* (D. Bradford Barton, 1967), 59.
[156] 石谷清幹『ボイラ要論』, 59 頁.
[157] W. D. Wansbrough, *Modern Steam Boilers: The Lancashire Boiler* (1913), 3-4.
[158] British Patent A. D, 1769, No. 913. James Watt, "Steam Engines, & c."
[159] ディキンソン(石谷, 坂本訳)「蒸気機関—1830 年まで—」シンガー『技術の歴史』第 7 巻, 140-163 頁.
[160] ディキンソン(磯田訳)『蒸気動力の歴史』, 114 頁.
[161] ディキンソン(磯田訳)『蒸気動力の歴史』, 108 頁.
[162] ディキンソン(磯田訳)『蒸気動力の歴史』, 124 頁.
[163] ディキンソン(磯田訳)『蒸気動力の歴史』, 206-207 頁.
[164] 熱力学が成立するのは, 1840 年代から 50 年にかけてである. さらに, 熱力学がイギリスの技術者に普及し, 熱力学を適用した蒸気機関が完成するのは, 1850 年代の後半になってからである. 詳しくは, 拙稿「19 世紀舶用ボイラ発達過程—ボイラ史の研究方法によせて—」『科学史研究』第 44 巻 236 号(2005 年), 191-202 頁や拙稿「19 世紀イギリスにおける技術者への熱力学の普及について」*SIMOT Pre-Doctoral Interim Report*, Vol. **2** No. 1 (Spring, 2006): 1-4. を参照されたい.
[165] De Pambour, *The Theory of the Steam Engine* (London: J. Weale, 1839).

[166] Milton, Kerker, "Sadi Carnot and the Steam Engine Engineers," *ISIS*, Vol. **51**. Part3 No. 165, (1960): 257-270.
[167] 高山 進「「蒸気機関の理論」の成立史」『科学史研究』第17巻(1978年), 90-100頁.
[168] 高山 進「「蒸気機関の理論」の成立史」『科学史研究』第17巻(1978年), 95頁.
[169] 高山 進, 道家達将「Clausiusの熱力学形成過程における水蒸気論の位置付け」『東京工業大学人文論叢』**2**(1976)：51-67.
[170] Peter Kroes, "On the Role of Design in the Engineering Theories; Pambour's Theory of the Steam Engine," edited by Peter Kroes and Martijn Bakker, *Technological Development and Science in the Industrial Age: New Perspectives on the Science-Technology Relationship* (Kluwer Academic Publishers, 1992): 69-98.
[171] ディキンソン(磯田訳)『蒸気動力の歴史』, 202頁.
[172] カードウェル(金子監訳)『蒸気機関からエントロピーへ』, 63頁.
[173] 当時,「科学者scientist」という職業が, 一般に認められていたかどうかについて, 疑問は残る. 科学史研究においては, 科学研究によって生計を立てる専門職業人としての科学者が登場するのは, 19世紀に入ってからのことだとされている. 1833年, ウィリアム・ヒューエル(William Whewell, 1794-1866)は, それまで「自然哲学者natural philosopher」と呼ばれていた科学研究者を「科学者scientist」と呼ぶよう提案した. 伊東俊太郎, 坂本賢三, 山田慶児, 村上陽一郎編集『[縮尺版]科学史技術史事典』弘文堂, 1994年.「科学者」(成定薫)174頁.「ヒューエル」(梅田淳)861頁.
[174] ワットは1769年の特許明細書の中で, 自分の職業を「商人(Merchant)」としている. British Patent A. D, 1769, No. 913. James Watt "Steam Engines, & c. Watt's Specification."
なお, その後延長された特許明細書においては, 自身の職業を"Engineer"と称した. これは, この数年間に技術者に対する呼称に対して, ワット自身の意識においてか, もしくは社会的に重要な重大な変化があったと思わせる十分な証拠になると考えられる. British Patent A. D, 1769, No. 913. James Watt "Steam Engines, & c. Watt's Extension."
[175] ディキンソン(磯田訳)『蒸気動力の歴史』, 108頁.
[176] British Patent A. D, 1769, No. 913. James Watt "Steam Engines, & c. Watt's Specification."
[177] H. W. Dickinson, *A Short History of the Steam Engine* (1938), 84. (1782年のワットの特許明細書からの引用). なおこの特許明細書(特許番号1321)は, Eric Robinson, A. E. Musson, *James Watt and the steam revolution: A Documentary History* (London: Adams & Dart, 1969), 89-94. に収録されている.
[178] 1769年5月, グラスゴーのワットからバーミンガムのスモールへ宛てた手紙.「現在では損失になっているのですが, 蒸気が真空中に突入していく動力を利用することによって蒸気の効果を2倍にする方法を, 私はあなたに話しました. これはほぼ2倍の効果を生みますが, しかし, すべての機関で使われている容器は大きすぎます. 特に回転機関に適用する場合はなおさらです. そして蒸気の力だけが使用される凝縮器の能力の不足が生じるかもしれません. 蒸気バルブの一つを開け, ストロークの四分の一の距離まで蒸気を入れたところで, 次のバルブは蒸気で満たされます. そのとき, バルブを閉めて下さい. 蒸気は膨張し続けるでしょう. そして車輪を回し続けるでしょう. 出力を減らしながら, そして最初の四分の一での力が無くなるまで……」
John Farey, *A Treatise on the Steam Engine, Historical Practical, and Descriptive*,

Volume 1 (Originally published in 1827, David & Charles Limited, 1971): 339. なおこの手紙をカードウェルも引用している．それによると日付は，1769年5月28日付けで，所蔵は，Assay Office Library, Birmingham とある．
D. S. L. Cardwell, *From Watt to Clausius: The Rise of Thermodynamics in the Early Industry Age* (Originally published in 1971, reprinted in 1989), 302.
カードウェル（金子監訳）『蒸気機関からエントロピーへ』，373頁．

[179] 小林 学「デービス・ギルバートとコーンウォールの技術者たち—動力技術開発における技術者と科学者との交流」『科学史研究』第50巻258号（2011年），123頁．（日本科学史学会第57回年会シンポジウム報告「シンポジウム：18世紀科学史に見る理論と実践の相互作用—2010年度年会報告—」『科学史研究』第50巻258号（2011年），111-125頁．，コーディネーター：野津 聡，パネリスト：中澤 聡，野澤 聡，但馬亨，隠岐さや香，小林 学）．
山本義隆『熱学思想の史的展開2—熱とエントロピー』筑摩書房，ちくま学芸文庫，2009年，209-211頁．

[180] Eric Robinson, A. E. Musson, *James Watt and the steam revolution: A Documentary History* (London: Adams & Dart, 1969), 98-99. 山本義隆『熱学思想の史的展開2』筑摩書房，2009年，204-208, 209-211頁．

[181] 山本義隆『熱学思想の史的展開2』筑摩書房，2009年，209-215頁．

[182] ただこのことと，高圧蒸気機関の実用化は同じことではないということを断っておく．またワットがpv線図と仕事との関係を最初に理解した人物だということも意味していない．

[183] 例えば，当時の技術者が熱と蒸気の性質に関してどのような理解をしていたかについてヒルズは，次のように言及している．「スミートン，ブリンドニー，エワート，フェアベアンのようなワット以降の技術者は，ワットがブラックともったような科学との関係をもたなかった．そして水の圧力や重さについて想定した水力学から理論を導き出した．」
Richard Hills, *Power from steam*, 162.

[184] カードウェル（金子 務訳）『蒸気機関からエントロピーへ』，95-97頁．

[185] 小林 学「最初の近代技術者，ジョン・スミートン」『材料技術』Vol. **26**, No. 3 (2008, 5-6), 137-140頁．

[186] スミートンは"Power"の定義を次のようにしている．「動作を生み出すための力，重力，衝撃もしくは圧力といった力の発揮を表す．そして力，重力，衝撃もしくは圧力を用いて，運動を発生し，効果（effect）を生み出す能力を表す…」ここでは，powerが圧力によっても生じるとしているが，スミートンが扱っている水車では，圧力は利用できない．
John Smeaton, "An Experimental Enquiry Concerning the Natural Powers of Water and Wind to Turn Mills, and Machines, Depending on a Circular Motion," *Philosophical Transactions*, **51**, Part 1 (1759): 100-174. on p. 105.

[187] *Ibid*., pp. 124-131.

[188] *Ibid*., p. 130.

[189] カードウェル（金子監訳）『蒸気機関からエントロピーへ』，97頁．

[190] スミートンは，水の水位によって駆動される水車を上掛け水車に，水の運動エネルギーによって駆動される水車を下掛け水車に区分した．そして論文の最後にスミートンは，胸掛け式水車の効率に対して次のように述べている．「そのような水車（著者—胸掛け

水車)の効果は, 容器の水位と水が水車を撃つ地点との差に等しい水頭をもつ下掛け水車の効果と, 水が水車を撃つ地点と放水路の水位との差に等しい水頭をもつ上掛け水車との効果との和になる.」
Smeaton, "An experimental Enquiry concerning the natural Powers of Water and Wind to turn Mills, and Machines," *Philosophical Transactions*, **51**, Part 1 (1759): 137-138.

[191] *Ibid.*, p. 102.

[192] トリチェリの法則とガリレオの落体の法則との関係について, ラウスとインスは, ドガ (Dugas, R., *Historie de ka Mêcanique*, Paris, 1950)を引用し, 次のように述べている. 「流出する問題に対するトリチェリの解は, タンクの底のオリフィスから等しい時間増分での流出する量は, 時間の最後の増分から最初の増分まで, 連続奇数の割合, つまり 1, 3, 5…倍で増加するという彼の観察から生じたものであった. それで, この関係とガリレオの落下体の法則に関する発表との類似性から示唆を得て, 彼は噴流を, 当初の表面の高さによって支配される速度で自由に落下する粒子の連続として処理したと想像される.」
H. ラウス・S. インス(高橋裕・鈴木高明訳)『水理学史』鹿島出版会, 1974 年, 55 頁.

[193] *Hydrodynamics*
Daniel Bernoulli, &, *Hydraulics*
Johann Bernoulli; translated from the Latin by Thomas Carmody and Helmut Kobus; preface by Hunter Rouse. (New York: Dover Publications, 1968), 14.

[194] 以上に述べたダニエルによるトリチェリの定理の証明からベルヌーイの定理への展開に関しては, 野澤聡氏からご指摘をいただいた.

[195] Daniel Bernoulli, *Hydrodynamics* (1968), 291.

[196] Daniel Bernoulli, *Hydrodynamics* (1968), 292-293.

[197] 以上に述べたベルヌーイの定理および斜面を転がる物体との比較に関しては, 野澤聡氏が 2006 年 6 月 20 日火ゼミで行った発表「ヨハン・ベルヌーイの流体力学研究」とその発表後の議論で山崎正勝氏が述べた見解である. ここに厚く感謝したい.
なお, 今日の流体力学によると, ダニエルの証明は正確とは言えない. 実際, 流体は水槽上部から水槽下部に向かってだんだんと加速することになる. このことをご教示してくださった山崎正勝氏と野澤聡氏に感謝する. もう少し詳しく言えば, ダニエルは, acbd 間で水が加速するとしているが, 管の断面積が同じで重力による影響が管内を通じて同じ場合には連続なので加速しない. このことをご教示してくださった山崎正勝氏に感謝する.
「ベルヌーイの定理」『世界大百科事典』平凡社, 1988 年初版, 1989 年第 4 版, 627 頁.

[198] カードウェル(金子監訳)『蒸気機関からエントロピーへ』, 115 頁.

[199] T・S・レイノルズ(末尾至行, 細川猷延, 藤原良樹訳)『水車の歴史—西欧の工業化と水力利用』平凡社, 1989 年, 363-367 頁.

[200] レイノルズ(末尾, 細川, 藤原訳)『水車の歴史』, 366 頁.

[201] レイノルズ(末尾, 細川, 藤原訳)『水車の歴史』, 366 頁.

[202] レイノルズ(末尾, 細川, 藤原訳)『水車の歴史』, 366 頁.

[203] H. W. Dickinson and Arthur Titley, *Richard Trevithick, The Engineer and The Man* (Cambridge: First published 1933, Second Impression 1934), 39-42.

[204] H. W. Dickinson and Arthur Titley, *Richard Trevithick, The Engineer and The Man* (1934), 41. それによると, この図は, *Trans. Chesterfield and Derbyshire Mining*

Engineers (1884) から引用したものであるとのこと.
205 以上のようなある集団が用いる知識体系については,2006年12月12日,著者が野澤聡氏と行った議論に大きな示唆を受けた.野澤氏は,ある集団が用いる知識の体系を「モデル」という用語で説明した.
206 D. S. L. Cardwell, "Power Technologies and the Advance of Science," *Technology and Culture*, **6**, No. 2. (1965): 188-207. カードウェル『蒸気機関からエントロピーへ』,119頁.
207 カードウェル(金子監訳)『蒸気機関からエントロピーへ』,119頁.
208 カードウェル(金子監訳)『蒸気機関からエントロピーへ』,119-120頁.
209 カードウェル(金子監訳)『蒸気機関からエントロピーへ』,74頁.
210 カードウェルは, Robert Schonfield, *The Lunar Society of Birmingham* (Oxford University Press, 1963), p. 65 や G. R. Talbot, *Origins and Solutions of Some Problems in Heat in the Eighteenth century*, pp. 13.38 から引用し,このことを述べている.カードウェル(金子監訳)『蒸気機関からエントロピーへ』,74頁.
211 John Robison, "Steam," *Encyclopædia Britannica*, 3rd ed, **17** (1797): 734.
212 カードウェル(金子監訳)『蒸気機関からエントロピーへ』,75頁.
213 カードウェル(金子監訳)『蒸気機関からエントロピーへ』,75頁.
214 高山 進,道家達将「Clausiusの熱力学形成過程における水蒸気論の位置付け」『東京工業大学人文論叢』**2** (1976): 51-67. on p. 53.
215 D. S. L. Cardwell, "Power Technologies and the Advance of Science," *Technology and Culture*, **6**, No. 2. (1965): 188-207. カードウェル『蒸気機関からエントロピーへ』,119頁.
216 ここで使われている用語 elasticity についてだが,現在では「弾性」と訳すのが一般的であるが,当時は「圧力」と同じ意味で使われることが多かったようであるし,またここでの意味も「圧力」のことだと考えられるので,訳は「圧力」とした.
Abraham Rees; edited by Neil Cossons, *Rees's manufacturing industry (1819-20): a selection from 'The cyclopædia; or, Universal dictionary of arts, sciences and literature'* (London: Longmans, 1819, reprint Newton Abbot: David and Charles, 1972) Vol. **V**, 114.
217 ギディは,コーンウォールの St. Earth に生まれ,オックスフォード大学に学び Thomas Beddoes と親交を結んだ.1789年に Master of Arts を取得,1792年から1793年にかけてコーンウォールの執政長官になった.1808年 Mary Ann と結婚した.彼女は Thomas Glibert なる人物の一人娘で唯一の遺産相続人であった.1817年にギディはギルバート(Gilbert)と名前を変えた.1827-1830年にかけて Royal Society の会長を務めた.
George Smith; edited by Sir Leslie Stephen and Sir Sidney Lee, *The dictionary of national biography: from the earliest times to 1900/founded in 1882* (London: Oxford University Press: Humphrey Milford, 1917-) Vol. **VII**, 1202-1203.
David Philip Miller, "Davies Gilbert," *Oxford Dictionary of National Biography Online*.
Michael Neve, "Thomas Beddoes," *Oxford Dictionary of National Biography Online*.
218 Davies Gilbert, "On the expediency of assigning specific names to all such functions of simple elements as represent definite physical properties; with the sugges-

tion of new term in mechanics; illustrated by an investigation of the machine moved by recoil, and also by some observation on the Steam Engine," *Philosophical Transactions*, **117** (1827): 25-38. on p. 34.

[219] *Ibid.*, pp. 35-36.
[220] カードウェル（金子監訳）『蒸気機関からエントロピーへ』, 114-120 頁.
[221] Hills, *Power from steam*, 164.
[222] Hills, *Power from steam*, 165.
[223] Benjamin Count of Rumford, "An Inquiry concerning the Source of the Heat Which is Excited by Friction," *Philosophical Transactions*, **88** (1798): 80-102.
[224] Humphry Davy, "An Essay on Heat, Light, and the Combinations of Light," *Contributions to Physical and Medical Knowledge, principally from the West England*, Collected by Thomas Beddoes (1799).
[225] 「ラムフォード伯の「熱運動説」はきわめて素朴な前理論的段階であったのにひきかえ, 熱素説はいくつかの熱現象の定量的説明に成功し, また「運動論」からの批判に充分に対処できるだけの融通性と一貫性を備えていた.」山本は 1987 年初版の同書では, この点に何の引用もしていないが, 2009 年出版の文庫版では, Lilley (1948) を引用している. 残念ながら, 文庫版では, 引用が著者名だけしか記されておらず, 当該図書を特定できない. 山本義隆『熱学思想の史的展開 2』筑摩書房, 2009 年, 132 頁, 412 頁.
[226] Andrede, "Two Historical Notes: Humphry Davy's Experiments on the Frictional Development of Heat," *Nature*, **135** (1935): 359-60.
[227] カードウェル（金子監訳）『蒸気機関からエントロピーへ』, 142 頁.
[228] David Knight, *Humphry Davy: Science and Power* (Cambridge, University Press, First published 1992, Paperback edition 1998), 43.
[229] トーマス・ベドーズは, Shropshire に生まれ, 1779 年オックスフォード大学で BA を取得し, エジンバラ大学でジョセフ・ブラックの影響を受けた. 1786 年 MB と MD を取得し, さらに化学を生理学や人間の健康増進に役立てようと企画し, ジェームズ・ワットの協力を得た. 1798 年 10 月ハンフリー・デービーをブリストルに招聘し, 1799 年に気体研究所 (Pneumatic Institution) を同地に設立した.
Michael Neve, "Beddoes, Thomas" *Oxford Dictionary of National Biography Online*.
[230] Letter from Beddoes to Davies Giddy, 14th April 1798. Cornwall Record Office 所蔵.
[231] Humphry Davy, "An Essay on Heat, Light and the Combinations of Light," *Contributions To Physical And Medical Knowledge, Principally From The West Of England*, Collected By Thomas Beddoes (1799).
[232] "An Essay on Heat, Light and the Combinations of Light," のデービー直筆の草稿は, The Cortney Library: Royal Institution of Cornwall に所蔵されている.
[233] June Z. Fullmer, *Young Humphry Davy: The Making of an Experimental Chemist* (American Philosophical Society, 2000), 92.
[234] Letter from Davies Giddy to J H Sunbury, 5 Nov 1798, Cornwall Record Office 所蔵.
[235] エジンバラ生まれの化学者, 企業家. ボールトンとワットの事業に一時参加していた.
Barbara M.D. Smith, "Keir, James" *Oxford Dictionary of National Biography Online*.

[236] Letter from Davy to Giddy Feb. 22, 1799, The Davy Letters project website, http://www.davy-letters.org.uk/
[237] Philip Payton, "Trevithick, Richard" *Oxford Dictionary of National Biography Online*.
[238] Francis Trevithick, *Life of Richard Trevithick: with an account of his inventions* Vol. 1 (E. and F. N. Spon, 1872, Reprinted by Adam Gordon, 2006), 112., Letter from Richard Trevithcik and Andew Vivian to Davies Giddy 16th Jan. 1802. Trevithick MSS. Vol. 1 No. 2, Royal Institution of Cornwall 所蔵.
[239] H. H. P. Powles, *Steam Boilers Their History and Development* (London: Archibald Constable, 1905), 40-41.
[240] 著者にこのことを考える上で大きな示唆を与えてくれた金山浩二氏に御礼申し上げる.
[241] Keith Hutchinson, "Herapath, John," *Oxford Dictionary of National Biography Online*.
[242] このことをご教示くださった野澤聡氏に御礼申し上げる.
[243] G. R. Talbot and A. J. Pacey, "Some Early Kinetic Theories of Gases: Herapath and his Predecessors," *Br. J. Hist. Sci.*, 3 (1966): 140, 145.
[244] Herapath, "A Mechanical Inqurey in to the Causes, Laws, and principal Phenomena of Heat, Gases, Gravitation, & c", *Ann. Phil*, n.s. Vol. 1 (1821): 346.
[245] ヘラパスの見解については、例えば、カードウェル『蒸気機関からエントロピーへ』, 187-191頁. 山本義隆『熱学思想の史的展開2』筑摩書房, 2009年, 156-163頁を見よ.
[246] Stephan G. Brush, "The Royal Society's First Rejection of the Kinetic Throry of Gases (1821): John Herapath versus Humphry Davy," *Notes Rec. R. Soc, Lond.*, 18 (1963): 161, 163.
[247] Talbot and Pacey, "Some Early Kinetic Theories of Gases: Herapath and his Predecessors," *Br. J. Hist. Sci.*, 3 (1966): 143. Talbot and Pacey は Davy, *Elements of Chemical Philosophy*, (London, 1812), 95. を引用しているが、正しくは53頁である.
[248] 山本義隆『熱学思想の史的展開2』筑摩書房, 2009年, 160頁. Herapath, "A Mechanical Inqurey in to the Causes, Laws, and principal Phenomena of Heat, Gases, Gravitation, & c." *Ann. Phil*, n.s. Vol. 1 (1821): 280.
[249] G. R. Talbot and A. J. Pacey, "Some Early Kinetic Theories of Gases: Herapath and his Predecessors," *Br. J. His. Sci.*, 3 (1966): 144. カードウェルもこの部分を引用している. 『蒸気機関からエントロピーへ』187-191頁を見よ.
[250] この内容をご教示くださった木本忠昭氏にも厚く御礼申し上げる.
[251] 中島秀人氏は、これが問題になるのは水蒸気の断熱膨張のときであるとの見解をしてくださった. 厚く御礼申し上げる.
[252] Francis Trevithick, *Life of Richard Trevithick: with account of his inventions* Vol. 1, 2. (E. and F. N. Spon, 1872, Reprinted by Adam and Gordon, 2006).
[253] H. W. Dickinson and Arthur Titley, *Richard Trevithick* (1934), 43-44.
[254] ARTHUR CECIL TODD, *THE LIFE OF DAVIES GILBERT (1767-1839), A Study in Patronage and Political Responsibility* (being the approved subject for the Degree of Doctor of Philosophy in the University of London, 1957-58).
[255] A. C. Todd, *Beyond the blaze: A Biography of Davies Gilbert*, (D. Bradford Barton, 1967).
[256] Letter from Giddy to Hornblower, 5 June 1791, Hornblower papers No. 6, Royal

Institution of Cornwall 所蔵.
[257] H. W. Dickinson, "Some Unpublished Letters of James Watt," *Proc. Inst. Mech. Eng.*, (1915): 487-534. on pp. 526-7. またこの手紙は様々な著述家によっても引用されている.
ディッキンソン(原 光雄訳)『ジェームズ・ワット』創元社, 1941 年, 231-232 頁.
[258] Davies Gilbert, "On the expediency of ...," *Philosophical Transactions*, **117** (1827): 25-38. on p. 34.
[259] *Ibid.*, pp. 33-34.
[著者による注]ギルバート(ギディ)による説明は, 少しわかりにくいが, おそらくは次のことを述べているのだと思う. すなわち, 行程を, 蒸気が流入している間と蒸気を閉めきって蒸気を断熱膨張させる時の 2 つに分けて, 前者[1]の行程を AB' とし, 後者[2]の行程を B'B とすると,
[1] ピストンが A から B に移動する時, 圧力 P で一定. その時に気体のなす仕事は, P (=1), AB'=1 とすると,
　　$P \times AB' = 1$
となる.
[2] ピストンが B' から B に移動する時, 圧力は P(=1)から P' に降下する. その時の圧力と体積の関係は, ボイルの法則に従うとすると, 次の式が成り立つ.
　　$P \times AB' = P' \times (AB' + x)$
P=1, AB'=1 とすると, 膨張後の圧力 P' は
$$P' = \frac{1}{1+x}$$
となる. efficiency(現在では work)を微分したものは,
$$\frac{\dot{x}}{1+x} \text{ もしくは } \frac{1}{1+x}\frac{dx}{dt}$$
となる. したがってピストンが B' から B に移動した時になす仕事 efficiency は,
$$efficiency = \int \frac{1}{1+x}\frac{dx}{dt}dt = \int \frac{1}{1+x}dx = \log|1+x| + C \text{ (ただし C は積分定数)}$$
ここで初期条件($x=0$ のとき, 仕事=0)を与えて, 積分定数 C を求めると, C=0 となる.
ゆえに $efficiency_{B' \to B} = \log|1+x|$
[1][2]から, ピストンが A から B に移動する時になす仕事は,
$efficiency_{A \to B} = 1 + \log|1+x|$
となる.
[260] A. J. Pacey and S. J. Fischer, "Notes and Communications: Daniel Bernoulli and the Vis-Viva of Compressed Air," *Br. J. Hist. Sci.*, **3** (1967): 388-392.
[261] Daniel Bernoulli *Hydrodynamics*, &, Johann Bernoulli *Hydraulics*; translated from the Latin by Thomas Carmody and Helmut Kobus; preface by Hunter Rouse. (New York: Dover Publications, 1968), 257-258.

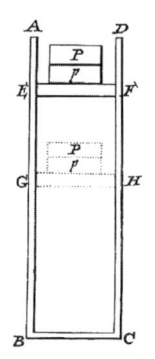

図52 ダニエル・ベルヌーイによる空気を圧縮する際の活力
(Daniel Bernoulli, *Hydrodynamics* (1968), 258)

図52を見ていただきたい。ピストンEFは自由に動くものとする。EBCF内の空気の圧力は錘pを支えている。今、もう1つの錘Pを乗せると、ピストンはGHまで降下する。

FC＝a, FH＝x, ピストンがEFからGHまで動く速度をvとすると、ピストンGHが受けるバックプレッシャー P_b は、ボイルの法則から $P_b=\dfrac{a}{a-x}P$ で与えられ、したがってピストンGHに働く力は $P+p-\dfrac{a}{a-x}p$ となる。この力を質量によるものと、時間増分 $\dfrac{dx}{v}$ によって加速力によるものとに分割出来るとすると、速度の増分 dv は、次の式で与えられる。

$$dv=\left(P+p-\frac{ap}{a-x}\right)\frac{dx}{v}\bigg/(P+p)$$

これを不定積分して、初期条件(x＝0のときv＝0)を与えて積分定数を求めると次のようになる。

$$\frac{1}{2}(P+p)v^2=x(P+p)-ap\times\log\frac{a}{a-x}$$

この式は、ピストンが下がる時の運動エネルギーを、質量P＋pが持つ位置エネルギーと圧力が持つエネルギーとの和として表現している。しかし、いずれにせよ、ピストンが下がる時の運動エネルギーは、移動距離 x の関数として表現されているのである。

[262] 以上の、ダニエルとギルバート(ギディ)との違いに関してのパーシーとフィッシャーの見解は、下記の文献を参照した。
A. J. Pacey and S. J. Fischer, "Notes and Communications: Daniel Bernoulli and the Vis-Viva of Compressed Air," *Br. J. Hist, Sci*, **3** (1967): 392.

[263] カードウェル(金子監訳)『蒸気機関からエントロピーへ』、226頁.

[264] *Encyclopædia Britannica* 3rd ed., "Steam" (1797).

[265] John Robison, *A System of Mechanical Philosophy* Vol. **2** (1822).

[266] John Robison, *A System of Mechanical Philosophy* Vol. **2** (1822), plate II.

[267] Letter from Trevithick to Giddy 4 April 1792. Royal Institution of Cornwall 所蔵.

[268] トレビシックはギディに次のような質問をしている。「「蒸気の力を数気圧にまで上げ、

蒸気を凝縮させずに排出してしまうように作動させると, 蒸気機関の出力の損失はどの程度になるだろうか.」ギルバートは,「出力の損失は, 摩擦を伴う空気ポンプの節約分それに多くの場合は凝縮水の節約分が差し引かれて一気圧になるだろう」と答えた. この返事を受けとった時のトレビシックは, ギルバートの言によれば「これほど喜んだものを今まで見たことはなかった.」」
ディキンソン(磯田訳)『蒸気動力の歴史』, 114頁.

[269] British Patent A. D, 1803, No. 2726. Arthur Woolf, "Steam and other Boilers".
[270] British Patent A. D, 1804, No. 2772. Arthur Woolf, "Steam Engines".
[271] British Patent A. D, 1804, No. 2772. Arthur Woolf, "Steam Engines", 4.
[272] マチョスは, ウルフの蒸気に対する考えを次のように述べている.「膨張の作用及び蒸気の特質不明確にしか把握せず, 部分的にはそれについて誤った観念を抱いていた.」
マチョス(高山洋吉編)『西洋技術人名辭典』北隆館, 1946年, 83頁.
ディキンソンも, ウルフの蒸気の性質に関する過ちを指摘し, 次のように述べている.「彼は1804年の特許(番号2772)の明細で述べているように一平方インチ20, 30ポンド等々の蒸気はそれぞれその体積の20倍, 30倍の体積にまで膨張したあとも大気圧と同じ圧力を持つと思いこんでしまった. その結果, 彼のつくった高圧シリンダは小さすぎ, 容積で低圧シリンダの18分の1しかなく, この機関は計画通りには作動しなかった. ウルフは考えられるあらゆる手だてを試みたが, ただ一つ正しい対応だけは行っていない.」
ディキンソン(磯田訳)『蒸気動力の歴史』, 122頁.
[273] Letter from Arthur Woolf to Davies Gilbert, 29th December 1827, Trevithick MSS, Vol. I, No. 108, Royal Institution of Cornwall 所蔵.
[274] Rhys Jenkins, "A Cornish Engineer: Authur Woolf," *Trans. Newcomen. Soc.* Vol. **13**. (1932): 55-73.
[275] ディキンソン(磯田訳)『蒸気動力の歴史』, 122頁.
[276] A. J. Pacey and S. J. Fischer, "Notes and Communications: Daniel Bernoulli and the Vis-Viva of Compressed Air," *Br. J. His. Sci.*, **3** (1967): 388-392.
[277] 近年, デービス・ギルバートとトレビシックとの関係について, ギルバートはこれまで言われてきたようにはトレビシックを支援していなかったという主張がHopkinsによってなされた. この主張に対する検証はまた次の機会に譲りたい. Philip M. Hosken, *The Oblivion of Richard Trevithick*, (Trevithick Society, 2011).
[278] ギルバートとホーンブロワーやトレビシックとの関係については, 次の論文が詳しい.
A. C. TODD, "Davies Gilbert-Patron of Engineers (1767-1839) and Jonathan Hornblower (1753-1815)," *Trans. Newcomen. Soc.*, **32** (1959): 1-14.
なお著者によるこの節に関する詳しい研究は, 小林 学「デービス・ギルバートとコーンウォールの技術者たち―動力技術開発における技術者と科学者との交流」『科学史研究』第50巻258号(2011年), 122-125頁(日本科学史学会第57回年会シンポジウム報告「シンポジウム: 18世紀科学史に見る理論と実践の相互作用―2010年度年会報告―」『科学史研究』第50巻258号(2011年), 111-125頁, コーディネーター: 野澤 聡, パネリスト: 中澤 聡, 野澤 聡, 但馬 亨, 隠岐さや香, 小林 学)を参照されたい.
[279] 山本義隆『熱学思想の史的展開』現代数学社, 1987年, 186-215頁.
[280] 山本義隆『熱学思想の史的展開』現代数学社, 1987年, 215頁.
[281] John Farey, *A Treatise on the Steam Engine* Volume **1**, 71.

ヒルズは，このファーレーの記述を引用して，蒸気圧力が，温度の増大よりも急速に増大するという事実が，人々に高圧蒸気機関は，安価な動力源になるのではないかという希望をいだかせたこと，そして圧力を蒸気の実際の駆動力として見なしたことを指摘している．またヒルズによれば，ファーレーの他の仕事でも，彼は蒸気機関の動力として熱ではなく圧力を見なしているとのことである．
Richard Hills, *Power from steam*, 163.

[282] 「膨張の潜熱」を現代的に言えば，蒸気が膨張して仕事をする際に失う仕事にほかならない．この時，熱は保存されず，仕事に変換される．ただ全体で言えば，エネルギーは保存されることにはなる．

[283] John Farey, *A Treatise on the Steam Engine* Volume 1, 399.
ヒルズも当時の熱に関する理論として，この記載を引用している．
Richard Hills, *Power from steam*, 163.

[284] 「チャールズ・シルヴェスターのような有能な技術者は，高圧機関がいままで主張されてきたほど効率的ではないと反論できた．蒸気の圧力がその密度に比例（ボイルの法則）し，またすべての人々が認めるように，一定量の蒸気の全熱量が一定（ワットの法則）ならば，消費される燃料は圧力に伴って増加するにちがいないということなり，したがって高圧での作動にはそれに特有の利点はありえない．」
カードウェル（金子監訳）『蒸気機関からエントロピーへ』，216頁．

[285] 「コーンウォール機関の優れた利点は主としてそれらの発明者（著者注：おそらくアーサー・ウルフのこと）が想定した蒸気機関に関する幾つかの誤ったデーターに起因するものであり，そして他の多くの人々—ヘラパスさえも同じ過ちに陥らせたように思われる．」Charles Sylvester, "Observations on the Presence of Moisture in Modifying the Specific Gravity of Gases," *Ann. Phil*, n.s. Vol. IV (1822): 29-31. on p. 30.
なおカードウェルは，シルベスターがプリドーに応酬されたことも述べている．以上の記述はカードウェル（金子監訳）『蒸気機関からエントロピーへ』216-217頁を参照されたい．

[286] D. S. L. Cardwell, *From Watt to Clausius*, (1971), 164.

[287] 熱力学が成立するのは，1840年代から50年にかけてである．さらに，熱力学がイギリスの技術者に普及し，熱力学を適用した蒸気機関が完成するのは，1850年代の後半になってからである．詳しくは，拙稿「19世紀舶用ボイラ発達過程—ボイラ史の研究方法によせて—」『科学史研究』第44巻 236号（2005年），191-202頁や拙稿「19世紀イギリスにおける技術者への熱力学の普及について」*SIMOT Pre-Doctoral Interim Report*, Vol. 2 No. 1 (Spring, 2006): 1-4. を参照されたい．

[288] 「クレマンとデゾルムがワットの法則を知らなかったことは，クレマンにシャープの研究について話すまで彼らがそれについて何も知らなかったというトーマス・トムソンの指摘によって部分的に確証されている．多くの人々と同じくトムソンもシャープの論文がワットの法則を確認したものと誤解していた．トムソンはこの分野に関するマンチェスター学派の研究をフランスへ伝えるのを媒介していたと思われる．つまるところ，彼はドルトンの親密な弟子かつ『アナルズ・オブ・フィロソフィー』の編集者であり，フランスと関係があったことは確かである．」
カードウェル（金子監訳）『蒸気機関からエントロピーへ』，217-218頁. Cardwell, *From Watt to Clausius*, 171.

[289] サジ・カルノー（広重 徹訳と解説）『熱機関の研究』みすず書房，1973年，67頁．

290 De Pambour, *The Theory of the Steam Engine* (London: John Weale, 1839).
291 De Pambour, *The Theory of the Steam Engine* (London: John Weale, 1839), 84-88.
292 De Pambour, *The Theory of the Steam Engine* (London: John Weale, 1839), 59-77.
293 高山　進, 道家達将「Clausius の熱力学形成過程における水蒸気論の位置付け」『東京工業大学人文論叢』**2** (1976): 51-67. on p.54.
294 山本は, この2つを「比熱・潜熱パラダイム」と「熱量保存則」と呼んだ. 山本によれば, たいていの歴史書は, この2つは「不可分のもののように扱っているが, 歴史的にはそうであっても論理的にはそうではない.」と指摘している.
山本義隆『熱学思想の史的展開』現代数学社, 1987 年, 283-284 頁.
295 「高圧機関の利点は要するに, より大きな熱素の落差を利用できるということにある. 高圧のもとで発生する蒸気はいっそう高い温度になる. そして, 凝縮器のほうの温度はいつもほとんど同じであるから, 熱素の落差は明らかにずっと大きくなる」サジ・カルノー(広重　徹訳と解説)『熱機関の研究』みすず書房, 1973 年, 81 頁. またカードウェルも同様の箇所を引用している. カードウェル(金子監訳)『蒸気機関からエントロピーへ』, 259-260 頁.
296 カードウェル(金子監訳)『蒸気機関からエントロピーへ』, 247 頁.
297 サジ・カルノー(広重徹訳と解説)『熱機関の研究』みすず書房, 1973 年, 20-21 頁.
298 サジ・カルノー(広重徹訳と解説)『熱機関の研究』みすず書房, 1973 年, 51 頁.
299 サジ・カルノー(広重徹訳と解説)『熱機関の研究』みすず書房, 1973 年, 70 頁.
300 広重は,『熱機関の研究』12 頁で, ドラローシュ＝ベラールの気体の比熱測定の実験を次のように評している.
「彼らはたった二つの測定値から, 重量あたりの比熱は圧力が増大すれば減少するという間違った結論をくだし(理想気体なら不変のはず), それが広く受け入れられることになった.」
さらにカルノーのこの間違いについて広重は,『熱機関の研究』130 頁で次のように解説している.
「この命題でカルノーが主張するのは, 気体を等温的に膨張させるときに加えなければならない熱量は, 気体が高温にあるほど大きいということである. カルノーはこれを, 気体の比熱と圧力の関係についてのドラローシュ＝ベラールの間違った結論(解説 12 ページをみよ)にもとづいて導いた. この熱量は, 正しくは, 気体が膨張するときにする仕事

$$\int_{V_1}^{V_2} pdV + \int_{V_1}^{V_2} \frac{RT}{V} dV = RT \log\left(\frac{V_2}{V_1}\right)$$

に等しい. したがって, それが気体の温度が高ければ高いほど大きいという結論そのものは, 間違いではない.」
サジ・カルノー(広重　徹訳と解説)『熱機関の研究』みすず書房, 1973 年, 12, 70, 130 頁.
301 カードウェル(金子監訳)『蒸気機関からエントロピーへ』, 113 頁.
302 Davis Baird, "Instruments on the Cusp of Science and Technology: The Indicator Diagram," *Knowledge and Society: Studies in Sociology of Science Past and Present* Vol. 8, (1989): 107-122.
デービス・ベアード(松浦俊介訳)『もののかたちをした知識』青土社, 2005 年, 265-291 頁.
原著：Davis Baird, *Thing Knowledge: A Philosophy of Scientific Instruments*,

(University of California Press, 2004).
[303] ベアード (松浦訳)『もののかたちをした知識』, 269-281 頁.
[304] ベアード (松浦訳)『もののかたちをした知識』, 279-281 頁. 特に同書 281 頁に次のようにある.「押す力は熱―物質と理解されていた―と水との結合から生まれると理解されていた. 両者が一緒になって,「化合物」の蒸気を生むということだ. ワットは潜熱と顕熱の相対的な比率が, 蒸気によって生み出される動力の大きさに影響すると信じていた」「また, 圧力は潜熱と顕熱との相対的な比率に影響するので, シリンダー内の圧力を細かに理解することは重要だった.」
[305] ベアード (松浦訳)『もののかたちをした知識』, 283 頁.
[306] David Phillip Millar, *James Watt, Chemist: Understanding the Origins of the Steam Age* (London: Pickering & Chatto, 2009), 147-168.
[307] David Phillip Millar, *James Watt, Chemist*, 164.
[308] なお, 19 世紀中葉までの熱素説を基礎にした熱理論の物質的基礎については, 小林学「19 世紀中葉までの「蒸気機関の理論」の物質的基礎」『科学史研究』第 50 巻 259 号 (2011 年), 165-169 頁 (日本科学史学会第 58 回年会シンポジウム報告「シンポジウム：物質・技術文化からみた近代数理諸科学の展開 (1660-1840) ―2011 年度年会報告―」『科学史研究』第 50 巻 259 号 (2011 年), 154-169 頁コーディネーター：野澤 聡, パネリスト：隠岐さや香, 野澤 聡, 中澤 聡, 小林 学) を参照されたい.
[309] ディキンソン (磯田訳)『蒸気動力の歴史』, 105 頁.
[310] "Memoir of John Farey," *M. P. I. C. E.*, Vol. **11**, (1851): 100-102. A. P. Woolrich, "Farey, John," *Oxford Dictionary of National Biography Online*.
Dickinson & Jenkins, *James Watt and the Steam Engine*, 231.
[311] H. H. Jun., "Account of a Steam-Engine Indicator," *Quarterly Journal of Science* Vol. **XIII** (1822), 91-96.
[312] Dickinson & Jenkins, *James Watt and the Steam Engine*, (1989), 231.
[313] Millar, *James Watt, Chemist*, 154-155.
[314] 当時は, 軍事技術者に対して civil engineer が用いられていたのであり, 土木のみならず機械技術など技術者一般が含まれていた. なお現在 civil engineer の邦訳に関しては,「土木技術者」が一般に使用されている.
[315] Millar, *James Watt, Chemist*, 155.
[316] Trevithick Collection Vol. I, No. 108, Royal Institution of Cornwall 所蔵.
詳しくは, 拙稿「デービス・ギルバートとコーンウォールの技術者たち―動力技術開発における技術者と科学者との交流」『科学史研究』第 50 巻 258 号 (2011 年), 122-125 頁を参照されたい.
[317] Letter from Davies Gilbert to Thomas Telford, June 4th 1825. Institution of Civil Engineers (ICE), *ICE original communications* No. 23.
[318] Stanley Smith, "William Pole," *Oxford Dictionary of National Biography Online*.
[319] William Pole, "On the Pressure and Density of Steam, with a proposed new Formula for the relation between them; applicable particularly to Engines working with High-pressure Steam expansively," *M, P. I. C. E.*, Vol. **2**, (1843): 209-211. 1843 年掲載のこの論文は抜粋であったが, 同雑誌 Vol. **6**, (1847) pp. 350-355 に全文が掲載されている.
[320] これは高山が「「蒸気機関の理論」の成立史」『科学史研究』第 17 巻 (1978 年), 96 頁ですでに指摘している.

[321] *M, P. I. C. E.*, Vol. 6, (1847): 350-355.
[322] William Pole, *A Treatise on the Cornish Pumping Engine* (London: W. Hughes, PartI, II, 1844, Part III, 1949).
[323] 1843年に提案された水蒸気の圧力・体積の関係式は1843年論文で提案され，1849年の著作でさらに発展させようと試みられた．Pole, "On the Pressure and Density of Steam," *M, P. I. C. E.*, Vol. 2, (1843): 209-221. and Pole, *A Treatise on the Cornish Pumping Engine*, Part III, (1949), 192-194. なお，1843年論文は1847年に同雑誌に再掲載されたが，そこではかなりの追加が行われている Pole, "On the Pressure and Density of Steam," *M. P. I. C. E.*, Vol. 6, (1847): 350-355.
[324] Pambour, *A Theory of the Steam Engine*, 78.
[325] Pole, *A Treatise on the Cornish Pumping Engine*, Part III, 184.
[326] John Mortimer Heppel, "On the Expansive action of Steam," *M, P. I. C. E.*, Vol. 6, (1847): 316-342.
[327] T. Tate, "On the Law of the Expansion of Steam," *M, P. I. C. E.*, Vol. 6, (1847): 343-350.
[328] 高山「「蒸気機関の理論」の成立史」『科学史研究』第17巻(1978年), 96頁.
[329] Pambour, *A Theory of the Steam Engine*, 73-75.
[330] 高山「「蒸気機関の理論」の成立史」『科学史研究』第17巻(1978年), 96頁.「一方Tateはより Pambour の意図をくみとっていた．水蒸気の圧力と体積の関係式は Pole によって1843年に提起された新しい形式を採用し，「ピストンの動きが平均一様になった時は抵抗の仕事は蒸気の仕事に等しい」という Pambour と同じ原則から，仕事の量と抵抗の量とを結びつける「蒸気の仕事に関する一般方程式」を作った」この中で高山は，Tateの論文の以下に示す箇所を引用している．T. Tate, "On the Law of the Expansion of Steam," *M. P. I. C. E.*, Vol. 6, (1847): 348.
[331] T. Tate, "On the Law of the Expansion of Steam," *M. P. I. C. E.*, Vol. 6, (1847): 346.
[332] リーンに関する業績については何人かの技術史家が指摘している．例えば, H. W. ディキンソン(磯田訳)『蒸気動力の歴史』，124頁など．
[333] 第4章は，拙著「19世紀船用ボイラ発達過程―ボイラ史の研究方法によせて―」『科学史研究』第44巻236号(2005年), 191-202頁．とそれを大幅に改稿した拙著「19世紀イギリスにおける技術者への熱力学の普及について」*SIMOT Pre-Doctoral Interim Report*, The Science of Institutional Management of Technology Research Center: SIMOT REC, Tokyo Institute of Technology, Vol. 2 No. 1 (Spring, 2006): 1-4. に基づいたものである．
[334] 山本義隆『熱学思想の史的展開』, 現代数学者, 1987年, 120-122頁.
[335] カードウェル(金子監訳)『蒸気機関からエントロピーへ』, 60頁.
[336] 山本義隆『熱学思想の史的展開』現代数学者, 1987年, 139-141頁.
[337] カードウェル(金子監訳)『蒸気機関からエントロピーへ』1989年, 59頁.
[338] サジ・カルノー(広重 徹と解説)『熱機関の研究』みすず書房, 1973年, 6頁.
[339] 山本義隆『熱学思想の史的展開』現代数学社, 1987年, 140頁.
[340] 山本義隆『熱学思想の史的展開』現代数学社, 1987年, 165頁.
[341] メイスンは，カルノーは水車とのアナロジーによって，熱機関の動力を考察したとしている．一方，カードウェルは，カルノーが言う水力機関は，水柱機関であるとしている．メイスン(矢島祐利訳)『科学の歴史―科学思想の主たる流れ―下』岩波書店, 1955年, 551-554頁．筆者は1971年第十六刷を参照した．

カードウェル(金子監訳)『蒸気機関からエントロピーへ』, 247頁.
[342] ジュールの伝記および彼の業績についての概説は, 小林　学「ジェームズ・プレスコット・ジュール—「エネルギー保存の法則」成立までの奮闘」科学教育研究協議会編集／日本標準刊『理科教室』2010年3月号, 100-103頁を参照されたい.
[343] 以上のような熱力学成立に関する通史については, 広重　徹『物理学史I』培風館, 昭和43年やカードウェル(金子監訳)『蒸気機関からエントロピーへ』や山本義隆『熱学思想の史的展開』現代数学社, 1987年などを参照されたい.
[344] カードウェル(金子監訳)『蒸気機関からエントロピーへ』.
[345] D. S. L. Cardwell, Richard L. Hills, "Thermodynamics and Practical Engineering in the Nineteenth Century," *History of Technology*, 1, (1976): 1-20.
[346] 広重　徹『物理学史I』, 213頁.
[347] 高山　進, 道家達将「Clausiusの熱力学形成過程における水蒸気論の位置付け」『東京工業大学人文論叢』2 (1976): 51-67.
[348] 山本義隆『熱学思想の史的展開』現代数学社, 1987年, 395-400頁.
[349] S・リリー(伊藤新一, 小林秋男, 鎮目恭夫訳)『人類と機械の歴史　増補版』岩波書店, 1968年, 125頁.
[350] 1801年, イギリスのウィリアム・サイミントン(William Symington, 1763-1831)によるシャルロット・ダンダス号(*Charlotte Dundas*). E. C. Smith, *A Short History of Naval and Marine Engineering*, 13. 1809年フルトンのクラモント号 H. W. Dickinson, *Robert Fulton* (1913), 163-179. 1812年ヘンリー・ベルのコメット号. H. Philip Spratt, *The Birth of Steam Boat* (1958), 88.
[351] L. T. C. ロルト(高島平吾訳)『ヴィクトリアン・エンジニアリング—土木と機械の時代』鹿島出版会, 1989年, 96-97頁.
[352] Macleod, Stein, Tann, Andrew は Tredgold, *The steam engine: its invention and progressive improvement, an investigation of its principles, and its application to navigation, manufactures, and railways* (London: John Weale, 1838), vol. 2, 347, plate. XVIII の説明から, ボールトン・ワット社によって最初にサイド・レバー機関が用意されたとしている.
Christine Macleod, Jeremy Stein, Jennifer Tann, James Andrew, "Making Waves: The Royal Navy's Management of Invention and Innovation in Steam Shipping, 1815-1832," *History and Technology*, 16 (2000): 307-333. on p. 331.
[353] 著者が陸用の箱形ボイラとおぼしき記述を文献で見たことは, 一度しかない. それは, National Boiler Insurance Company, *Chief Engineer's Report. 1892-* (Manchester: James Collins & Co., 1893) に報告されたボイラ事故の記録である. これに記録された箱形ボイラは, marine boiler には分類されず, external fired 方式の rectangular タイプと記録されていた.
[354] John Seaward, "On the Employment of High-pressure Steam, working expansively, in Marine Engines," *M, P. I. C. E.*, Vol. 8 (1849): 308.
[355] E. C. Smith, *A Short History of Naval and Marine Engineering* (1937), 126.
[356] サバンナ号は, 1818年8月に進水した. 煙道はリベットで接合されていた. ボイラはダニエル・ドッド(Daniel Dod, 1788-1823)によって建造された.
H. Philip Spratt, *The Birth of Steam Boat* (1958), 107.
[357] H. Philip Spratt, *The Birth of Steam Boat* (1958), 107.
[358] E. C. Smith, *A Short History of Naval and Marine Engineering* (1937), 19, 127.

[359] E. C. Smith, *A Short History of Naval and Marine Engineering* (1937), 19, 132-133.
[360] E. C. Smith, *A Short History of Naval and Marine Engineering* (1937), 133.
[361] E. C. Smith, *A Short History of Naval and Marine Engineering* (1937), 133.
[362] H. P. Spratt, *Handbook of the Collections Illustrating Marine Engineering, Part II. Descriptive Catalogue* (London: Her Majesty's Office, 1953), 78-79.
[363] D. C. Cummings, *A Historical Survey of the Boiler Makers' and Iron and Steel Ship Builders' Society* (R. Robinson & Co. LTD., 1905), 175.
[364] Bramwell, "On the Progress Effected in Economy of Fuel in Steam Navigation, Considered in Relation to Compound-Cylinder Engines and High-Pressure Steam," *Proc. Inst. Mech. Eng.*, (1872): Plate. 33.
[365] E. C. Smith, *A Short History of Naval and Marine Engineering* (1937), 34.
[366] ロルト(高島訳)『ヴィクトリアン・エンジニアリング』1989年, 103頁.
[367] 石谷清幹, 赤木新介, 加治増夫「船舶推進力変換技術の通史と展望」『日本機械学会誌』**83**, No. 742. (1980): 1139-1143. on p. 1142.
[368] David K. Brown, "Smith, Sir Francis Petit," *Oxford Dictionary of Naitional Biography Online*.
[369] H. P. Spratt, *Handbook of the Collections Illustrating Marine Engineering* (1953), 109.
[370] H. P. Spratt, *Handbook of the Collections Illustrating Marine Engineering* (1953), 113. やロルト『ヴィクトリアン・エンジニアリング』109頁などを参照されたい.
[371] Donald L. Canney, *The Old Steam Navy Volume One: Frigates, Sloops, and Gunboats, 1815-1885* (Naval Institution Press, 1990), 22.
[372] H. P. Spratt, *Handbook of the Collections Illustrating Marine Engineering* (London, 1953), 111.
[373] E. C. Smith, *A Short History of Naval and Marine Engineering* (1937), 98.
[374] このシリウス号は1838年に連続蒸気動力で大西洋横断したシリウス号と同じではない. R. A. Hayward, *Fairbairn's of Manchester. The History of the Nineteenth Century Engineering Works* (1971), (Master Thesis, The University of Manchester Institute of Science and Technology for the degree of Master of Science), 5.12-5.17.
[375] E. C. Smith, *A Short History of Naval and Marine Engineering* (1937), 112-113.
[376] ロルト(高島訳)『ヴィクトリアン・エンジニアリング』1989年, 104頁.
[377] E. C. Smith, *A Short History of Naval and Marine Engineering* (1937), 101-102.
[378] L. T. C. Rolt, with an Introduction by R. A. Buchanan *Isambard Kingdom Brunel* (1989): 401.
[379] ボイラ供給水に海水を用いていると, ボイラ水の塩分濃度は次第に上昇し, 蒸気発生を困難にしてしまう.
[380] ロルト(高島訳)『ヴィクトリアン・エンジニアリング』1989年, 107頁.
[381] Dyer, "The First Century of the Marine Engine," *T. I. N. A.*, **30** (1889): 92.
[382] ヒルズは, ファーレーやアルバンの著作を取り上げて当時の熱に関する理解と熱素説について説明している. Richard Hills, *Power from steam* (1989), 162-165.
[383] 山本義隆『熱学思想の史的展開』現代数学社, 1987年, 397-399頁. サジ・カルノー(広重 徹訳と解説)『熱機関の研究』みすず書房, 1973年, 67頁.
[384] Seaward & Capel, Copy of Letter to the Hon. H. L. Corry, M. P., on the use of high-pressure steam in the steam vessels of the British navy (January 15th, 1846)

The Archive of the Institution of Civil Engineers 所蔵.

[385] John Seaward, "On the Employment of High-Pressure Steam, working expansively, in Marine Engines," *M, P. I. C. E.*, Vol. 8 (1849): 305.

[386] *Ibid.*, p. 308.

[387] フィールドは，明らかに蒸気圧力と体積の積が一定になると考えている．しかし，蒸気はボイルの法則に従わないし，大幅に譲歩して近似的に $pv=\mathrm{const.}$ の関係が成り立つとしても，ここで検討すべき課題は，膨張前の蒸気が膨張後にどれだけの仕事をしたかであり，高圧蒸気で膨張させた時と低圧蒸気で膨張させた時に生じる仕事 pv の量を比較することである．

[388] またフィールドは，蒸気圧力と蒸気濃度が比例すると考えているように思われる．すなわち高圧蒸気はそれだけ重い蒸気を含んでいるとしているのである．このように考えている限り，高圧蒸気の利点を理解するには，なんの手助けにもならない．このことをカードウェルは次のように表現している．「比熱が一定であれば，蒸気の重量は一方で圧力を決定し，他方で燃焼した燃料の量を決定するのだから，高圧蒸気を利用することになんら明白な利点はなかった．」

カードウェル(金子監訳)『蒸気機関からエントロピーへ』，206頁．

[389] ディキンソンは，ジュールのこの論文の提出を 6 月 21 日としているが，6 月 21 日は発表日で，受理された日は 6 月 9 日である．

H. W. Dickinson, with new introduction by A. E. Musson, *A Short History of the Steam Engines* (London: Frank Cass & Co. Ltd, 1963), 178.

[390] James Prescott Joule, "On the Mechanical Equivalent of Heat," *Philosophical Transactions*, **140** (1850): 61-82.

[391] ディキンソンは，*A Short History of the Steam Engines,* 178. において，ジュールの論文「熱の仕事当量について」を取り上げ，次のように書いた．すなわち「ジュールは，最大密度を持つ華氏 4 度の水 1 ポンドを華氏 1 度上げるのに必要な熱量を，772 ポンドの物体を 1 フィート上げるのになされる仕事と等価だと決定した．」と．

しかし，ディキンソンが述べた「最大密度を持つ華氏 4 度の水」について，次のような間違いがある．すなわち，最大密度を持つ水の温度は，華氏 4 度ではなく，摂氏 4 度（もっと正確に言えば 3.98℃）である．またジュールは，この論文での熱の仕事当量の決定において使用する水の条件を，真空中でかつ華氏 55 度から 60 度の温度範囲と指定しているだけである．

Joule, "On the Mechanical Equivalent of Heat," *Philosophical Transactions*, **140** (1850): 82.

[392] エネルギー保存の法則についての研究は数多くあるが，概説的なものとしては，小林 学「エネルギー保存の法則」『TPM エイジ』Vol. 20 No. 9(2008 年 9 月 5 日発行)，20-21 頁および，小林 学「エネルギー保存の法則「熱と仕事の深い関係」」山崎正勝・小林 学編著『学校で習った「理科」をおもしろく読む本—最新のテクノロジーもシンプルな原理から』JIPM ソリューション，2010 年，121-127 頁を参照されたい．

[393] Edited by John Bourne, *A Treatise on the Steam Engine, in its application to mines, mills, steam navigation, and railways New Edition* (London: Longman, Brown, Green, and Longmans, 1851), 45.

[394] ディキンソン(磯田訳)『蒸気動力の歴史』，123-124 頁．

[395] デービス・ギルバートは，オックスフォード大学出身としては例外的に技術者と深い関係を持っていた．ギルバートとトレビシックとの関係については，本論第 3 章で述べ

396 三好信浩『明治のエンジニア教育』中公新書, 1983 年, 10-11 頁.
397 ランキンも, 1849-1850 年頃, 熱機関における熱の消費について, 熱素説に基づいた説明がされていたと述べている. William John Macquorn Rankine, *A Memoir of John Elder, Engineer and Shipbuilder* (Edinburgh, 1871; 2nd ed., Glasgow, 1883), 18.
398 杉浦昭典『蒸気船の世紀』NTT 出版, 1999 年, 266 頁.
399 W・マクニール (高橋均訳)『戦争の世界史』刀水書房, 2002 年, 305-309 頁.
400 ロルト (高島訳)『ヴィクトリアン・エンジニアリング』1989 年, 120-121 頁.
401 ロルト (高島訳)『ヴィクトリアン・エンジニアリング』1989 年, 99-100 頁.
402 Charles Coulston Gillispie, editor in chief, "Thomson, Sir William (Baron Kelvin of Largs)," *Dictionary of Scientific Biography*, **13** (1976): 374-388.
403 Charles Coulston Gillispie, editor in chief, "Rankine, William John Macquorn", *Dictionary of Scientific Biography*, **11** (1975): 291-295.
404 William John Macquorn Rankine, *A Memoir of John Elder, Engineer and Shipbuilder* (Edinburgh, London: William Blackwood and Sons, 1871), 28-30.
405 E. C. Smith, *A Short History of Naval and Marine Engineering* (1937), 178.
406 T. K. デリー, T. I. ウィリアムズ (平田, 田中訳)『技術文化史』上, 367 頁.
407 Rankine, *A Memoir of John Elder*, 37-38. Dyer, "The First Century of the Marine Engine," *T. I. N. A.*, **30** (1889): 93.
408 E. C. Smith, *A Short History of Naval and Marine Engineering* (1937), 179., Henry Dyer, "The First Century of the Marine Engine," *T. I. N. A.*, **30** (1889): 93.
409 以後「石炭消費量」と言う場合,「単位馬力・単位時間あたりの石炭消費量」とする. Report of Research in Science, "Second Report of the Comittee on Steam-ship Performance," *Report of the 30th Meeting of the BAAS*, **30** (1861): 193-216. onp. 212-213.
410 E. C. Smith, *A Short History of Naval and Marine Engineering*, 180.
411 Report of Research in Science, "Second Report of the Committee on Steam-ship Performance", *Report of the 30th meeting of the BAAS*, **30** (1861): Appendix I, Table No. 1.
412 例えばヘッドリクは, まず表面復水器の改良によってボイラ圧力が向上し, その結果 2 段膨張機関が出来たと述べている. しかし, 実際は逆で, 2 段膨張機関ができたからボイラの改良を通じて蒸気圧を上げる必要が出てきたのである.
ヘッドリク (原田勝正・多田広一・老川慶喜訳)『帝国の手先』日本経済評論社, 1989 年, 174 頁.
矢崎信之『舶用機関史話』天然社, 1941 年, 107-110 頁. も同様の間違いをしている.
413 高山・道家は, クラウジウスによる熱力学の確立において, 飽和水蒸気の比熱が負であるということとそれから導かれる「ワットの法則」の否定が大きな役割を果たしたという画期的見解を述べている.
高山　進, 道家達将「Clausius の熱力学形成過程における水蒸気論の位置付け」『東京工業大学人文論叢』**2** (1976): 51-67.
414 山本義隆『熱学思想の史的展開』現代数学社, 1987 年, 395-400 頁.
415 R. Clausius, translated by W. A. Browne, *The Mechanical Theory of Heat* (London: Macmillan, 1879), 193.
416 Rankine, *A Memoir of John Elder*, (1871), 21.

[417] John Wethered, "On Combined Steam," *M. P. I. C. E.*, Vol. **29** (1859-1860): 462-488. ディキンソン（磯田訳）『蒸気動力の歴史』, 198-199 頁.
[418] ディキンソン（磯田訳）『蒸気動力の歴史』, 198-199 頁.
[419] Rankine, *A Memoir of John Elder*, (1871), 21. 一方，ディキンソンは，コーンウォール機関では蒸気ジャケットは備えておらず，わらと漆喰で保温していた，と述べている．もし，ディキンソンが言うように，コーンウォール機関の多くで早くから蒸気ジャケットが放棄されていたとしたら，その原因の検討は興味深いテーマである．
ディキンソン（石谷，坂本訳）「蒸気機関—1830 年まで—」シンガー『技術の歴史』第 7 巻, 159 頁.
[420] Rankine, *A Memoir of John Elder*, (1871), 21.
[421] Rankine, *A Memoir of John Elder*, (1871), 21.
[422] Rankine, *A Memoir of John Elder*, (1871), 28.
[423] "Rankine," *Dictionary of Scientific Biography*, (1975) **11**: 292.
[424] W. J. M. Rankine, "On the Mechanical Action of Heat," *Phil. Mag.*, S. 4, Vol. **7**, No. 43, (1854): 117-118.
[425] William John Macquorn Rankine, *A Memoir of John Elder, Engineer and Shipbuilder* (Edinburgh, London: William Blackwood and Sons, 1871; 2nd ed., Glasgow: Glasgow University Press, 1883).
[426] カードウェル，ヒルズも，エルダーの熱力学の知識はランキンから得たにちがいないとしている. Cardwell, Hills, "Thermodynamics and Practical Engineering in the Nineteenth Century," *History of Technology*, **1** (1976): 11.
[427] Rankine, *A Memoir of John Elder*, (1871), 37-38.
[428] William John Macquorn Rankine, *A Manual of the Steam Engine and other Prime Movers* (London and Glasgow, 1859).
なお，第 8 版(1876)の邦訳が 1885 年に文部省から出版されている．
ウィリリアム・ヂヨン・マックォールン・ランキン（永井久一郎譯；原口要訂）『蘭均氏汽機學』文部省編輯局, 1885 年.
[429] ディキンソン（磯田訳）『蒸気動力の歴史』, 206-207 頁.
[430] 植田辰洋「蒸気機関」『世界大百科事典』平凡社, Vol. **15**, 1972 年初版, 1974 年版, 67-70 頁.
[431] ディッキンソン（原光雄訳）『ジェームズ・ワット』創元社, 1941 年, 172-174 頁.
[432] ボイラ強度における構造と使用材料との関係については，拙稿「蒸気機関用ボイラの発達と材料技術との関係に関する研究」『科学史研究』第 41 巻 221 号(2002 年), 14-25 頁および本書第 5 章を参照されたい．
[433] *BAAS*, **30** (1861): 199. Supplementary Appendix.
[434] E. C. Smith, *A Short History of Naval and Marine Engineering* (1937), 179.
[435] John Elder, "The Cylindrical Spiral Boiler," *BAAS*, **30** (1861): 205-210.
[436] John Elder, "The Cylindrical Spiral Boiler," *BAAS*, **30** (1861): 205-210.
[437] 1838 年 Victoria 号の事故等. F. H. Pearson, *The Early History of Hull Steam Shipping* (1896), 38-39, 43.
[438] H. H. P. Powles, *Steam Boilers: Their History and Development* (1905), 152-153.
[439] E. C. Smith, *A Short History of Naval and Marine Engineering* (1937), 194.
[440] Bramwell, "On the Progress Effected in Economy of Fuel in Steam Navigation, Considered in Relation to Compound-Cylinder Engines and High-Pressure Steam,"

Proc. Inst. Mech. Eng., (1872): 154.
[441] R. W. Skelton, "Progress in Marine Engineering," *Proc. Inst. Mech. Eng.*, (1930): 11.
[442] Powles, *Steam Boilers: Their History and Development*, 152.
[443] R. W. Skelton, "Progress in Marine Engineering," *Proc. Inst. Mech. Eng.*, (1930): 18. によると，両面焚きボイラ(double ended cylindrical boiler)が海軍において最初に搭載されたのは，1874年のインフレキシブル号だ，とある．
[444] R. W. Skelton, "Progress in Marine Engineering," *Proc. Inst. Mech. Eng.*, (1930): 60-61.
[445] E. C. Smith, *A Short History of Naval and Marine Engineering* (1937), 179.
[446] Crosbie Smith, Ian Higginson, Phillip Wolstenholme, ""Avoiding Equally Extravagance and Parsimony": The Moral Economy of the Ocean Steamship," *Technology and Culture*, **44** (2003): 443-469.
[447] Bramwell, "On the Progress Effected in Economy of Fuel in Steam Navigation, Considered in Relation to Compound-Cylinder Engines and High-Pressure Steam," *Proc. Inst. Mech. Eng.*, (1872): 154.
[448] A. J. Durston, "Some Notes on the History, Progress, and recent Practice in Marine Engineering," *T. I. N. A.*, **33** (1892): 60-87. on p. 63.
[449] E. C. Smith, *A Short History of Naval and Marine Engineering* (1937), 181-183.
[450] スミスも，セネットを引用しながら，円筒形ボイラは箱型ボイラより燃焼室が小さくなるために，蒸発力とそのボイラ効率において劣ったことを指摘している．E. C. Smith, *A Short History of Naval and Marine Engineering* (1937), 195.
[451] Richard Sennet, *The Marine Steam Engine: A Treatise for the use of Engineering Students and Officers of the Royal Navy* (London: Longmans, Green, and Co., 1882), 72-73, 80-82.
[452] Dyer, "The First Century of the Marine Engine," *T. I. N. A.*, **30** (1889): 98.
[453] E. C. Smith, *A Short History of Naval and Marine Engineering* (1937), 194.
[454] H. P. Spratt, *Handbook of the Collections Illustrating Marine Engineering*, 81.
[455] E. C. Smith, *A Short History of Naval and Marine Engineering* (1937), 194.
[456] E. C. Smith, *A Short History of Naval and Marine Engineering* (1937), 193. H. P. Spratt, *Handbook of the Collections Illustrating Marine Engineering*, 81.
[457] *Boiler Explosions. RETURN* "of all Fatal Accidents of Boiler Explosions in the United Kingdom in the Years 1875 and 1876; also of the Finding of the Coroners' Juries in all such Cases of Fatal Boiler Explosions during the Same Period:" "And, of all Fatal Boiler Explosions on Board Steamships in the Years 1861 and 1862, and of all similar Explosions on Board Steamships in 1864 and 1865, in 1875 and 1876." (1876): 2.
[458] H. P. Spratt, *Handbook of the Collections Illustrating Marine Engineering*, 81.
[459] H. P. Spratt, *Handbook of the Collections Illustrating Marine Engineering*, 81.
[460] H・フィリップ・スプラット(石谷清幹，坂本賢三訳)「船舶用蒸気機関」シンガー『技術の歴史』筑摩書房，第9巻，1964年，120頁．
[461] 第2章，第3章，第4章などで述べた鉱山での排水の問題やコーンウォール機関，カルノーの業績およびランキンとスコットランドの技術者たちの協力については，その概略が小林　学「科学の原点は現場にあり」『TPMエイジ』Vol. 22　No. 10(2010年3月号，2010年3月5日発行)，28-29頁に掲載されているので，参考にされたい．

[462] ディキンソン(磯田訳)『蒸気動力の歴史』, 142 頁.

[463] 1870 年までの統計については次の資料を参考にした. *Report from the Select Committee on Steam Boiler Explosions; together with the Proceedings of the Committee, Minutes of Evidence, and Appendix.* (1870): 122. and Peter W. J. Bartrip, "The State of the Steam-Boiler in nineteenth-century," *International Review of Social History*, **25** (1980): 77-105.

1870 年以降の統計については, *National Boiler Insurance Company, Chief Engineer's Report.* (Manchester: James Collins & Co.) から 1869 年から 1892 年までの報告を基に集計した.

これらの統計資料からボイラ事故一件あたりの死者数を追加した.

[464] Peter W. J. Bartrip, "The State of the Steam-Boiler in nineteenth-century," *International Review of Social History*, **25** (1980): 83-84.

[465] ディキンソン(磯田訳)『蒸気動力の歴史』, 150, 189 頁.

[466] 石谷清幹『工学概論』コロナ社, 1972 年, 121-133 頁.

[467] *National Boiler Insurance Company, Chief Engineer's Report.* (Manchester: James Collins & Co.) 1865 年から 1892 年までの資料から作成.

[468] Rhys Jenkins, "Links in the History of Engineering: Boiler Making," *The Engineer* **CXXVI** (July 19, 1918): 52. なおこの記事は, Rhys Jenkins, "Boiler Making," in *Links in the history of engineering and technology from Tudor times: the collected papers of Rhys Jenkins, M. I. Mech. E., former senior examiner in the British Patent Office: comprising articles in the professional and technical press, mainly prior to 1920 and a catalogue of other published work* (Originally published in 1936, reprinted in New York: Books for Libraries Press, 1971): 126-130. on p. 126. に再録されている. 以下, Jenkins' *Collected Papers* と略す.

[469] ディキンソン(磯田訳)『蒸気動力の歴史』, 142-143 頁.

[470] Rhys Jenkins, "Boiler Making," in his *Collected Papers* (1971): 126.

[471] Rhys Jenkins, "Boiler Making," in his *Collected Papers* (1971): 127.

[472] ディキンソン(石谷, 坂本訳)「蒸気機関―1830 年まで―」シンガー『技術の歴史』, 第 7 巻, 150 頁.

[473] Rhys Jenkins, "Boiler Making," in his *Collected Papers* (1971): 127.

[474] 1850 年以前のボイラ材料のうち, 木材や石材の使用についてディキンソンは次のように述べている.「外郭のみこれら素材でつくり, 火床と炎は内部に設けた銅製の火室ないし火室から貫通する煙道内にあった.」

ディキンソン(磯田訳)『蒸気動力の歴史』, 144 頁.

[475] Chris Evans, "Henry Cort," *Oxford Dictionary of National Biography Online.*

[476] 1783 年 1 月 17 日, コートは「鉄の製造, 鍛接および加工, 機械によって鉄を使用形態に加工すること, ならびにそのための炉と装置」についての特許を取った. (Preparing, Welding and working iron; reducing the same into uses by machinery; and a furnace and apparatus therefor) (特許番号 1357). さらに翌 1784 年 2 月 13 日に有名な特許「鉄および鋼の棒, 板, ナットその他を. 炉と機械を使用して滓搾りし, 溶着し, 展延することについて」(特許番号 1420)を取得した. 前者の特許ではパドル法については何も述べられておらず, 溶着加熱炉が特許の中心である. 後者の特許はパドル法に関するものである.

British Patent A. D, 1783, No. 1351. Henry Cort, "Preparing, Welding, and Working

Iron."
British Patent A. D, 1784, No. 1420. Henry Cort, "Manufacture of Iron."
ルードウィヒ・ベック(中沢護人訳)『鉄の歴史』III-2, たたら書房, 437-442 頁.
[477] ディキンソン(磯田訳)『蒸気動力の歴史』, 143 頁.
[478] ディキンソン(磯田訳)『蒸気動力の歴史』, 143 頁.
[479] Richard Hills, *Power from steam* (1989), 127.
[480] Rhys Jenkins, "Boiler Making," in his *Collected Papers* (1971): 127.
[481] Rhys Jenkins, "Boiler Making," in his *Collected Papers* (1971): 127-128.
[482] Rhys Jenkins, "Boiler Making," in his *Collected Papers* (1971): 127.
[483] ルードウィヒ・ベック(中沢護人訳)『鉄の歴史』III-2, たたら書房, 457 頁.
[484] Francis Trevithick, *Life of Richard Trevithick: with an account of his inventions* Vol. **1**, 152-154. に掲載された., 1802 年 8 月 22 日トレビシックからデービス・ギディ宛ての書簡. ディキンソン(石谷, 坂本訳)「蒸気機関—1830 年まで—」シンガー『技術の歴史』第 7 巻, 156 頁.
[485] H. W. Dickinson and Arthur Titley, *Richard Trevithick* (1934), 62.
これらの図は, 未出版の Farey's *Steam Engine* Vol. **II** からの引用とされている. しかし, 1971 年に同著は出版された. これらの図は, John Farey, *A Treatise on the Steam Engine* Volume **2** (Newton Abbot: David & Charles, 1971), 14. に収録されている.
[486] H. W. Dickinson and Arthur Titley, *Richard Trevithick* (1933), 61.
[487] 鋳鉄は直接火に当たると割れが生じるおそれがある. そのため, 直接火炎が接触するボイラ内の煙管にだけは当初から錬鉄(パドル鉄)が使用されていたと思われる.
[488] Francis Trevithick, *Life of Richard Trevithick*, Vol. **1**, 135.
[489] H. W. Dickinson, *A Short History of the Steam Engine* (1938), 119. ディキンソン(磯田訳)『蒸気動力の歴史』, 144 頁.
[490] 石谷清幹『工学概論』コロナ社, 1971 年, 122 頁. 石谷はこの事実を, Dickinson, *A Short History of the Steam Engine* から引用している.
[491] H. W. Dickinson and Arthur Titley, *Richard Trevithick* (1933), 60.
[492] ディキンソンは, エッグ・エンディド・ボイラについて次のように説明している. 「両端が半球状の単純な円筒形で, 外部から加熱する」.
ディキンソン(磯田訳)『蒸気動力の歴史』, 145 頁.
[493] W. D. Wansbrough, *Modern Steam Boilers: The Lancashire Boiler* (1913), 5.
[494] W. D. Wansbrough, *Modern Steam Boilers: The Lancashire Boiler* (1913), 3-4.
[495] *Life of Trevithcik*, Vol. **2**, 157.
[496] コーニッシュ・ボイラの説明については, ディキンソン(磯田訳)『蒸気動力の歴史』, 144-147 頁や石谷清幹『ボイラ要論』, 84-85 頁や田中宏明「ボイラー」『大百科事典』平凡社, Vol. **13**, 1985 年, 738-740 頁などを参照.
[497] H. W. Dickinson; with a new introduction by A. E. Musson, *A Short History of the Steam Engine* (London: F. Cass, 2nd ed 1963), 120. *Life of Trevithcik*, Vol. **2** (1872), 157.
[498] W. D. Wansbrough, *Modern Steam Boilers: The Lancashire Boiler* (1913), 4.
[499] W. D. Wansbrough, *Modern Steam Boilers: The Lancashire Boiler* (1913), 3-4.
[500] Richard L. Hills, *Power from steam* (1989), 129. *Life of Trevithcik*, Vol. **2** (1872), 155-156.
[501] Richard L. Hills, *Power from steam* (1989), 129. *Life of Trevithcik*, Vol. **2** (1872), 16.

[502] ストワーズ(石谷, 坂本訳)「定置蒸気機関―1830～1900―」シンガー『技術の歴史』第9巻, 98頁.
[503] ディキンソン(磯田訳)『蒸気動力の歴史』, 151頁.
[504] Hills は, Partington, *Historical Account*, p. 112. から引用している. Richard Hills, *Power from steam*, 130.
[505] Abraham Rees; edited by Neil Cossons, *Rees's manufacturing industry (1819-20): a selection from 'The cyclopædia; or, Universal dictionary of arts, sciences and literature'* (Newton Abbot: David and Charles, 1972): Plate V.
[506] Richard L. Hills, *Power from Steam* (1989), 131.
[507] ディキンソン(磯田訳)『蒸気動力の歴史』, 126頁.
[508] T. R. Harris, *Arthur Woolf, The Cornish Engineer, 1766-1837* (Truro: D. Bradford Barton, 1966), 59-60. Richard L. Hills, *Power from Steam* (1989), 131.
[509] *Report form the Select Committee on Steam Boats. & c. with the Minutes of Evidence taken before the Committee* (24 June 1817): 39-40.
[510] Duty は揚水機関がした仕事の量をはかる簡単な単位であって, 石炭1ブッシェル(84ポンド＝約38 kg)で1 ft.(0.30 m)の高さだけ上げた水の量をポンドではかるものである.
[511] H. W. Dickinson; with a new introduction by A. E. Musson, *A Short History of the Steam Engine* (London: F. Cass, 2nd ed 1963), 103-104.
[512] ディキンソン(磯田訳)『蒸気動力の歴史』, 127頁.
[513] ディキンソン(磯田訳)『蒸気動力の歴史』, 150頁.
[514] Hills は Partinton, *Historical Account*, p. 112 から引用しこのことを述べている. Hills, *Power from Steam*, 130.
[515] ディキンソン(磯田訳)『蒸気動力の歴史』, 151-153頁.
[516] W. D. Wansbrough, *Modern Steam Boilers: The Lancashire Boiler* (1913), 6.
[517] ディキンソン(磯田訳)『蒸気動力の歴史』, 127-128頁.
[518] Thurston, *A History of the Growth of the Steam-engine* (1939), 340.
[519] Allan Stirling, "Shell and Water-Tube Boilers," *Trans. ASME*, Vol. 6 (1884-1885): 589-590.
[520] Stirling, "Shell and Water-Tube Boilers," *Trans. ASME*, Vol. 6 (1884-1885): 589-590.
[521] Stirling, "Shell and Water-Tube Boilers," *Trans. ASME*, Vol. 6 (1884-1885): 589-590.
[522] ルードウィヒ・ベック(中沢護人訳)『鉄の歴史』Ⅳ-1, たたら書房, 1970年, 157頁.
[523] Allan Stirling, "Shell and Water-Tube Boilers," *Trans. ASME*, Vol. 6 (1884-1885): 590.
[524] Göran Rédén, "Skill and Technical Change in the Swedish Iron Industry, 1750-1860," *Technology and Culture*, **39** No. 2 (July 1998): 383-407. on p. 392.
[525] Stirling, "Shell and Water-Tube Boilers," *Trans. ASME*, Vol. 6 (1884-1885): 591.
[526] ディキンソン(磯田訳)『蒸気動力の歴史』, 116頁.
[527] Göran Rédén, "Skill and Technical Change in the Swedish Iron Industry, 1750-1860," *Technology and Culture*, **39** No. 2 (July 1998): 392.
[528] ディキンソン(磯田訳)『蒸気動力の歴史』, 144-145頁.
[529] ディキンソン(磯田訳)『蒸気動力の歴史』, 144-145頁.

[530] Zerth Colburn, "Description of Harrison's Cast Iron Steam Boiler," *Proc. Inst. Mech. Eng.*, (1864): 61-91. on p. 61.
[531] ルードウィヒ・ベック(中沢護人訳)『鉄の歴史』Ⅲ-2, 457頁. Ⅳ-1, 130頁.
[532] Arthur Raistrick, *Dynasty of Ironfounders, The Darbys and Coalbrookdale* (London & New York: Longmans Green, 1953), 160.
[533] Richard L. Hills, *Power from steam*, 127.
[534] *Report form the Select Committee on Steam Boats. &c. with the Minutes of Evidence taken before the Committee* (24 June 1817): 27.
[535] *Report form the Select Committee on Steam Boats*. (24 June 1817), 28.
[536] *Report form the Select Committee on Steam Boats*. (24 June 1817), 43.
[537] Richard L. Hills, *Power from steam*, 127.
[538] Richard L. Hills, *Power from steam*, 127.
[539] H. W. Dickinson and Arthur Titley, *Richard Trevithick* (1934), Plate. VI.
[540] ロンドン科学博物館所蔵. 著者撮影.
[541] H. W. Dickinson and Arthur Titley, *Richard Trevithick* (1934), Plate. XIV.
[542] R. A. Hayward, *Fairbairn's of Manchester* (1971), 2.40, 4.9-11.
[543] ストワーズ(石谷, 坂本訳)「定置蒸気機関―1830～1900―」シンガー『技術の歴史』第9巻, 107頁.
[544] R. A. Hayward. *Fairbairn's of Manchester* (1971), 2.42.
[545] British Patent A. D, 1844, No. 10166. William Fairbairn, John Hetherington "Steam Boilers, Furnaces, and Flue"
[546] R. A. Hayward, *Fairbairn's of Manchester* (1971), 2.44.
[547] ストワーズ(石谷, 坂本訳)「定置蒸気機関―1830～1900―」シンガー『技術の歴史』第9巻, 107頁.
[548] R. A. Hayward, *Fairbairn's of Manchester* (1971), 2.44.
[549] ディキンソン(磯田訳)『蒸気動力の歴史』, 186頁.
[550] R. A. Hayward は, Patent specification 10166; Manchester Guardian, 6th Nov. 1852. を引用してこの事実を述べている. R. A. Hayward. *Fairbairn's of Manchester* (1971). 2.42, 2.72.
[551] Richard L. Hills, *Power from steam* (1989), 139-140.
[552] R. A. Hayward, *Fairbairn's of Manchester* (1971), 2.40-41.
[553] R. A. Hayward, *Fairbairn's of Manchester* (1971), 2.40-41.
[554] Allan Stirling, "Shell and Water-Tube Boilers," *Trans. ASME*, Vol. 6 (1884-1885): 572.
[555] W. D. Wansbrough, *Modern Steam Boilers: The Lancashire Boiler* (1913), 11.
[556] Raistrick, *Dynasty of Ironfounders, The Darbys and Coalbrookdale* (1953), 259.
[557] Rhys Jenkins, *Boiler Making*, in his *Collected Papers*, (1971), 129.
なおこの部分は, Raistrick も引用している. Raistrick, *Dynasty of Ironfounder*, 259.
[558] William Fairbairn, *Iron Its History, Properties, & Processes of Manufacture* (Edinburgh Adam and Charles Black. 1861), 116.
[559] 正面上げハンマーでは作業が非能率的であったので, イギリスでは圧搾機が発明された.
ルードウィヒ・ベック(中沢護人訳)『鉄の歴史』Ⅳ-2, たたら書房, 1975年, 208頁.
Ludwig Beck, *Die Geschichte des Eisens; In Technischer und Kulturgeschichtlicher*

Beziehung, IV (Original Published in 1899, reprinted by The Yushodo Booksellers LTD., Tokyo, 1972), 588-589.

[560] ハンマーの柄の尾を押し下げるのが尾ハンマー，ハンマーの旋回軸点と頭部の中間で柄を持ち上げるのが，揚げハンマー，ハンマーの柄の額を持ち上げるのが正面上げハンマー，または額上げハンマーである．
ルードウィヒ・ベック（中沢護人訳）『鉄の歴史』IV-1, 1975年, 293頁.
さらにハンマーについては，ルードウィヒ・ベック（中沢護人訳）『鉄の歴史』III-2, 1975年, 322-325頁とルードウィヒ・ベック（中沢護人訳）『鉄の歴史』IV-2, 208頁.
Ludwig Beck, *Die Geschichte des Eisens; In Technischer und Kulturgeschichtlicher Beziehung*, **IV** (Original Published in Braunschweig: Fr. Vieweg, 1897, Reprinted in Tokyo: The Yushodo Booksellers LTD., 1972), 588-589. を参照した.

[561] しかし，この方法でボイラ用鉄板を製造したとはどの文献にも出ておらず，確固とした証拠がない．しかし，技術的にはこの方法が最も適切な方法である．仮にこの過程が間違っていたとしても論文の構成上特に問題ないので，この仮定で検討を進める．

[562] ベックは蒸気ハンマーによる錬鉄の鍛造を次のように書いている．
「蒸気ハンマーが作業しているのをはじめてみた人たちは，誰でもびっくりし，感嘆の声を発した．なんと軽々と蒸気が重いハンマーを持ち上げることだろう．ハンマーが全力で落ちてくるときの地響きたてた打撃の凄さ．操作する労働者が軽くテコを動かして，蒸気を出し入れすることによるハンマーの軽快なダンス．(中略)蒸気の力が蒸気ハンマーほど強力に働くことはなく，蒸気力と自然力一般にたいする人間の支配が，蒸気ハンマーの場合ほど素晴らしい形で発揮されることはない．」
ルードウィヒ・ベック（中沢護人訳）『鉄の歴史』IV-2, 214-215頁.
「この蒸気ハンマーによって，鉄の質が向上し，鍛接がより完全なものになった．蒸気ハンマーはルッペの滓絞りに関し，他のどの機械でもやれないような最適な処理を可能にした．まず軽い打撃ではじめ，ますます打ち方を強めていくことができた．それによってスラグの除去はルッペ圧搾機の場合よりもずっと完全で，加工がすっと徹底的であった．ハンマーの打撃によって，ルッペの内部にある気泡は押しつぶされ，溶融スラグは圧し出されたのである．」
ルードウィヒ・ベック（中沢護人訳）『鉄の歴史』IV-2, 1975年, 218頁.

[563] Hills は, Armstrong, *Rudimentary Treatise*, 97 からこの記述を引用している. Richard L. Hills, *Power from steam*, 139-140.

[564] Rhys Jenkins, "Links in the History of Engineering: Boiler Maiking," *The Engineer* **CXXVI** (July 19, 1918): 52.

[565] ディキンソン（磯田訳）『蒸気動力の歴史』186-188頁.

[566] Richard L. Hills, *Power from steam* (1989), 139-140.

[567] Hills は, Armstrong, *Rudimentary Treatise*, 97 と Jenkins, *Collected Papers*, 130. からこの記述を引用している. Richard L. Hills, *Power from steam* (1989), 139-140.

[568] British Patent A.D, 1837, No. 7302. Robert Smith, "Construction of Boilers, & c." and William Pole, partly written by himself, A Reprinted with an introduction by A.E. Musson, *The Life of Sir William Fairbairn, Bart* (First published in 1877 by Longmans Green and company, reprinted in 1970 by David Charles), 164.

[569] Pole, partly written by himself, *The Life of Sir William Fairbairn, Bart* (1970), 163-164.

[570] William Fairbairn, *Esq.* Communicated by the Rev. Henry Moseley, *F. R. S.*, "An

Experimental Inquiry into the Strength of Wrought-Iron Plates and Their Riveted Joints as applied to Ship-building and Vessels exposed to severe strains," *Philosophical Transactions*, **140** (1850): 677-725. on pp. 688-689.

[571] British Patent A. D, 1837, No. 7302. Robert Smith, "Construction of Boilers, & c."

[572] William Fairbairn, "An Experimental Inquiry into the Strength of Wrought-Iron Plates and Their Riveted Joints as applied to Ship-building and Vessels exposed to severe strains," *Philosophical Transactions*, **140** (1850): 700, 712.

[573] Pole, *The Life of Sir William Fairbairn, Bart*, 164.

[574] William Fairbairn, "An Experimental Inquiry into the Strength of Wrought-Iron Plates and Their Riveted Joints as applied to Ship-building and Vessels exposed to severe strains," *Philosophical Transactions*, **140** (1850): 688.

[575] William Fairbairn, "Description of an Improved Steam Riveting, Punching and Shearing Machine," *Proc. Inst. Mech. Eng.*, (1856): 134-139.

[576] *Ibid.*, p. 137.

[577] *Ibid.*, Plate 66.

[578] 「内部の煙管が長い円筒形をしていると, 変形しやすく壊れやすい.」ディキンソン(磯田訳)『蒸気動力の歴史』, 186頁.

[579] W. D. Wansbrough, *Modern Steam Boilers: The Lancashire Boiler* (1913), 8.

[580] William Fairbairn, "On the Resistance of Tubes to Collapse," *Philosophical Transactions*, **148** (1858): 389-413.

[581] The Institute of Mechanical Engineers, "Memoirs," *Proc. Inst. Mech. Eng.*, (1890): 167-171.

[582] "Memoirs," *Proc. Inst. Mech. Eng.*, (1890): 167.

[583] W. D. Wansbrough, *Modern Steam Boilers: The Lancashire Boiler* (1913), 9-10.

[584] "Memoirs," *Proc. Inst. Mech. Eng.*, (1890): 167-171.

[585] W. D. Wansbrough, *Modern Steam Boilers: The Lancashire Boiler* (1913), 10.

[586] W. D. Wansbrough, *Modern Steam Boilers: The Lancashire Boiler* (1913), 11.

[587] Colburn, "Description of Harrison's Cast Iron Steam Boiler," *Proc. Inst. Mech. Eng.*, (1864): 63.

[588] "Boiler Explosions," *Engineering*, (February 16th, 1866): 97-98. この箇所は, 石谷清幹『工学概論』コロナ社, 1972年, 127頁でも引用している.

[589] "Boiler Explosions in 1869," *Engineering*, (February 25th, 1870): 131-132.

[590] Report from the Select Committee on Steam Boiler Explosions; together with the Proceedings of the Committee, Minutes of Evidence, and Appendix. (1870): 119.

[591] *National Boiler Insurance Company, Chief Engineer's Report*. (Manchester: James Collins & Co.) 1865年から1892年までの資料から作成.

[592] ヘンリー・ベッセマー(中澤護人, 田川哲也訳)『ベッセマー自叙伝—20世紀文明の基礎を築いた発明家』日鉄技術情報センター, 1999年, 232頁.

[593] ベッセマー(中澤, 田川訳)『ベッセマー自叙伝』1999年, 231-234, 247頁. Henry Bessemer, *Sir Henry Bessemer F. R. S. An Autobiography* (London: Offices of "Engineering,", 1905, reprinted by London: The Institute of Metals, 1989), 208-209, 223.

[594] ベッセマー(中澤, 田川訳)『ベッセマー自叙伝』1999年, 231-234頁.

[595] Henry Bessemer, *Sir Henry Bessemer F. R. S. An Autobiography* (1989), Plate

XXIV.
[596] Colburn, "Description of Harrison's Cast Iron Steam Boiler," *Proc. Inst. Mech. Eng.* (1864): 63.
[597] ベッセマーは，鋼と錬鉄において大砲に使用する火薬の燃焼ガスによる腐食の作用に言及して，パドル鉄の腐食の様子を次のように述べている．
「錬鉄棒の腐食がどのように進行していくかは，簡単に観察できる．たとえば，ポンプのハンドルを例にとると，つるつるとした表面は腐食によって浸食され，くぼみができたりする．しかもそれが棒鉄を構成するいくつもの鍛接箇所から始まっているのが，注意深く見ればわかるであろう．あるいは，古くなった鎖を見てもわかるであろう．鎖の環は最初は滑らかな丸棒鉄を細工して作られたものであるが，腐食が進むと表面はギザギザになっていく．これも鍛接箇所の優先的な腐食によるものなのである．水よりも腐食の激しい状況でこれを見てみたいと思う人は，ピカピカに研磨した棒鉄を10%程度の硫酸に入れてみるとよい．一時間も経たないうちに，棒を構成する各部分が，鍛接継ぎ目の腐食のされ方の相違により，美しい彫刻された地図のようになり，不完全な鍛接箇所がはっきり見えてくるのである．」
ベッセマー(中澤, 田川訳)『ベッセマー自叙伝』1999年, 235-236頁.
[598] Henry Bessemer, *Sir Henry Bessemer F. R. S. An Autobiography* (1989), Plate XXV.
[599] ハンツマンの両親はドイツ出身であったが，ハンツマンが生まれる数年前にイギリスに移住していた．ハンツマンは鋼の溶解実験をドンカスターで始めたが, 1740年シェフィールドの南数マイル離れたところにあるハンズワースに移住して事業を始めた．これらハンツマンの経歴については, Samuel Smiles, *Industrial Biography: Iron Workers and Tools Makers*, (First Published 1878, TEE Publishing, Reprinted 1999), 103-111. やベック(中沢護人訳)『鉄の歴史』Ⅲ-2, 3-12 などを参照した．
[600] 中沢護人『鋼の時代』岩波書店, 岩波新書, 1964年, 69-70頁.
[601] 中沢護人『鋼の時代』岩波書店, 岩波新書, 1964年, 105頁.
[602] ルードウィヒ・ベック(中沢護人訳)『鉄の歴史』Ⅳ-3, たたら書房, 1970年, 190頁.
[603] ルードウィヒ・ベック(中沢護人訳)『鉄の歴史』Ⅳ-3, 187-195頁.
[604] ルードウィヒ・ベック(中沢護人訳)『鉄の歴史』Ⅳ-3, 194頁.
[605] ルードウィヒ・ベック(中沢護人訳)『鉄の歴史』Ⅳ-3, 195頁.
[606] ベッセマー法の発明および本項の内容については，拙稿「近代製鉄業の父，ヘンリー・ベッセマー」『材料技術』Vol. **24**, No. 5 (2006 9-10), 271-274. を参照されたい．
[607] H. Bessemer, "On the Manufacture of Iron and Steel without Fuel," *Report of the 26th meeting of the British Association for the Advancement of Science* 26 (1857): 162. ただ，この報告では，タイトルのみしか掲載されていない．本文は, Henry Bessemer, *Sir Henry Bessemer F. R. S. An Autobiography* (London: Offices of "Engineering,", 1905, reprinted by London: The Institute of Metals, 1989), 邦訳では，ヘンリー・ベッセマー(中澤, 田川訳)『ベッセマー自叙伝─20世紀文明の基礎を築いた発明家』日鉄技術情報センター, 1999年, 168-177頁に掲載されている．
[608] ベッセマー(中澤, 田川訳)『ベッセマー自叙伝』1999年, 168-177頁からの要約.
[609] Henry Bessemer, "On the Manufacture of Cast Steel and Its Application to Constructive Purposes," *Proc. Inst. Mech. Eng.*, (1861): 133-157.
[610] ベッセマーはこの論文の中で，ボイラ使用材料としてベッセマー鋼の実績をあげている．またベッセマー法にとってライバルとなるであろう"るつぼ鋳鋼"をかなり意識

しているようで，るつぼ鋳鋼に対する優位性をアピールしている．またその論文の中で，シェフィールドのジョン・ブラウン(John Brown)が経営していたアトラス(Atlas)製鉄所の転炉設備について言及している．
Bessemer, "On the Cast Steel and Its Application to Constructive Purposes," *Proc. Inst. Mech. Eng.*, (1861): 143-149.

[611] 本書において，特に価値があるのは，そこで製造された軟鋼の引張り強さを詳細に述べていることである．次に示した表は，ベッセマーが発表したベッセマー鋼の引張り強さについてのものである．これはウーリッチ砲兵工廠にてウィルモット大佐が監督して行われた試験の結果である．それによると鋼塊の引張強さは 63,023 psi (435 MPa, 4430 kgf/cm^2) であるが，鍛造もしくは圧延された棒鋼は破断までに 152,912 psi (1050 MPa, 10800 kgf/cm^2) までの荷重に耐えた．当時一般的なるつぼ鋳鋼の引張強さが 736-981 MPa, (75.0〜100 kgf/cm^2) であった．さらにボイラ用として圧延された鉄板の平均引張り強さは 68,319 psi (471 MPa, 4800 kgf/cm^2) であった．また，ベッセマーは円筒形ボイラの煙管に生じる圧縮ひずみに対して，ベッセマー鋼が従来の鉄板に比べて強いことを主張している．
Henry Bessemer, "On the Manufacture of Cast Steel and Its Application to Constructive Purposes," *Proc. Inst. Mech. Eng.*, (1861): 141.

[612] 当時，銅はしばしば冶金学者らによって非常に強い靱性を持つ材料といわれていた．
Henry Bessemer, *Sir Henry Bessemer F. R. S. An Autobiography* (1989), 242.

[613] Henry Bessemer, "On the Manufacture of Cast Steel and Its Application to Constructive Purposes," *Proc. Inst. Mech. Eng.*, (1861): 149.

[614] アダムソンは 1857〜1858 年にかけてボイラに鋼(おそらく"るつぼ鋳鋼"のこと)を使用した．おそらく彼は比較的高価であったるつぼ鋳鋼よりも安価な鋼を求めて，ベッセマー鋼を使用するに至ったのであろう．さらに 1861〜1862 年にかけてリベット穴を空ける際，鉄板内の残留ひずみを防ぐため，パンチに代わってドリルを用いた．
"Memoirs," *Proc. Inst. Mech. Eng.*, (1890): 167-171.

[615] Henry Bessemer, "On the Manufacture of Cast Steel and Its Application to Constructive Purposes," *Proc. Inst. Mech. Eng.,* (ly 1861): 151.

[616] *Ibid.*, 151.

[617] アダムソンは 1857〜1858 年にかけてボイラに鋼(おそらく"るつぼ鋳鋼"のこと)を使用した．おそらく彼は比較的高価であったるつぼ鋳鋼よりも安価な鋼を求めて，ベッセマー鋼を使用するに至ったのであろう．さらに 1861〜1862 年にかけてリベット穴を空ける際，鉄板内の残留ひずみを防ぐため，パンチに代わってドリルを用いた．
"Memoirs," *Proc. Inst. Mech. Eng.*, (1890): 167-171.

[618] 中沢護人『鋼の時代』岩波書店，岩波新書，1964 年，130-131 頁．

[619] Per Carlberg, "Early Industrial Production of Bessemer Steel at Edsken," *Journal of the Iron and Steel Institute*, **189** (1958): 201-204.

[620] ベックは Robert Durrer, *Die Metallurgie des Eisens*. 1934 から引用している．ルードウィヒ・ベック(中沢護人訳)『鉄の歴史』IV-3, 175 頁．

[621] Per Carlberg, "Early Industry Production of Bessemer Steel at Edsken," *Journal of the Iron and Steel Institute*, Vol. **189** (1958): 202.

[622] William Fairbairn, "On the Progress of Mechanical Science," *Report of the 28th Meeting of the BAAS*, **28** (1859): 201-203. (ベックは『鉄の歴史』において，これを *Mechanics Magazine*. 1858. p. 1814. Dinglers Journal 1859, 2 Februarheft から引用し

ている. 本論記載の訳は中沢のものである. ルードウィヒ・ベック (中沢護人訳)『鉄の歴史』Ⅳ-3, 180頁. にて)
[623] William Fairbairn, *Iron Its History, Properties, & Processes of Manufacture* (Edinburgh Adam and Charles Black. 1861).
[624] ルードウィヒ・ベック (中沢護人訳)『鉄の歴史』Ⅴ-1, たたら書房, 1970年, 136頁.
[625] Bessemer, *An Autobiography*, 221. and R. A. Hayward, *Fairbairn's of Manchester* (1971), 2.49.
[626] Henry Bessemer, "On the Manufacture of Malleable Iron and Steel," *M, P. I. C. E.*, Vol. **18**, (1859): 525-554.
[627] ルードウィヒ・ベック (中沢護人訳)『鉄の歴史』Ⅴ-1, 236頁.
[628] これはおそらく Daniel Adamson の間違いである. The Institute of Mechanical Engineers, "Memoirs," *Proc. Inst. Mech. Eng.*, (Jan 1890): 167-171. によると, ダニエル・アダムソンは1888年 The Iron and Steel Institute から Gold Medal を授与されたことになっている.
[629] ルードウィヒ・ベック (中沢護人訳)『鉄の歴史』Ⅴ-1, 236-237頁.
[630] ディキンソン (磯田訳)『蒸気動力の歴史』, 188頁. R. J. Law, *The Steam Engine: A brief history of the reciprocating engine* (London: Her Majesty's Stationary Office, first published 1965, third impression 1972), 31, Richard Hills, *Power from steam* (1989), 140.
[631] T. S. アシュトン (中川敬一郎訳)『産業革命』岩波書店, 岩波文庫, 1973年, 106頁.
[632] ディキンソン (磯田訳)『蒸気動力の歴史』, 114-115頁.
[633] ディキンソン (磯田訳)『蒸気動力の歴史』, 115頁.
[634] Thurston, *A History of the Growth of the Steam-engine* (1939), 72-73.
[635] 石谷清幹『ボイラ要論』, 59頁.
[636] ストワーズ (石谷, 坂本訳)「定置蒸気機関—1830〜1900—」シンガー『技術の歴史』第9巻, 98頁.
[637] Zerth Colburn, "Description of Harrison's Cast Iron Boiler," *Proc. Inst. Mech. Eng.*, (1864): 63.
[638] ストワーズ (石谷, 坂本訳)「定置蒸気機関—1830〜1900—」シンガー『技術の歴史』第9巻, 108頁.
[639] 例えば, ディキンソンの次の著作を参照せよ. ディキンソン (磯田訳)『蒸気動力の歴史』, 186-199頁.
H. W. Dickinson, *A Short History of the Steam Engine* (1963), 159-172.
[640] 石谷清幹『ボイラ要論』, 63-164頁.
[641] この移行の理由をベリキンドは次のように簡潔に説明している.「大型ボイラへの移行の可能性は, 径の小さな鋼管を何本も結合して水管ボイラ構造をとることのうちにひめられていた. このように径を小さくすることによって, 鋼管は, 肉厚3〜4mm で高い圧力に耐えることができる. このボイラでは, 使用される水管全体の長さを大きくとることによって, 大きな伝熱面積が得られた. こうして, 圧力と蒸発能力の増大という2つの発展傾向をみたすことができるようになった.」ベリキンド (野中昌夫訳)『人間と技術の歴史2』東京図書, 1966年, 477頁.
[642] ディキンソン (磯田訳)『蒸気動力の歴史』, 149-150頁.
[643] ディキンソン (磯田訳)『蒸気動力の歴史』, 150頁.
[644] H. W. Dickinson, *A Short History of the Steam Engine* (1938, 1963).

[645] E. C. Smith, *A Short History of Naval and Marine Engineering* (1937).
[646] Smith 以降の舶用機関に関するモノグラフとしては, John Guthrie, *A History of Marine Engineering* (London: Hutchinson, 1971) があるが, 軍艦に関する記載がほとんどなく, 商船用機関との関わりが明らかではないこと, また出典が記載されていないという欠点がある. また, Richard L. Hills, *Power from steam* (1989) には, 舶用機関についての記載はある. ただし, この著作は, 副題のとおり, 陸用定置機関の歴史として書かれたものであり, 舶用機関の記述は陸用定置機関を記述する上で必要なものだけに限られている. したがって, 舶用機関の歴史に関するまとまったモノグラフとは言えない.
[647] George A. Newby. "Behind the Fire Doors: Fox's Corrugated Furnace 1877 and the 'High Pressure' Steamship," *Trans. Newcomen. Soc.* **64** (1992): 134-166.
[648] スコッチ・ボイラとは, 舶用で外殼が円筒形で, 煙管が前方に戻ってくるタイプ (return tube) のボイラを指す.
H. H. P. Powles, *Steam Boilers:* (1905), 151.
[649] 石谷清幹『ボイラ要論』, 30-36 頁.
[650] E. C. Smith, *A Short History of Naval and Marine Engineering* (1937), 29.
[651] E. C. Smith, *A Short History of Naval and Marine Engineering* (1937), 133-134.
[652] Richard L. Hills, *Power from steam*, 146.
[653] Bramwell, "On the Progress Effected in Economy of Fuel in Steam Navigation, Considered in Relation to Compound-Cylinder Engines and High-Pressure Steam," *Proc. Inst. Mech. Eng.*, (1872): 130-131.
[654] F. H. Pearson, *The Early History of Hull Steam Shipping* (first published 1896, second published 1984), 38-39.
[655] F. H. Pearson, *The Early History of Hull Steam Shipping*, 43.
[656] F. H. Pearson, *The Early History of Hull Steam Shipping*, 43. また *The Times* 紙 1838 年 8 月 2 日の記事によると, ビクトリア号の事故の日時は 6 月 14 日と記載されている.
"The Late Explosion on board the Victoria Steam-ship," *The Times* (Aug 2, 1838): 5.
[657] F. H. Pearson, *The Early History of Hull Steam Shipping*, 43-44.
[658] F. H. Pearson, *The Early History of Hull Steam Shipping*, 44.
[659] 石谷清幹『ボイラ要論』, 69 頁.
[660] F. H. Pearson, "Notes on the First Twenty Years of Hull Steam Shipping," *Transactions of th Hull & Distinct Institution of Engineers and Naval Architects*, **9** (1894): Plate. 8.
[661] F. H. Pearson, *The Early History of Hull Steam Shipping* (1984), 44.
[662] F. H. Pearson, "Notes on the First Twenty Years of Hull Steam Shipping," *Transactions of the Hull & Distinct Institution of Engineers and Naval Architects*, **9** (1894): Plate. 9.
[663] Bramwell, "On the Progress Effected in Economy of Fuel in Steam Navigation, Considered in Relation to Compound-Cylinder Engines and High-Pressure Steam," *Proc. Inst. Mech. Eng.*, (1872): 130-131.
[664] F. H. Pearson, "Notes on the First Twenty Years of Hull Steam Shipping," *Transactions of the Hull & Distinct Institution of Engineers and Naval Architects*,

9 (1894): Plate. 7.
[665] Smith は, *A Short History of Naval and Marine Engineering*, 154 で *Mechanics Magazine* の 4 月 19 日号から引用し, このことを述べている.
[666] E. C. Smith, *A Short History of Naval and Marine Engineering* (1937), 154.
[667] スプラット(石谷, 坂本訳)「船舶用蒸気機関」シンガー『技術の歴史』第 9 巻, 120 頁.
[668] E. C. Smith, *A Short History of Naval and Marine Engineering* (1937), 37-38. 矢崎信行『舶用機関史話』天然社, 1941 年, 57-59 頁.
[669] E. C. Smith, *A Short History of Naval and Marine Engineering* (1937), 41.
[670] H. Philipp Spratt, *Transatlantic Paddle Steamers*, Second Edition (Glasgow: Brown, Son & Ferguson, First Edition 1851, Second Edition 1967, Reprinted 1980), 30.
[671] Geo. Henry Preble, *A Chronological History of the origin and development of Steam Navigation. 1543-1882* (Philadelphia: L. R. Hamersly, 1883), 166.
[672] 杉浦昭典『蒸気船の世紀』NTT 出版, 1999 年, 95 頁.
[673] Geo. Henry Preble, *A Chronological History of the origin and development of Steam Navigation. 1543-1882* (Philadelphia: L. R. Hamersly, 1883), 166. にシリウス号の航海記録があり, これによると 5 日目に蒸気圧力 53.4 pound に達したとあるが, これは当時の舶用機関の技術水準から考えて逸脱した数値であり, おそらくは誤植であると思われる. Smith はこれを 5 ¾ psi であると述べている.
[674] Spratt, *Transatlantic Paddle Steamers*, Second Edition (reprinted 1980), 30.
[675] Spratt, *Transatlantic Paddle Steamers*, Second Edition (reprinted 1980), 32.
[676] L. T. C. ロルト(高島訳)『ヴィクトリアン・エンジニアリング』1989 年, 104 頁.
[677] Dyer, "The First Century of the Marine Engine," *T. I. N. A.*, **30** (1889): 91.
[678] Preble, *A Chronological History of the Origin and Development of Steam Navigation. 1543-1882* (1883), 166.
[679] John Bourne, *A Treatise on the Steam-Engine in its various applications to mines, mills, steam navigation, railways, and agriculture* (London: Longman, Green, Longman, and Roberts., 1861), 201.
[680] E. C. Smith, *A Short History of Naval and Marine Engineering* (1937), 42.
[681] F. H. Pearson, *The Early History of Hull Steam Shipping* (1984), 37.
[682] Edward Humphrys, "On Surface Condensation in Marine Engines," *Proc. Inst. Mech. Eng.*, (1862): 99.
[683] F. H. Pearson, *The Early History of Hull Steam Shipping* (1984), 36.
[684] スプラット(石谷, 坂本訳)「船舶用蒸気機関」シンガー『技術の歴史』第 9 巻, 120 頁. H. Phillip Spratt, "The Marine Steam-Engine," Charles Singer, *A History of Technology* (Oxford: Oxford University Press, 1958, reprinted 1979) Vol. **5**: 153.
[685] ディキンソン(磯田訳)『蒸気動力の歴史』1994 年, 136 頁. Smith, *A Short History of Naval and Marine Engineering* (1937), 154.
[686] Dickinson, *A Short History of the Steam Egnine* (Second Edition 1963), 112. ディキンソン(磯田訳)『蒸気動力の歴史』1994 年, 136 頁. Smith *A Short History of Naval and Marine Engineering*, 154., James. P Joule, "On a Surface Condenser," *Proc. Inst. Mech. Eng.*, (1856): 193., Humphrys, "On Surface Condensation in Marine Engines," *Proc. Inst. Mech. Eng.*, (1862) 111.
[687] E. Humphrys, "On Surface Condensation in Marine Engines," *Proc. Inst. Mech. Eng.*, (1862): 106.

[688] 1888年7月25日，イギリス造船協会第30回例会でヘンリー・ダイアーが「舶用機関の最初の一世紀」と題した講演を行い，その後の討論でホールの表面復水器が失敗に終わった原因が議論された．Dyer, "The First Century of the Marine Engine," *T. I. N. A.*, **30** (1889): 107-109.

[689] Bramwell, "On the Progress Effected in Economy of Fuel in Steam Navigation, Considered in Relation to Compound-Cylinder Engines and High-Pressure Steam," *Proc. Inst. Mech. Eng.*, (1872): 132.

[690] ダビソンによると，アラー号 (*Alar*) に搭載されたジェット復水器の真空度は23 in. (58.4 cm) であり，表面復水器の真空度は 24.5 in. (62.2 cm) であった．その他の船でも，ジェット復水器の方が表面復水器より真空度では勝っている．
Thomas Davison, "On the necessity for Surface Condensation, and on different methods of effecting the same," *Trans. Inst. Enig. Scot.*, **4** (1860-61): 132.

[691] James P. Joule, "On a Surface Condenser," *Proc. Inst. Mech. Eng.*, (1856): 193.

[692] Thomas Davison, "On the necessity for Surface Condensation, and on different methods of effecting the same," *Trans. Inst. Enig. Scot.*, **4** (1860-61): 69-79, 90-105. on pp. 103-104.

[693] Joule, "On a Surface Condenser," *Proc. Inst. Mech. Eng.*, (1856): 186.

[694] スミスは，表面復水器の再導入をエドワード・ハンフリーとジョン・フレデリック・スペンサーにのみ帰しいて，ローワンの名前をあげていない．E. C. Smith, *A Short History of Naval and Marine Engineering* (1937), 153-156.

[695] Henry Dyer, "The First Century of the Marine Engine," *T. I. N. A.*, **30** (1889): 107-109.

[696] Thomas Davison, "On the necessity for Surface Condensation, and on different methods of effecting the same," *Trans. Inst. Enig. Scot.*, **4** (1860-61): 74.

[697] J. F. Spencer, "On the Mechanical and Economical Advantages and Disadvantages of Surface Condensation," *Trans. Inst. Enig. Scot.*, **5** (1861-62): 70-83, 124-137. on p. 76.

[698] Humphrys, "On Surface Condensation in Marine Engines," *Proc. Inst. Mech. Eng.*, (1862): 100.

[699] *Ibid.*, Plate 32.

[700] *Ibid.*, p. 102.

[701] *Ibid.*, pp. 10-104.

[702] *Ibid.*, p. 104.

[703] J. M. Rowan のこの表面復水器使用に関する報告は，彼の息子 Frederick J. Rowan が1879年11月25日に行われた *The Institution of Engineers and Shipbuilders in Scotland* の講演にて発表している．
Frederick J. Rowan, "On the Introduction of the Compound Engine, and Economical Advantage of High Pressure Steam; with a Description of the System introduction by the late Mr. J. M. Rowan," *Trans. Inst. Eng. Ship. Scot.*, **23** (1879-1880): 51-97.

[704] F. J. Rowan, "On the Introduction of the Compound Engine, and Economical Advantage of High Pressure Steam; with a Description of the System introduction by the late Mr. J. M. Rowan," *Trans. Inst. Eng. Ship. Scot.*, **23** (1879-1880): 61.

[705] Wiiliam Parker, "On the Progress and Development of Marine Engineering," *T. I.*

N. A., Vol. **28** (1887): 125-146.
[706] E. C. Smith, *A Short History of Naval and Marine Engineering* (1937), 191.
[707] F. J. Rowan, "On the Introduction of the Compound Engine, and Economical Advantage of High Pressure Steam; with a Description of the System introduction by the late Mr. J. M. Rowan," *Trans. Inst. Eng. Ship. Scot.*, **23** (1879-1880): 69-70.
[708] E. C. Smith, *A Short History of Naval and Marine Engineering* (1937), 191-193.
[709] 潤滑剤である牛脂がボイラ・復水器に混入した問題も確かにあった. これは動物油に代わって鉱物油を使用することで解決された. ディキンソン『蒸気動力の歴史』136-37頁.
[710] R. W. Skelton, "Progress in Marine Engineering," *Proc. Inst. Mech. Eng.*, (1930): 19.
[711] Alexander W. Williamson, Loftus Perkins, "On A Boiler, Engine, and Surface Condenser, For Very High Pressure Steam With Great Expansion," *Proc. Inst. Mech. Eng.*, (1861): Plate 24.
[712] Alfred Blechynden, "A Review of Marine Engineering during the Past Decade," *Proc. Inst. Mech. Eng.*, (1891): 321-322.
[713] E. C. Smith, *A Short History of Naval and Marine Engineering* (1937), 223.
[714] F. H. Pearson, *The Early History of Hull Steam Shipping* (1984), 37-38.
[715] E. C. Smith, *A Short History of Naval and Marine Engineering* (1937), 223-225.
[716] Rankine, *A Memoir of John Elder*, (1871), 25-26.
[717] F. J. Rowan, "On the Introduction of the Compound Engine, and Economical Advantage of High Pressure Steam; with a Description of the System introduction by the late Mr. J. M. Rowan," *Trans. Inst. Eng. Ship. Scot.*, **23** (1879-1880): 51-97.
[718] *Ibid.*, pp. 51-97.
[719] 1886年7月29日にリバプールで開催されたイギリス造船協会第27回例会にて W. Parker の発表後の議論にて, テティス号の開発に携わったジョン・スコット (John Scott) が当時の開発の様子を語っている. William Parker, "On the Progress and Development of Marine Engineering," *T. I. N. A.*, **28** (1887): 141-142.
[720] F. J. Rowan, "On the Introduction of the Compound Engine, and Economical Advantage of High Pressure Steam; with a Description of the System introduction by the late Mr. J. M. Rowan," *Trans. Inst. Eng. Ship. Scot.*, **23** (1879-1880): 51-97.
[721] *Ibid.*, pp. 51-97.
[722] *Ibid.*, Plate. III.
[723] James Howden, "On the Comparative Merits of Cylindrical and Water-tube Boilers for Ocean Steamships," *T. I. N. A.*, **35** (1894): 310, 349.
[724] R. W. Skelton, "Progress in Marine Engineering," *Proc. Inst. Mech. Eng.*, (1930): 22.
[725] F. J. Rowan, "On the Introduction of the Compound Engine, and Economical Advantage of High Pressure Steam; with a Description of the System introduction by the late Mr. J. M. Rowan," *Trans. Inst. Eng. Ship. Scot.*, **23** (1879-1880): Plate V.
[726] *Ibid.*, pp. 61-62.
[727] British Patent A. D, 1861, No. 2207. John Martin Rowan, Thomas Rogers Horton, "Improvements in Steam Boilers and Surface Condensers."
[728] *Ibid.*
[729] F. J. Rowan, "On the Introduction of the Compound Engine, and Economical Advantage of High Pressure Steam; with a Description of the System introduction

by the late Mr. J. M. Rowan," *Trans. Inst. Eng. Ship. Scot.*, **23** (1879-1880): 62.

[730] Alexander Kholodilin, "Krk, Alexander Carnegie," Edited by Lance Day and Ian McNeil, *Biographical Dictionary of the History of Technology* (London; New York: Routledge, 1996), 402.

[731] Parker, "On the Progress and Development of Marine Engineering," *T. I. N. A.*, **28** (1887): 138.

[732] Parker, *T. I. N. A.*, **28** (1887): 138. この議論でカークは *Propontis* 建造の経緯を述べている.

[733] "S. S. Propontis.," *Engineering*, (April 17, 1874): 281-282.

[734] "S. S. Propontis.," *Engineering*, (April 17, 1874): 281-282.

[735] スミスによると二度の大きなボイラ事故のために, より伝統的なタイプのボイラに交換されてしまったとある. E. C. Smith, *A Short History of Naval and Marine Engineering* (1937), 199.

[736] "The Explosions on Board S. S. "Propontis.,"" *Engineering*, (March 17, 1876): 217-218.

[737] F. J. Rowan, "On the Introduction of the Compound Engine, and Economical Advantage of High Pressure Steam; with a Description of the System introduction by the late Mr. J. M. Rowan," *Trans. Inst. Eng. Ship. Scot.*, **23** (1879-1880): 70.

[738] "The Explosions on Board S. S. "Propontis.,"" *Engineering*, (1876): 217-218.

[739] E. C. Smith, *A Short History of Naval and Marine Engineering* (1937), 199, 243.

[740] A. C. Kirk, "On the Triple Expansive Engines of the S. S. "ABERDEEN.,"" *T. I. N. A.*, **23** (1882): 33-37. on pp. 34-35.

[741] Dyer, "The First Century of the Marine Engine," *T. I. N. A.*, **30** (1889): 96.

[742] ウィリアム・シーメンズの伝記および本項の内容の概略については, 小林 学「平炉法の発明者 ウィリアム・シーメンズ—科学と技術を融合させた技術者」科学教育研究協議会編集／日本標準刊『理科教室』2011年6月号, 98-101頁にも同じような記載があるので参考にされたい.

[743] "Memoirs," *Proc. Inst. Mech. Eng.*, (1890): 167-171.

[744] 小林 学「蒸気機関用ボイラの発達と材料技術との関係に関する研究」『科学史研究』第41巻221号 (2002年), 14-25頁.

[745] John R. Ravenhill, "Twenty Minutes on the Increased Use of Steel in Shipbuilding and Marine Engineering," *T. I. N. A.*, **22** (1881): 38-53. on p. 39.

[746] Howell社が製造していた鋼の性質の悪さについては, 次の論文が詳しい. J. Gordon Parr, "The Sinking of the "Ma Robert": An Excursion into Mid-19th-Century Steelmaking," *Technology and Culture*, **13** (1972): 207-225. また, ベッセマーの自伝によると, 当時, ハウエル社 (Messrs. Howell and Company) は木炭棒鉄をるつぼで溶解して, homogeneous な金属を作っていたとある. 当時は, ベッセマー法が普及していなかったことを考えると, ハウエル社は, ベッセマーが言うような, るつぼ法かそれに似た方法で鋼を製造していたものと考えられる. Henry Bessemer, *Sir Henry Bessemer, F. R. S. An Autobiography* (1st published Offices of "Engineering", 1905, Reprinted by The Institute of Metals, 1989), 242.

[747] Bessemer, *An Autobiography*, 240-241. また, ベッセマー鋼と陸軍省およびウィリアム・アームストロングとの確執については, Bessemer, *An Autobiography*, 216-239 に詳しい.

[748] 民間造船へのベッセマー鋼の採用は，1863年前半，リバプールの造船会社ジョーンズ・クイッキンス社 (Messrs. John & Quiggins, and Company) によってなされる．その後，同社から造船用鋼としてベッセマー軟鋳鋼の大量の注文が来るようになった．Henry Bessemer, *An Autobiography*, 243. なお，この時点では，舶用ボイラにはベッセマー鋼は使用されていない．ただし，ここで述べた軍需より民間が主導した技術開発のあり方については，慎重を期す必要があるかもしれない．ベッセマーが転炉法を発明するに至ったきっかけも，そもそもクリミア戦争に刺激を受けて，回転する砲弾に耐えうる砲材を発明するためであった．また Matsumoto によれば，これまで民需主導だと考えられていたチャールズ・アルジャーノン・パーソンズによる舶用蒸気タービンの開発においても，海軍による様々な技術開発が，個人的な経路を通じて，パーソンズの舶用蒸気タービンに導入されたことが指摘されている．
Miwao Matsumoto, Technology Gatekeepers for War and Peace: The British Ship and Japanese Industrialization (New York: Palgrave Macmillan, 2006), 81-102.

[749] Henry Bessemer, *An Autobiography*, 243-245.

[750] Henry Bessemer, *An Autobiography*, 243-244.

[751] Henry Bessemer, *An Autobiography*, 241.

[752] Henry Bessemer, *An Autobiography*, 245.

[753] N Barnaby, "On Iron and Steel for Shipbuilding," *T. I. N. A.*, **16** (1875): 131-132.

[754] W・マクニール（高橋均訳）『戦争の世界史』刀水書房，2002年，306-309頁．

[755] N Barnaby, "On Iron and Steel for Shipbuilding," *T. I. N. A.*, **16** (1875): 131-136.

[756] N Barnaby, "On Iron and Steel for Shipbuilding," *T. I. N. A.*, **16** (1875): 137-140.

[757] B. R. Mitchell & P. Deane, *Abstract of British Historical Statistics* (Cambridge Univ. Press, 1962), 132, 136.

[758] ルードウィヒ・ベック（中沢護人訳）『鉄の歴史』V-4，たたら書房，1973年，22頁．

[759] なぜイギリス海軍においてベッセマー鋼が使用されなかったのか，その理由は，初期のベッセマー鋼があまり品質の良いものではなかったからであるという意見がある．チャールズ・シンガー『技術の歴史』の中で，A. M. ロップは次のように述べている．「鋼は1864年，チャタム造船所で試験されたが，なお数年間は疑いの目で見られていた．初期の鋼は，過熱，除炭されると軟弱になり，反対に急冷された場合には硬くもろくなった．こうした好ましくない性質を改善するために提案された焼き鈍しも，実際的ではなかった．当時の状態は1875年海軍本部の造船技監ナサニエル・バーナビによって造船協会へ提出された論文の中に要約されている．……」A. M. ロップ（鈴木高明訳）「造船」シンガー『技術の歴史』筑摩書房，第9巻，1964年，289頁．

[760] ベッセマー（中澤護人，田川哲也訳）『ベッセマー自叙伝』1999年，271頁．

[761] James Riley, "On Steel for Shipbuilding as Supplied to the Royal Navy," *T. I. N. A.*, **17** (1876): 135-155.

[762] James Riley, "On Steel for Shipbuilding as Supplied to the Royal Navy," *T. I. N. A.*, **17** (1876): 136. William Pole, *The Life of Sir William Siemens, F. R. S., D. C. L., LL. D.* (London: John Murray, 1888), 194.

[763] E. C. Smith, *A Short History of Naval and Marine Engineering* (1937), 185-186.

[764] J. Wright, "The Steam Trials of H. M. S. IRIS."," *T. I. N. A.*, **20** (1879): 117-132. on. p. 125.

[765] Wright, "The Steam Trials of H. M. S. IRIS."," *T. I. N. A.*, **20** (1879): 117-132.

[766] E. C. Smith, *A Short History of Naval and Marine Engineering* (1937), 195-197.

[767] Wright, "The Steam Trials of H. M. S. IRIS."," *T. I. N. A.*, **20** (1879): 127.
[768] William H. White, "The Structual Arrangement and Proportion of H. M. S. "IRIS."," *T. I. N. A.*, **20** (1879): plate. IX.
[769] E. C. Smith, *A Short History of Naval and Marine Engineering* (1937), 187.
[770] LLOYD'S Register of British and Foreign Shipping (1878).
[771] W. Parker, "On the Use of Steel For Marine Boilers, and some Recent Improvements in their Construction," *T. I. N. A.*, **19** (1878): 172-192.
[772] Parker, *T. I. N. A.*, **19** (1878): 172.
[773] John R. Ravenhill, "Twenty Minutes on the Increased Use of Steel in Shipbuilding and Marine Engineering," *T. I. N. A.*, **22** (1881): 38-53. on p. 41.
[774] A. C. Kirk, "On the Triple Expansive Engines of the S. S. "ABERDEEN."," *T. I. N. A.*, **23** (1882): 34-36.
[775] E. C. Smith, *A Short History of Naval and Marine Engineering* (1937), 244-245.
[776] Kirk, "On the Triple Expansive Engines of the S. S. "ABERDEEN."," *T. I. N. A.*, **23** (1882): 34-36.
[777] E. C. Smith, *A Short History of Naval and Marine Engineering*, 199-201.
[778] "Belleville Boiler," *Engineering* (April 30, 1869): 286.
[779] スプラット「船舶用蒸気機関」シンガー『技術の歴史』第9巻, 120頁.
[780] "The Belleville Boilers on H. M. S. "Sharpshooter."," *Engineering* (March 6, 1896): 329. E. C. Smith, *A Short History of Naval and Marine Engineering*, 251.
[781] "The Boilers of the "Powerful"," *Engineering*, **74** (July 11, 1902): 51.
[782] E. C. Smith, *A Short History of Naval and Marine Engineering* (1937), 199-200.
[783] スプラット「船舶用蒸気機関」シンガー『技術の歴史』第9巻, 120頁.
[784] "Report of the Committee on Naval Boilers," *Engineering*, (August 5, 1904): 192.
[785] James Mckechnie, "Review of Marine Engineering during the Last Ten Years," *Proc. Inst. Mech. Eng.*, (1901): 619.
[786] Edward C. R. Marks, *The Manufacture of Iron and Steel Tubes* (The Technical Publishing Company, 2nd Edition, 1903), 9-16. 今井宏『パイプづくりの歴史』アグネ技術センター, 1998年, 96-99頁.
[787] Skelton, "Progress in Marine Engineering," *Proc. Inst. Mech. Eng.*, (1930): 42.
[788] Skelton, "Progress in Marine Engineering," *Proc. Inst. Mech. Eng.*, (1930): 42.
[789] James Mckechnie, "Review of Marine Engineering during the Last Ten Years," *Proc. Inst. Mech. Eng.*, (1901): 619.
[790] R. W. Skelton "Progress in Marine Engineering," *Proc. Inst. Mech. Eng.*, (1930): 42-43. Skeltonがここで述べた1884年は, Rover型自転車が登場した年でもある. Wiebe E. Bijker, *Of Bicycles, Bakelites, and Bulbs: Toward a Theory of Sociotechnical Change* (MIT Press, First edition 1995, First paperback edition 1997), 69-70. なお1870年代から1880年代の自転車の流行と継ぎ目なし鋼管の需要増との関係は, ジェイムス・P. ムーア(今井宏訳)『シームレス物語―米国継目無鋼管産業の発展史―』4-5頁や今井宏『パイプづくりの歴史』アグネ技術センター, 1998年, 155-157頁も参照した. また1885年頃から1895年頃にかけてのマンネスマンらによる傾斜圧延法およびピルガー・ミルによる継ぎ目なし鋼管の製造については, 特にルードウィヒ・ベック(中沢護人訳)『鉄の歴史』V-3, たたら書房, 1972年, 262-271頁および今井宏『パイプづくりの歴史』アグネ技術センター, 1998年, 131-154頁を参照した.

[791] マクニール(高橋均訳)『戦争の世界史』327頁.
[792] E. C. Smith, *A Short History of Naval and Marine Engineering* (1937), 163, 341-342.
[793] ロルト(高島訳)『ヴィクトリアン・エンジニアリング』1989年, 120-121頁.
[794] ジョージ・ネイシュ(須藤利一訳)「造船」シンガー『技術の歴史』第8巻, 筑摩書房, 1963年, 495頁.
[795] E. C. Smith, *A Short History of Naval and Marine Engineering* (1937), 17-18.
[796] B. R. Mitchell & P. Deane, *Abstract of British Historical Statistics* (Cambridge Univ. Press, 1962), 220-222. から作成.
[797] Dyer, "The First Century of the Marine Engine," *T. I. N. A.*, **30** (1889): 100.
[798] Alfred Holt, "Review of the Progress of Steam Shipping during the last Quarter of a Century," *M, P. I. C. E.*, Vol. **51** (1877-78): 5.
[799] Rankine, *A Memoir of John Elder*, 37-38.
[800] Dyer, "The First Century of the Marine Engine," *T. I. N. A.*, **30** (1889): 100.
[801] Bramwell, "On the Progress Effected in Economy of Fuel in Steam Navigation, Considered in Relation to Compound-Cylinder Engines and High-Pressure Steam," *Proc. Inst. Mech. Eng.*, (1872): Table. I.
[802] 明示的に box の記載がなくても, 単に flue の記述や全長・幅・高さの記述だけあるものは, 当時の一般的なボイラの使用状況から箱形ボイラと推定できるので, box boiler としたことをお断りしておく.
[803] ルードウィヒ・ベック(中沢護人訳)『鉄の歴史』V-4, 22, 75, 508-509頁. なお B. R. Mitchell & P. Deane, *Abstract of British Historical Statistics* (Cambridge Univ. Press, 1962), 135-136. によると 1886年には溶鋼の生産量がパドル鉄を追い抜いている. 各統計によって多少の違いはあるが, 1885-1886年頃には, 溶鋼の生産量がパドル鉄を上回ったと考えて差し支えないだろう.
[804] 蒸気機関車用機関は, 別の発展を遂げるので, ここでは除く.

引用・参考文献一覧

1. 一次文献
    - 書簡類
    - 特許明細書
    - ボイラ事故の調査結果
    - 雑誌に掲載された論文・論説
    - 単行本
    - 当時の技術者の蒸気と熱に関する見解についての資料
    - 船舶および舶用機関の登録簿
    - 新聞記事
2. 二次文献
    - 単行本
    - 外国語雑誌に掲載された論文など
    - 日本語雑誌に掲載された論文など
3. 事典類

文献略号表
本書の引用・参考文献一覧では，雑誌や辞典等の名称について，以下に記す略号を用いた。

Ann. Phil.	*Annals of Philosophy*
Br. J. Hist. Sci.	*The British Journal for the History of Science*
BAAS	*British Association for the Advancement of Science*
M. P. I. C. E.	*Minutes of Proceedings of the Institution of Civil Engineers*
Notes Rec. R. Soc. Lond.	*Notes and Records of the Royal Society of London*
Phil. Mag.	*Philosophical Magazine*
Proc. Inst. Mech. Eng.	*Proceeding of the Institution of Mechanical Engineers*
Trans. ASME	*Transactions of the American Society of Mechanical Engineers*
T. I. N. A.	*Transactions of the Institution of Naval Architects*
Trans. Inst. Eng. Ship. Scot.	*Transactions of the Institution of Engineers and Shipbuilders in Scotland*
Trans. Inst. Enig. Scot.	*Transactions of the Institution of Engineers in Scotland*
Trans. Newcomen. Soc.	*Transactions of the Newcomen Society*

1. 一次文献
[書簡類]
Letter from Giddy to Hornblower, 5 June 1791, Hornblower papers No. 6. Royal Institution of Cornwall 所蔵.
Letter from Trevithick to Giddy 4 April 1792. Royal Institution of Cornwall 所蔵.
Letter from Beddoes to Davies Giddy, 14th April 1798. Cornwall Record Office 所蔵.
Letter from Davies Giddy to J H Sunbury, 5 Nov 1798. Cornwall Record Office 所蔵.
Humphry Davy, "An Essay on Heat, Light and the Combinations of Light,"の草稿. Royal Institution of Conrwall 所蔵.
Letter from Davy to Giddy Feb. 22, 1799. The Davy Letters project website, http://www.davy-letters.org.uk/
Letter from Richard Trevithcik and Andew Vivian to Davies Giddy 16th Jan. 1802. Trevithick MSS. Vol. 1 No. 2. Royal Institution of Cornwall 所蔵. Francis Trevithick, *Life of Richard Trevithick*, Vol. 1, (1872), 112.
Letter from Davies Gilbert to Thomas Telford, June 4th 1825. Institution of Civil Engineers (ICE), *ICE original communications* No. 23.
Seaward & Capel, Copy of Letter to the Hon. H. L. Corry, M. P., on the use of high-pressure steam in the steam vessels of the British navy, (January 15th, 1846).

[特許明細書]
British Patent A. D, 1698, No. 356. Thomas Savery, "Machinery for Raising Water, giving Motion to Steam Engines, & c."
British Patent A. D, 1769, No. 913. James Watt, "Steam Engines, &c. Watt's Specification."
British Patent A. D, 1769, No. 913. James Watt "Steam Engines, & c. Watt's Extension."
British Patent A. D, 1783, No. 1351. Henry Cort, "Preparing, Welding, and Working Iron."
British Patent A. D, 1784, No. 1420. Henry Cort, "Manufacture of Iron."
British Patent A. D, 1803, No. 2726. Arthur Woolf, "Steam and other Boilers"
British Patent A. D, 1804, No. 2772. Arthur Woolf, "Steam Engines"
British Patent A. D, 1837, No. 7302. Robert Smith, "Construction of Boilers, &c."
British Patent A. D, 1844, No. 10166. William Fairbairn & John Hetherington "Steam Boilers, Furnaces, and Flue"
British Patent A. D, 1861, No. 2207. John Martin Rowan, Thomas Rogers Horton, "Improvements in Steam Boilers and Surface Condensers."

[ボイラ事故の調査結果]
Report form the Select Committee on Steam Boats. & c. with the Minutes of Evidence taken before the Committee (24 June 1817).
Report from the Select Committee on Steam Boiler Explosions; together with the Proceedings of the Committee, Minutes of Evidence, and Appendix. (1870)
Boiler Explosions. RETURN "of all Fatal Accidents of Boiler Explosions in the United Kingdom in the Years 1875 and 1876; also of the Finding of the Coroners' Juries

in all such Cases of Fatal Boiler Explosions during the Same Period:" "And, of all Fatal Boiler Explosions on Board Steamships in the Years 1861 and 1862, and of all similar Explosions on Board Steamships in 1864 and 1865, in 1875 and 1876." (1876)

[雑誌に掲載された論文・論説]

Thomas Savery, "An Account of Mr. Tho. Savery's Engine for raising Water by the help of Fire," *Philosophical Transactions*, **21** (July, 1699): 228.

John Smeaton, "An Experimental Enquiry Concerning the Natural Powers of Water and Wind to Turn Mills, and Machines, Depending on a Circular Motion," *Philosophical Transactions*, **51** (1759): 100-174.

James Rumsey, "An Explanation of new Constructed Boiler, for generating Steam in the great Quantities, with very little Fuel, invented by James Rumsey, in the Winter 1785," *Columbian Magazine*, **II** (1788): 275, Plate. 1.

Humphry Davy, "An Essay on Heat, Light and the Combinations of Light," *Contributions To Physical And Medical Knowledge, Principally From The West Of England*, Collected By Thomas Beddoes (1799).

Benjamin Count of Rumford, "An Inquiry concerning the Source of the Heat which is Excited by Friction," *Philosophical Transaction*, **88** (1798): 80-102.

Herapath, "A Mechanical Inquiry in to the Causes, Laws, and principal Phenomena of Heat, Gases, Gravitation, & c." *Ann of Phil.*, n.s. Vol. **1** (1821): 273-283, 340-350, 401-417.

Charles Sylvester, "Observations on the Presence of Moisture in Modifying the Specific Gravity of Gases," *Ann. Phil.*, n.s. Vol. **IV** (1822): 29-31.

H. H. Jun., "Account of a Steam-Engine Indicator," *Quarterly Journal of Science* Vol. **XIII** (1822), 91-96.

Davies Gilbert, "On the expediency of assigning specific names to all such functions of simple elements as represent definite physical properties; with the suggestion of new term in mechanics; illustrated by an investigation of the machine moved by recoil, and also by some observation on the Steam Engine," *Philosophical Transactions*, **117** (1827): 25-38.

William Pole, "On the Pressure and Density of Steam, with a proposed new Formula for the relation between them; applicable particularly to Engines working with High-pressure Steam expansively," *M, P. I. C. E.*, Vol. **2** (1843): 209-211. 1843年掲載のこの論文は抜粋であったが, 同雑誌 Vol. **6** (1847) pp. 350-355 に全文が掲載されている.

John Mortimer Heppel, "On the Expansive action of Steam," *M. P. I. C. E.*, Vol. **6**, (1847): 316-342.

T. Tate, "On the Law of the Expansion of Steam," *M. P. I. C. E.*, Vol. **6**, (1847): 343-350.

J. E. McConnell, "On the Balancing of Wheel," *Proc. Inst. Mech. Eng.*, (June 1848): 1-9.

John Seaward, "On the Employment of High-pressure Steam, working expansively, in Marine Engines," *M. P. I. C. E.*, Vol. **8** (1849): 304-309.

Joseph Glynn, "On Water—pressure Engine," *Report of the 18th Meeting of the BAAS*

18 (1849): 11-16.

James Prescott Joule, "On the Mechanical Equivalent of Heat," *Philosophical Transactions* **140** (1850): 61-82.

William Fairbairn, *Esq.* Communicated by the Rev. Henry Moseley, *F. R. S.*, "An Experimental Inquiry into the Strength of Wrought-Iron Plates and Their Riveted Joints as applied to Ship-building and Vessels exposed to severe strains," *Philosophical Transactions*, **140** (1850): 677-725.

"Memoir of John Farey," *M. P. I. C. E.*, Vol. **XI**, (1851): 100-102.

W. J. M. Rankine, "On the Mechanical Action of Heat," *Phil. Mag.*, S. 4, Vol. 7, No. 43, (1854): 117-118.

James. P Joule, "On a Surface Condenser," *Proc. Inst. Mech. Eng.*, (1856): 185-195.

William Fairbairn, "Description of an Improved Steam Riveting, Punching and Shearing Machine," *Proc. Inst. Mech. Eng.*, (1856): 134-139.

H. Bessemer, "On the Manufacture of Iron and Steel without Fuel," *Report of the 26th meeting of the BAAS*, **26** (1857): 162. ただ、この報告では、タイトルのみしか掲載されていない。本文は、Henry Bessemer, *Sir Henry Bessemer F. R. S. An Autobiography* (London: Offices of "Engineering,", 1905, reprinted by London: The Institute of Metals, 1989), 邦訳では、ヘンリー・ベッセマー(中澤護人・田川哲也訳)『ベッセマー自叙伝―20世紀文明の基礎を築いた発明家』日鉄技術情報センター, 1999年, 168-177頁に掲載されている。

William Fairbairn, "On the Resistance of Tubes to Collapse," *Philosophical Transactions*, **148** (1858): 389-413.

William Fairbairn, "On the Progress of Mechanical Science," *Report of the 28th Meeting of the BAAS*, **28** (1859): 201-203.

Henry Bessemer, "On the Manufacture of Malleable Iron and Steel," *M. P. I. C. E.*, (1859): 525-554.

John Wethered, "On Combined Steam," *M. P. I. C. E.*, Vol. **29** (1859-60): 462-488.

Henry Bessemer, "On the Manufacture of Cast Steel and Its Application to Constructive Purposes," *Proc. Inst. Mech. Eng.*, (July 1861): 133-157.

Alexander W. Williamson, Loftus Perkins, "On a Boiler, Engine, and Surface Condenser, For Very High Pressure Steam with Great Expansion," *Proc. Inst. Mech. Eng.*, (1861): 94-108.

Report of Research in Science, "Second Report of the Committee on Steam-ship Performance", *Report of the 30th meeting of the BAAS*, **30** (1861): 193-216. Supplementary Appendix. Appendix I, table No. 1.

John Elder, "The Cylindrical Spiral Boiler," *BAAS*, **30** (1861): 205-210.

Thomas Davison, "On the necessity for Surface Condensation, and on different methods of effecting the same," *Trans. Inst. Enig. Scot.*, **4** (1860-61): 69-79, 90-105.

J. F. Spencer, "On the Mechanical and Economical Advantages and Disadvantages of Surface Condensation," *Trans. Inst. Enig. Scot.*, **5** (1861-62): 70-83, 124-137.

Edward Humphrys, "On Surface Condensation in Marine Engines," *Proc. Inst. Mech. Eng.*, (1862): 99-124.

Zerth Colburn, "Description of Harrison's Cast Iron Steam Boiler," *Proc. Inst. Mech. Eng.*, (1864): 61-91.

"Boiler Explosions," *Engineering* Vol. 1 (Feb. 16th, 1866): 97-98.
W. J. Macquorn Rankine, "On the Centrifugal Force of Rotating Shaft," *The Engineer* **XXVII** (April 9, 1869): 249.
"Boiler Explosions in 1869," *Engineering* Vol. 9 (Feb. 25th, 1870): 131-132.
F. J. Bramwell, "On the Progress Effected in Economy of Fuel in Steam Navigation Considered in relation to Compound Cylinder Engines and High-Pressure Steam," *Proc. Inst. Mech. Eng.* (1872): 125-186.
"S. S. Propontis.," *Engineering* (April 17, 1874): 281-282.
"The Explosions on Board S. S. "Propontis.","* Engineering* (March 17, 1876): 217-218.
James Riley, "On Steel for Shipbuilding as Supplied to the Royal Navy," *T. I. N. A.*, **17** (1876): 135-155.
Alfred Holt, "Review of the Progress of Steam Shipping during the last Quarter of a Century," *M. P. I. C. E.*, Vol. **51** (1877-78): 2-134.
"H. M. S. "INFLEXIBLE."" *Engineering* (November 22, 1878): 417-418.
"H. M. S. *Iris*," *Engineering* (December 13, 1878): 473-474.
W. Parker, "On the Use of Steel for Marine Boilers, and some Recent Improvements in their Construction," *T. I. N. A.*, **19** (1878): 172-192.
J. Wright, "The Steam Trials of H. M. S. "IRIS.","* T. I. N. A.*, **20** (1879): 117-132.
William H White, "The Structual Arrangement and Proportion of H. M. S. "IRIS.","* T. I. N. A.*, **20** (1879): 133-151.
Frederick J. Rowan, "On the Introduction of the Compound Engine, and Economical Advantage of High Pressure Steam; with a Description of the System introduction by the late Mr. J. M. Rowan," *Trans. Inst. Eng. Ship. Scot*, **23** (1879-1880): 51-97.
Henry Sandham, "On the History of paddle-wheel steam navigations," *Proc. Inst. Mech. Eng.*, (1885): 121-159.
Alfred Blechynden, "A Review of Marine Engineering during the Past Decade," *Proc. Inst. Mech. Eng.*, (1891): 306-371.
The Institute of Mechanical Engineers, "Memoirs," *Proc. Inst. Mech. Eng.*, (1890): 167-171.
John R. Ravenhill, "Twenty Minutes on the Increased Use of Steel in Shipbuilding and Marine Engineering," *T. I. N. A.*, **22** (1881): 38-53.
A. C. Kirk, "On the Triple Expansive Engines of the S. S. "ABERDEEN.","* T. I. N. A.*, **23** (1882): 33-37.
William Parker, "On the Progress and Development of Marine Engineering," *T. I. N. A.*, **28** (1887): 125-146.
Henry Dyer, "The First Century of the Marine Engine," *T. I. N. A.*, **30** (1889): 98.
A. J. Durston, "Some Notes on the History, Progress, and recent Practice in Marine Engineering," *T. I. N. A.*, **33** (1892): 60-87.
James Howden, "On the Comparative Merits of Cylindrical and Water Tube Boilers for Ocean Steamships," *T. I. N. A.*, **35** (1894): 309-349.
"The New British Cruiser "Terrible.","* Engineering*, (June 28, 1895): 727, 822-823.
"The Belleville Boilers on H. M. S. "Sharpshooter.","* Engineering* (March 6, 1896): 329.
A. J. Durston, "Recent Trails of the Cruisers "Powerful" and "Terrible"," *T. I. N. A,*.

38 (1897): 153-164.

"The Boilers of the "Powerful"," *Engineering*, (July 11, 1902): 51.

"Report of the Committee on Naval Boilers," *Engineering* (August 5, 1904): 192.

H. W. Dickinson, "Some Unpublished Letters of James Watt," *Proc. Inst. Mech. Eng.*, (1915): 487-534.

R. W. Skelton, "Progress in Marine Engineering," *Proc. Inst. Mech. Eng.*, (1930): 3-68.

[単行本]

Tho. Savery, *The Miners' Friend, an Engine to Raise Water by Fire, Described, and of the Manner of Fixing it in Mines* (London: 1702, Reprinted by George E. Eyre and William Spottiswoode, 1858)

James Rumsey, *A Short Treatise on the application of steam, whereby is clearly shewn from actual experiments, that Steam may be applied to propel boats or vessels of any burthen against rapid currents with great velocity* (Philadelphia: Chesnut Street, 1788)

John Robison, *A System of Mechanical Philosophy* Vol. **2** (Edinburgh: John Murray, 1822, Reprint Bristol: Thoemmes Continuum, 2004)

John Farey, *A Treatise on the Steam Engine, Historical Practical, and Descriptive*, Volume **1** (Originally published in 1827, David & Charles Limited, 1971)

De Pambour, *The Theory of the Steam Engine* (London: John Weale, 1839)

William Pole, *A Treatise on the Cornish Pumping Engine* (London: W. Hughes, Part I, II, 1844, Part III, 1949)

John Bourne (Edited by), *A Treatise on the Steam Engine, in its application to mines, mills, steam navigation, and railways New Edition* (London: Longman, Brown, Green, and Longmans, 1851)

James Patrick Muirhead, *The life of James Watt: with selections from his correspondence* (London: John Murray, 1858)

William Fairbairn, *Iron Its History, Properties, & Processes of Manufacture* (Edinburgh: Adam and Charles Black. 1861)

John Bourne, *A Treatise on the Steam-Engine in its various applications to mines, mills, steam navigation, railways, and agriculture* (London: Longman, Green, Longman, and Roberts., 1861)

Isambard Brunel, *The Life of Isambard Kingdom Brunel: Civil Engineer* (First published in 1870, reprinted by Nonsuch Publishing in 2006)

William John Macquorn Rankine, *A Memoir of John Elder, Engineer and Shipbuilder* (Edinburgh, 1871; 2nd ed., Glasgow, 1883)

Francis Trevithick, *Life of Richard Trevithick: with an account of his inventions* Vol. **1**, **2** (E. and F. N. Spon, 1872, Reprinted by Adam Gordon, 2006)

William Pole, partly written by himself, A Reprinted with an introduction by A. E. Musson, *The Life of Sir William Fairbairn, Bart* (First published in 1877 by Longmans Green and company, reprinted in 1970 by David Charles)

Robert Scott Burn, *The Steam Engine: Its History and Mechanism* (London: Ward, Lock and Tyler, 4th ed. 1870)

R. Clausius, translated by W. A. Browne, *The Mechanical Theory of Heat* (London:

Macmillan, 1879)
Richard Sennet, *The Marine Steam Engine: A Treatise for the use of Engineering Students and Officers of the Royal Navy* (London: Longmans, Green, and Co., 1882)
Geo. Henry Preble, *A Chronological History of the origin and development of Steam Navigation. 1543-1882* (Philadelphia: L. R. Hamerly, 1883)
［ウィルリヤム・ヂヨン・マックォールン・ランキン著(永井久一郎譯，原口要訂)『蘭均氏汽機學』［東京］：文部省編輯局, 1885 年, (英國第 8 版(1876) の翻訳)］
Thomas W. Knox, *The Life of Robert Fulton and A History of Steam Navigation* (G. P. Putnam's sons, 1886)
William Pole, *The Life of Sir William Siemens, F. R. S., D. C. L., LL. D.* (London: John Murray, 1888)
National Boiler Insurance Company, *Chief Engineer's Report. 1892-* (Manchester: James Collins & Co., 1893)
Henry Bessemer, *Sir Henry Bessemer F. R. S. An Autobiography* (London: Offices of "Engineering,", 1905, reprinted by London: The Institute of Metals, 1989)［邦訳：ヘンリー・ベッセマー(中澤護人・田川哲也訳)『ベッセマー自叙伝—20 世紀文明の基礎を築いた発明家』日鉄技術情報センター, 1999 年］
H. H. P. Powles, *Steam Boilers: Their History and Development* (London: Archibald Constable, 1905)
W. D. Wansbrough, *Modern Steam Boilers: The Lancashire Boiler* (London: Crosby Lockwood and Son, 1913)
Daniel Bernoulli, *Hydrodynamics* &, Johann Bernoulli, *Hydraulics*, translated from the Latin by Thomas Carmody and Helmut Kobus; preface by Hunter Rouse. (New York: Dover Publications, 1968 reissued in 2005)
Eric Robinson, A. E. Musson, *James Watt and the steam revolution: A Documentary History* (London: Adams & Dart, 1969). この書籍には，ワットの 1782 年の特許など，多くの一次資料の複製が含まれている．
サジ・カルノー(広重 徹訳と解説)『熱機関の研究』みすず書房, 1973 年.
John Fitch, Edited with Introduction and Notes by Frank D. Prager, *The Autobiography of John Fitch* (Philadelphia: The American Philosophical Society, 1976)

［当時の技術者の蒸気と熱に関する見解についての資料］
Encyclopaedia Britannica, 3rd Ed, **17** (1797)
Abraham Rees; edited by Neil Cossons, *Rees's manufacturing industry (1819-20): a selection from 'The cyclopaedia; or, Universal dictionary of arts, sciences and literature'* (Newton Abbot: David and Charles, 1972)

［船舶および舶用機関の登録簿］
LLOYD'S Register of British and Foreign Shipping

［新聞記事］
"The Late Explosion on board the Victoria Steam-ship," *The Times* (Aug 2, 1838): 5.

2. 二次文献
[単行本]
Samuel Smiles, *Self-help: with Illustrations of Character, Conduct and Perseverance* (New York: A. L. Burt).
サミュエル・スマイルズ(中村正直訳)『西国立志編』講談社, 1991年.
Samuel Smiles, *Industrial Biography: Iron Workers and Tools Makers* (First Published 1878, TEE Publishing, Reprinted 1999)
Samuel Smiles, *The Life of George Stephenson* (Hawaii: University Press of Hawaii, 2001, Reprinted from the 1881 edition)
Thomas W. Knox, *The Life of Robert Fulton and A History of Steam Navigation* (G. P. Putnam's sons, 1886)
F. H. Pearson, *The Early History of Hull Steam Shipping* (first published 1896, second published 1984)
Robert Henry Thurston with a Supplementary Chapter by William N. Barnard, *A History of the Growth of the Steam-engine* (Ithaca; New York: Cornell University Press, London: Oxford University Press, Centennial Edition, 1939)
ルードウィヒ・ベック(中沢護人訳)『鉄の歴史—技術的・文化史的にみた鉄の歴史』たたら書房.[原著:Ludwig Beck, *Die Geschichte des Eisens; In Technischer und Kulturgeschichtlicher Beziehung* (Originally published in Braunschweig: Fr. Vieweg, 1884-1901, reprinted in Tokyo: Yushodo, 1972)]
D. C. Cummings, *A Historical Survey of the Boiler Makers' and Iron and Steel Ship Builders' Society* (R. Robinson & Co. LTD., 1905)
H. W. Dickinson, *Robert Fulton: engineer and artist, his life and works* (London: John Lane, 1913)
H. W. Dickinson, *James Watt and the Steam Engine: The Memorial Volume Prepared for the Committee of the Watt Centenary Commemoration at Birmingham 1919* (London: Encore Editions, First published 1927, This edition published 1981, Reprinted 1989)
H. W. Dickinson and Arthur Titley, *Richard Trevithick: the engineer and the man* (Cambridge: Cambridge University Press, 1934)
H. W. Dickinson, *James Watt: craftsman & engineer* (Cambridge: Cambridge University Press, 1936)[邦訳ディッキンソン(原光雄訳)『ジェームズ・ワット』創元社, 1941年]
H. W. Dickinson, *A Short History of the Steam Engine* (Cambridge University Press, 1938)
H. W. Dickinson; with a new introduction by A. E. Musson, *A Short History of the Steam Engine* (London: F. Cass, 2nd ed 1963)[邦訳 W. H. ディッキンソン著(山川敏夫譯)『蒸氣機關發達史』伊藤書店, 1944年; H・W・ディッキンソン(磯田浩訳)『蒸気動力の歴史』平凡社, 1994年]
Edgar C. Smith, with a foreword by P. J. Cowan, *A Short History of Naval and Marine Engineering* (Cambridge: Cambridge University Press, 1937)
Rhys Jenkins, *Links in the history of engineering and technology from Tudor times: the collected papers of Rhys Jenkins, M. I. Mech. E., former senior examiner in the British Patent Office: comprising articles in the professional and technical press,*

mainly prior to 1920 and a catalogue of other published work (New York: Books for Libraries Press, 1971)

アボット・ペイザン・アッシャー(富成喜馬平訳)『機械発明史』岩波書店, 1940 年.

矢崎信之『舶用機関史話』天然社, 1941 年.

メイスン(矢島祐利訳)『科学の歴史―科学思想の主たる流れ―上・下』岩波書店, 1951 年. 著者は 1971 年第 16 刷を参照した.

H. Philipp Spratt, *Transatlantic Paddle Steamers*, Second Edition (Glasgow: Brown, Son & Ferguson, First Edition 1951, Second Edition 1967, Reprinted 1980)

Arthur Raistrick, *Dynasty of Iron founders: The Darbys and Coalbrookdale* (London & New York: Longmans Green, 1953)

H. P. Spratt, *Handbook of the Collections Illustrating Marine Engineering, Part II., Descriptive Catalogue* (London: Her Majesty's Office, 1953)

ARTHUR CECIL TODD, *THE LIFE OF DAVIES GILBERT (1767-1839), A Study in Patronage and Political Responsibility* (being the approved subject for the Degree of Doctor of Philosophy in the University of London, 1957-58)

H. P. Spratt, *The Birth of Steam Boat* (London: C. Griffin, 1958)

Charles Singer, *A History of Technology* (Oxford: Oxford University Press, 1958) ［チャールズ・シンガー『技術の歴史』筑摩書房］

石谷清幹『ボイラ要論』山海堂, 1961 年.

B. R. Mitchell & P. Deane, *Abstract of British Historical Statistics* (Cambridge Univ. Press, 1962)

中沢護人『鋼の時代』岩波書店, 岩波新書, 1964 年.

ベリキンド(野中昌夫訳)『人間と技術の歴史 1.2』東京図書, 1966 年.

T. R. Harris, *Arthur Woolf, The Cornish Engineer, 1766-1837* (Truro: D. Bradford Barton, 1966)

A. C. Todd, *Beyond the blaze: A Biography of Davies Gilbert* (D. Bradford Barton, 1967)

広重徹『物理学史 I』培風館, 1968 年.

S・リリー(伊藤新一, 小林秋男, 鎮目恭夫訳)『人類と機械の歴史 増補版』岩波書店, 1968 年.

石谷清幹『工学概論』コロナ社, 1971 年.

R. J. Law, *The Steam Engine: A brief history of the reciprocating engine* (London: Her Majesty's Stationary Office, first published 1965, third impression 1972)

T. S. アシュトン(中川敬一郎訳)『産業革命』岩波書店, 岩波書店, 1973 年.

T. K. デリー, T. I. ウィリアムズ(平田寛, 田中実訳)『技術文化史』上・下, 筑摩書房, 1971 年.

D. S. L. Cardwell, *From Watt to Clausius: the rise of thermodynamics in the early industrial age* (Ithaca, N. Y.: Cornell University Press, 1971)［邦訳 D・S・L・カードウェル(金子務監訳)『蒸気機関からエントロピーへ』平凡社, 1989 年］

R. A. Hayward, *Fairbairn's of Manchester. The History of the Nineteenth Century Engineering Works* (1971) (Master Thesis, The University of Manchester Institute of Science and Technology for the degree of Master of Science)

H. ラウス・S. インス(高橋裕・鈴木高明訳)『水理史』鹿島出版会, 1974 年.

中村静治『技術論入門』有斐閣, 1977 年.

三好信浩『明治のエンジニア教育』中公新書, 中央公論社, 1983年.
山本義隆『熱学思想の史的展開―熱とエントロピー』現代数学社, 1987年. なお大幅に加筆訂正された新版が三巻本として2009年に筑摩書房から出版されている.
Richard Hills, *Power from steam: A history of the Stationary steam engine* (Cambridge University Press, 1989, Transferred to digital reprinting 2000)
L. T. C. ロルト(高島平吾訳)『ヴィクトリアン・エンジニアリング―土木と機械の時代』鹿島出版会, 1989年.
Donald L. Canney, *The Old Steam Navy Volume One: Frigates, Sloops, and Gunboats, 1815-1885* (Naval Institution Press, 1990)
ヘッドリク(原田勝正・多田広一・老川慶喜訳)『帝国の手先』日本経済評論社, 1989年.
L. T. C. Rolt, with an Introduction by R. A. Buchanan, *Isambard Kingdom Brunel* (First published by Longmans Green 1957, Reprinted with an introduction, Penguin Books, 1989)
T・S・レイノルズ(末尾至行, 細川欵延, 藤原良樹訳)『水車の歴史―西欧の工業化と水力利用』平凡社, 1989年.
Eugene S. Ferguson, *Engineering and the Mind's Eye* (Cambridge, Massachusetts, London, England: MIT Press, First published in 1992, First MIT Press Paperback edition, 1994, Sixth Printing, 2004)
E・S・ファーガソン(藤原良樹, 砂田久吉訳)『技術屋の心眼』平凡社, 1995年.
三輪修三『ものがたり機械工学史』オーム社, 1995年.
齋藤晃『蒸気機関車の興亡』NTT出版, 1996年初版第1刷, 1999年初版第4刷.
杉浦昭典『蒸気船の世紀』NTT出版, 1999年.
W・マクニール(高橋均訳)『戦争の世界史』刀水書房, 2002年.
June Z. Fullmer, *Young Humphry Davy: The Making of an Experimental Chemist* (American Philosophical Society, 2000), 92.
Michael R Bailey and John P Glithero, *The Stephenson's Rocket: A history of a pioneering locomotive* (NMSI Trading, 2002.), 15.
デービス・ベアード(松浦俊介訳)『もののかたちをした知識』青土社, 2005年, 265-291頁.
原著：Davis Baird, *Thing Knowledge: A Philosophy of Scientific Instruments* (University of California Press, 2004)
Miwao Matsumoto, *Technology Gatekeepers for War and Peace: The British Ship and Japanese Industrialization* (New York: Palgrave Macmillan, 2006)
David Phillip Millar, *James Watt, Chemist: Understanding the Origins of the Steam Age* (London: Pickering & Chatto, 2009)

[外国語雑誌に掲載された論文など]

Allan Stirling, "Shell and Water-Tube Boilers," *Trans. ASME*, **6** (1883): 566-618.
James Weir, Jr., "James Rumsey, Steamboat Inventor," *Engineering Magazine*, **9**(5) (1895): 878-879.
Andrede, "Two Historical Notes: Humphry Davy's Experiments on the Frictional Development of Heat," *Nature*, **135** (1935): 359-60.
Rhys Jenkins, "Savery, Newcomen, and the Early History of the Steam-engine. Part I.," pp. 1-25, Reprinted from the *Transactions of the Devonshire Association for the*

Advancement of Science Literature, and Art, **xlv** (1913): 343-367.

Rhys Jenkins, "Links in the History of Engineering: Boiler Making," *The Engineer* **CXXVI** (July 19, 1918): 52.

Rhys Jenkins, "A Cornish Engineer: Authur Woolf," *Trans. Newcomen. Soc.* Vol. **13**. (1932): 55-73.

Per Carlberg, "Early Industrial Production of Bessemer Steel at Edsken," *Journal of the Iron and Steel Institute*, **189** (1958): 201-204.

A. C. TODD, "Davies Gilbert-Patron of Engineers (1767-1839) and Jonathan Hornblower (1753-1815)," *Trans. Newcomen. Soc.*, **32** (1959): 1-14.

Stephan G. Brush, "The Royal Society's First Rejection of the Kinetic Throry of Gases (1821): John Herapath versus Humphry Davy," *Notes Rec. R. Soc. Lond.* (1963): 130-147.

D. S. L. Cardwell, "Power Technologies and the Advance of Science," *Technology and Culture*, **6**, No. 2. (1965): 188-207.

G. R. Talbot and A. J. Pacey, "Some Early Kinetic Theories of Gases: Herapath and his Predecessors," *British Journal for the History of Science* (1966): 133-147.

J. Pacey and S. J. Fischer, "Notes and Communications: Daniel Bernoulli and the Vis-Viva of Compressed Air," *Br. J. Hist. Sci.*, **3**, (1967): 388-92.

D. S. L. Cardwell, Richard L. Hills, "Thermodynamics and Practical Engineering in the Nineteenth Century," *History of Technology*, **1**, (1976): 1-20.

Davis Baird, "Instruments on the Cusp of Science and Technology: The Indicator Diagram," *Knowledge and Society: Studies in Sociology of Science Past and Present*, **8**, (1989): 107-122.

Göran Réden, "Skill and Technical Change in the Swedish Iron Industry, 1750-1860," *Technology and Culture*, **39** No. 2 (July 1998): 383-407.

James ANDREW, Jeremy STEIN, Jennifer TANN, Christine MACLEOD, "The Transition from Timber to Cast Iron Working Beams for Steam Engines: A Technological Innovation," *Trans Newcomen Soc.*, **70** (1998-99): 197-220.

Christine Macleod, Jeremy Stein, Jennifer Tann, James Andrew, "Making Waves: The Royal Navy's Management of Invention and Innovation in Steam Shipping, 1815-1832," *History and Technology*, **16** (2000): 307-333.

Crosbie Smith, Ian Higginson, Phillip Wolstenholme, ""Avoiding Equally Extravagance and Parsimony": The Moral Economy of the Ocean Steamship," *Technology and Culture*, **44** (2003): 443-469.

[日本語雑誌に掲載された論文など]

石谷清幹「動力史の時代区分と動力時代変遷の法則」『科学史研究』第28号(1954年), 12-17頁.

田辺振太郎「石谷清幹氏の労作〝動力史の時代区分と動力時代変遷の法則″について」『科学史研究』第30号(1954年), 18頁.

石谷清幹「蒸気動力史論—第1報：陸用蒸気原動機単位出力発達史論」『科学史研究』第32号(1954年), 19-27頁.

大谷良一「動力史の方法論について—石谷清幹, 田辺振太郎両氏の論稿を批判する—」『科学史研究』第32号(1954年), 27-34頁.

田辺振太郎「動力史時代区分の方法論について―大谷良一氏の所論に対する批判」『科学史研究』第 34 号, 1955 年, 26-35 頁.

石谷清幹「技術発達の根本要因と技術史の時代区分」『科学史研究』第 35 号(1955 年), 28-38 頁.

大谷良一「動力史研究の現代的課題とその技術学的側面について―田辺振太郎氏の反批判に答える―」『科学史研究』第 38 号(1956 年), 23-30 頁.

田辺振太郎「再び技術史の方法について」『科学史研究』第 40 号(1956 年), 22-29 頁.

石谷清幹「蒸気動力史論―第 2 報:船用蒸気原動機単位出力発達史論」『科学史研究』第 40 号(1956 年), 14-22 頁.

石谷清幹「技術における内的発達法則について(蒸気動力史論の結論にかえて)」『科学史研究』第 52 号(1959 年), 16-23 頁.

石谷清幹, 赤木新介, 加治増夫「船舶推進力変換技術の通史と展望」『日本機械学会誌』83, No. 742. (1980), 1139-1143 頁.

山口 歩「1890〜1930 年の日本の火力発電所ボイラー市場を Babcock & Wilcox 社が独占した過程とその技術的理由」『科学史研究』第 31 巻, 181 号(1992), 9-18 頁.

高山 進, 道家達将「Clausius の熱力学形成過程における水蒸気論の位置付け」『東京工業大学人文論叢』2 (1976): 51-67.

三輪修三「機械力学のあけぼの:車輪の釣合せと回転軸の危険速度問題」『日本機械学會論文集. C 編』57 巻 541 号(1991):3063-3070 頁.

小林 学「蒸気機関用ボイラの発達と材料技術との関係に関する研究」『科学史研究』第 41 巻 第 221 号(2002 年), 14-25 頁.

小林 学「19 世紀舶用ボイラ発達過程―ボイラ史の研究方法によせて」『科学史研究』第 44 巻, 236 号(2005 年), 191-202 頁.

小林 学「19 世紀イギリスにおける技術者への熱力学の普及について」, *SIMOT Pre-Doctoral Interim Report*, The Science of Institutional Management of Technology Research Center: SIMOT REC, Tokyo Institute of Technology, Vol. 2 No. 1 (2006, Spring): 1-4.

小林 学「近代製鉄業の父, ヘンリー・ベッセマー」『材料技術 Material Technology』Vol. 24, No. 5 (2006, 9-10), 271-274.

小林 学「舶用蒸気ボイラ史再考」『科学史研究』第 45 巻, 238 号(2006 年), 122-124 頁.

小林 学「最初の近代技術者, ジョン・スミートン」『材料技術』Vol. 26, NO. 3(2008, 5-6), 137-140 頁.

小林 学「19 世紀後半の舶用ボイラ発達における鋼の重要性について」『科学史研究』第 49 巻, 254 号(2010 年), 65-77 頁.

小林 学「デービス・ギルバートとコーンウォールの技術者たち―動力技術開発における技術者と科学者との交流」『科学史研究』第 50 巻 258 号(2011 年), 122-125 頁.(日本科学史学会第 57 回年会シンポジウム報告「シンポジウム:18 世紀科学史に見る理論と実践の相互作用―2010 年度年会報告―」『科学史研究』第 50 巻 258 号(2011 年), 111-125 頁., コーディネーター:野津 聡, パネリスト:中澤 聡, 野澤 聡, 但馬 亨, 隠岐さや香, 小林 学)

小林 学「19 世紀中葉までの『蒸気機関の理論』の物質的基礎」『科学史研究』第 50 巻 259 号(2011 年), 165-169 頁.(日本科学史学会第 58 回年会シンポジウム報告「シンポジウム:物質・技術文化からみた近代数理諸科学の展開(1660-1840)―2011 年度年会報告―」『科学史研究』第 50 巻 259 号 154-169 頁., コーディネーター:野津 聡, パ

ネリスト：隠岐さや香, 野津　聡, 中澤　聡, 小林　学)

3. 事典類

Oxford Dictionary of National Biography Online.

マチョス(高山洋吉編)『西洋技術人名辭典』北隆館, 1946 年.

George Smith; edited by Sir Leslie Stephen and Sir Sidney Lee, *The dictionary of national biography: from the earliest times to 1900/founded in 1882* (London: Oxford University Press: Humphrey Milford, 1917-).

Charles Coulston Gillispie, editor in chief, *Dictionary of Scientific Biography*.

『世界大百科事典』平凡社, 1972 年初版.

『大百科事典』平凡社, 1984 年初版.

伊東俊太郎, 坂本賢三, 山田慶児, 村上陽一郎編集『[縮尺版]科学史技術史事典』弘文堂, 1994 年.

あとがき

　本書の研究に取りかかるきっかけは，石谷清幹氏，田辺振太郎氏，大谷良一氏が『科学史研究』誌上に発表した論文[1]を読んだ時であった。これら論文を読むことは，修士1年のときに木本忠昭先生からゼミナール発表の課題として与えられたものである（私の記録では，1998年6月5日と6月19日木本研ゼミで発表したことになっている）。石谷氏および彼を支持する田辺氏と大谷氏との論争は，前者の勝利に終わったかのように読めた。しかしながら，石谷氏の「出力」のみに着目した蒸気動力史論に，筆者は「効率」もまた蒸気動力の歴史に関係していると考え研究を開始したのである。熱効率を上げるためには，より高温熱源の温度を上げることが必須であり，そのために高温・高圧に耐えうるボイラ材料という観点からまとめたものが私の修士論文である。これは『科学史研究』に論文として掲載するとともに[2]，本書の第5章に構成するに至った。このアイディアを着想するに至ったのは，青山学院大学での学部時代に受けた竹本幹男青山学院大学名誉教授の講義に大きく影響を受けたものである。

　修士課程卒業後のしばらくのサラリーマン時代を経て，大学院博士課程に入学した私の次の課題は，舶用ボイラの強度の問題を取り扱うことであった。東京大学環境海洋工学専攻（専攻の名前がいろいろ変わっているようだが，当時の名称はこれでよいと思う）の図書室に入り浸る日が続いた。なんとか石谷氏の説を覆すべく，四苦八苦を続けたが，研究を進めれば進めるほど，それがいかに困難なことかを痛感することになった。部分的に石谷氏の所説に反する事実を見つけたとしても，石谷氏の論の全てが間違っていると言うことはできなかった。石谷氏の研究は技術史全体を貫く一般性の探究であって，それに取って代わるような一般論の提示はとても無理のように思われた。本書は，蒸気機関技術史の研究を通じた技術発達の一般性の追求を試みたものである

が，それがどの程度成功しているかは，読者の判断に委ねるほかない。

ただ，ここで1つ申し上げなければならないことは，技術発達における科学との関係である。この問題は古くから多くの技術史家・科学史家の興味をひいてきたが，大谷氏が石谷・田辺氏との論争に敗れた理由として，技術発達の要因として科学を入れたことがあるように思う。私の博士論文の主張は，大谷氏の研究に似ているところがあるように感じている。このことは，指導教員であった木本忠昭先生にも指摘されたこともあり，また2008年第2回日本科学史学会学術奨励賞の授賞式でのスピーチでも述べたところである。

技術発達における科学の役割は，労働手段体系説の立場から意識的適用説への反論として，これを切り離して考えるべきだという主張が日本では一定の支持を得ているように思われる。またイギリスにおいても故カードウェル博士が，ワットの分離凝縮器の発明におけるブラックによる潜熱発見の役割を否定しているように[3]，科学と技術の歴史はおおよそ別に論ずるというのが一般的なやり方の1つになっているように思う。

一方で，クルースによる，熱力学成立前のド・パンブール『蒸気機関の理論』に関する研究[4]や，ベアードやミラー[5]のようにワットの科学的側面に着目するような研究が現れているように，科学と技術との関連は一方で否定されても，他方でその相互関係を論じた研究は次々現れているのが現状である。メイスンがいみじくも指摘しているように[6]，結局，科学と技術とは，歴史的にはある距離を持って展開してきたが，科学と技術との相関関係は少なからず存在している。中世後期および近世初期にそれらは接近し始め，そして，18～19世紀以降，それらはさらに急速に接近して現在に至っていると考えるのが妥当だと思う。

本書は，筆者の東京工業大学大学院博士(学術)学位論文(授与年月日：平成19年3月26日)をもとに，特に第3章を加筆するなどしたものである。論文提出からすでに6年近い歳月が流れたが，その間の研究成果をできる限り反映すべく努力した。

執筆にあたっては多くの方々にご支援とご指導やアドバイスを頂いた。指導教員であり博士論文の主査であった木本忠昭名誉教授には，博士論文全体

の構成から研究の細部にわたって多大な御教示を賜った。博士論文の審査員であった山崎正勝名誉教授，藁谷敏治教授，中島秀人教授，梶雅範准教授からは適切なるアドバイスを頂くとともに，大学での生活を通して学問上の刺激を受けることができたのは本当に幸せであった。厚く御礼申し上げる。Yakup Bektas 助教，高塚秀治氏にも大変お世話になった。高塚氏からは，特に鉄鋼材料の性質に関する技術的な記述について適切なる御意見と御指導を頂いた。博士論文を執筆するにあたって，詫間直樹氏と野澤聡氏には大きな影響を受けた。博士論文の主な論点と主張は，詫間氏との日々の議論の中で培われたものである。また野澤氏には特に熱力学成立前の熱理論に関して多くの示唆を頂いた。さらに，東京工業大学技術構造分析講座のみなさん，火ゼミのみなさんからも多くの示唆を頂いたことも記しておかなければならない。ここに厚く御礼申し上げる。

　この数年，同じような興味関心を持つ野澤聡氏，隠岐さや香氏，但馬亨氏，中澤聡氏らと共同で研究を進めることができたこともまた大いに刺激になった。御礼申し上げるとともに，今後とも協力して研究していきたいと思っている。

　筆者が技術史研究の道に進むきっかけを作ってくださった三輪修三青山学院大学名誉教授，隆雅久青山学院大学名誉教授，黒沼健青山学院大学教授にも厚く御礼申し上げる。特に三輪先生は，大学卒業後も事ある度にご意見やアドバイスをくださった。この場を借りて心よりの謝辞を申し上げたい。

　資料収集にあたっては，東京工業大学付属図書館の多大なる御尽力を賜った。また The Institution of Civil Engineers の Carol Morgan 氏，The Institution of Mechanical Engineers の Lisa Davies 氏，Royal Institution of Cornwall の Angela Broome 氏には，同協会が所蔵する貴重な資料を閲覧する際に，多大なる御協力と御配慮を頂いた。東京大学の各図書館・各図書室，Cornwall Record Office, British Library, Science Museum, Royal Society など，ここで全ての図書館をあげることはとてもできないが，数多くの図書館のご協力を頂いたことについて，ここに深く感謝する。

　本書の刊行にあたっては，北海道大学出版会の成田和男氏と添田之美氏に

大変お世話になった。成田氏の激励がなければ，とてもこの刊行事業を遂行することは困難であったろう。重ねて御礼申し上げる。

　長きにわたって励まし支えてくれた家族，友人に御礼申し上げる。総じて，私は，この研究を遂行するにあたって多くの人々に恵まれたと感じている。

　本研究を遂行するにあたって次の研究費を頂いた。平成17年度，18年度，国立大学法人東京工業大学21世紀COE若手研究者研究費，拠点プログラム名称「インスティテューショナル技術経営学」。

　また本研究の遂行にあたっては，次の文部科学省より科学研究費補助金を受けた。2009年度採択課題「19世紀における技術者への熱学の普及と蒸気機関への応用について」(研究種目名：若手研究(B)　課題番号：21700840)。

　本書の刊行にあたっては独立行政法人日本学術振興会より「平成24年度科学研究費助成事業(科学研究費補助金(研究成果公開促進費))学術図書」の援助を受けた。改めて関係各位に厚く御礼申し上げる。

　　　2012年12月

　　　　　　　　　　　　　　　　　　　　　　　　　　　著　　者

[注と文献]

1. 石谷清幹「動力史の時代区分と動力時代変遷の法則」『科学史研究』第 28 号(1954 年), 12-17 頁.
    田辺振太郎「石谷清幹氏の労作〝動力史の時代区分と動力時代変遷の法則〟について」『科学史研究』第 30 号(1954 年), 18 頁.
    石谷清幹「蒸気動力史論―第 1 報:陸用蒸気原動機単位出力発達史論」『科学史研究』第 32 号(1954 年), 19-27 頁.
    大谷良一「動力史の方法論―石谷清幹, 田辺振太郎両氏の論稿を批判する―」『科学史研究』第 32 号(1954 年), 27-34 頁.
    田辺振太郎「動力史時代区分の方法論について―大谷良一氏の所論に対する批判」『科学史研究』第 34 号, 1955 年, 26-35 頁.
    石谷清幹「技術発達の根本要因と技術史の時代区分」『科学史研究』第 35 号(1955 年), 28-38 頁.
    大谷良一「動力史研究の現代的課題とその技術学的側面について―田辺振太郎氏の反批判に答える―」『科学史研究』第 38 号(1956 年), 23-30 頁.
    田辺振太郎「再び技術史の方法について」『科学史研究』第 40 号(1956 年), 22-29 頁.
    石谷清幹「蒸気動力史論―第 2 報:船用蒸気原動機単位出力発達史論」『科学史研究』第 40 号(1956 年), 14-22 頁.
    石谷清幹「技術における内的発達法則について(蒸気動力史論の結論にかえて)」『科学史研究』第 52 号(1959 年), 16-23 頁.
2. 小林 学「蒸気機関用ボイラの発達と材料技術との関係に関する研究」『科学史研究』第 41 巻 221 号(2002 年), 14-25 頁.
3. カードウェル(金子監訳)『蒸気機関からエントロピーへ』, 60-73 頁.
4. Peter Kroes, "On the Role of Design in the Engineering Theories; Pambour's Theory of the Steam Engine," edited by Peter Kroes and Martijn Bakker, *Technological Development and Science in the Industrial Age: New Perspectives on the Science-Technology Relationship* (Kluwer Academic Publishers, 1992): 69-98.
5. Davis Baird, "Instruments on the Cusp of Science and Technology: The Indicator Diagram," *Knowledge and Society: Studies in Sociology of Science Past and Present*, Vol. 8, (1989): 107-122.
    David Phillip Millar, *James Watt, Chemist: Understanding the Origins of the Steam Age* (London: Pickering & Chatto, 2009), 147-168.
6. S. メイスン(矢島祐利訳)『科学の歴史―科学思想の主たる流れ― 上』岩波書店, 1955 年, 1-2 頁. メイスンによると「科学の歴史的の根は二つの主な源から発している. 第一には技術的伝統であり, そのなかで実際的な経験と熟練とが手から手へと渡され, 時代から時代へと発展した. 第二には精神的伝統であり, その中で人間の願望と観念とが受け渡され, 増し加えられた. (中略)青銅時代の文明においては, 2 つの伝統は大かた別々であったようであり, 一方は職人たちによって, 他方は神官の書記生のグループによって伝えられた. (中略)一般的に 2 つの伝統が接近しはじめ, やがて結合して新しい伝統すなわち科学の伝統を生じるようになったのは, 中世後期おおび近世初期になってからである.」著者は 1971 年第 16 刷を参照した.

索引

【ア行】
アイリス号　205
アシェット　92
アシュトン　3
アタナシアン号(S.S. *Athanasian*)　197
アダムソン・ジョイント　154,155
アダムソン，ダニエル(Daniel Adamson, 1820-1890)　154,162,163,228
アドミラル号(*Admiral*)　113
アバディーン号　208
アバディーン号(S.S. *Aberdeen*)　207
アームストロング，ウィリアム(William George Armstrong, 1810-1900)　167,203
アルキメデス号(*Archimedes*)　103
アルキメデスの原理　63
アルバン，エルンスト　67
アレクト号　103
アレササ号(*Arethusa*)　117
アレン，ジョン　28
アーロン・マンビー号(*Aaron Manby*)　103
安全率　42
アンドレーデ　69
イギリス機械技術者協会(The Institution of Mechanical Engineers, IMech)　45,189
イギリス産業革命　23
イギリス造船協会(The Institution of Naval Architects)　202,204
イギリス土木技術者協会(The Institution of Civil Engineers)　87,168
石谷清幹　6,7,102,178,231
インカ号(*Inca*)　111
インジケーター　85,86
インジケーター線図　76
インフレキシブル号(H.M.S. *Inflexible*, 設計年1874)　116
ウィックステッド，トーマス(Thomas Wickstead, 1806-71)　45
ウィルキンソン，ジョン　24,132
ウィルバーフォース号(*Wilberforce*)　186
ウィルモット，アードレイ　166
ウェザーレッド，ジョン(John Wethered)　112
ウェストガース，ウィリアム　62
ウルフ，アーサー(Arthur Woolf, 1766-1837)　52,75,76,78,138,139,144,146
ウルフの法則　78
英国科学振興協会(British Association for the Advancement of Science)　88,161,165,167
エッグ・エンディド・ボイラ(Egg Ended Boiler)　136
エドワーズ，ハンフリー(Humphrey Edwards)　140
エニス(John Samuel Enys)　89
エバンス，オリバー(Oliver Evans, 1755-1819)　126,141,142,143,144
エルダー，ジョン(John Elder, 1824-

1869) 110,114,115,213,217
エレファント・ボイラ 140
エンサクロペディア・ブリタニカ 75
円筒形ボイラ 100,115,117,118,172, 180,182,200,213
オクタヴィア号(Octavia) 117
オットウェー, ロバート(Robert Otway) 180

【カ行】
外車(paddle wheel) 32,44,225
外輪 96,102
カーク, アレクサンダー・カーニージ (Alexander Carnegie Kirk, 1830-1892) 198,207,208,229
カードウェル 3,5,10,44,56,66,67, 69,75,81,83,98
過熱(superheating) 112
カラ, エチエンヌ(Étienne Calla, 1760-1835) 35
カラオ号(Callao) 113
ガリレオ 60
カーリング・ヤング社(Curling, Young & Co.) 185
カルノー・サイクル 83
カルノー, サディ(Nicolas Léonard Sadi Carnot, 1796-1832) 2,82, 83,84,92,170
カルノーの定理 2
カロリック説 70
貫流式ボイラ 6
技術の内的発達法則 6
ギディ, デービス(Davies Giddy, 1767-1839. 1817年にデービス・ギルバート Davies Gilbert と改姓) 67,70,71,72,73,76,87,91,223
グアヤキル号(Guayaquil) 115
クラウジウス, ルドルフ(Rudolf Julius Emmanuel Clausius, 1822-1888)

4,98,226
グラスゴー大学 110
クラドック, トーマス(Thomas Craddock) 195
クラペイロン 97
クラモント号 37
クランク 24,41
クリケット号 180
グリニッチ 135
クルース, ペーテル 55,85
クルップ, アルフレート(Alfred Krupp, 1812-1887) 158,160
グレート・イースタン号(Great Eastern) 44,104
グレート・ウェスタン号(Great Western) 104,185
グレート・ブリテン号(Great Britain) 103
クレマン 79,92,98
ゲイ・リュサック 79
ゲラルソン(Göran Frederic Göranson, 1819-1900) 165
ケルカー 54
原動機 21,23
「鉱山の友」(miner's friend) 18
好適蒸発量範囲 6
コート, ヘンリー(Henry Cort, 1741?-1800) 131,150
コーニッシュ・ボイラ 42,48,127, 136,139,146,148,172,184
コネクティングロッド 41
コメット号 39
コルゲート煙管 179,208
コールブルックデール会社 132,149, 150
コーンウォール機関 42,53,87,88, 112,137,140,222
コーンウォール地方 9,169
コンスタンス号(H. M. S. Constance)

索引 301

117

【サ行】
サイド・レバー機関　100
サイミントン，ウィリアム(William Symington, 1763-1831)　33
作業機　21, 23
サザン，ジョン(John Southern)　73, 86
サバンナ号(Savannah)　101, 102
サン・カルロス号(San Carlos)　115
サンダラ号(H. M. S. Thunderer, 1872年進水)　120
ジェイナス号(H. M. S. Janus)　101
ジェンキンス(Rhys Jenkins)　76
ジマーズ・トンボー社(Messrs. Zimmers and Tombough)　26
シーメンズ，ウィリアム(William Siemens, 1823-1883)　89, 180, 204
シャープシューター号(H. M. S. Sharpshooter)　209
シャルロット・ダンダス号(Charlotte Dundas)　34, 38
ジュール，ジェームズ・プレスコット (James Prescott Joule, 1818-1889)　4, 97, 108, 188, 225
『蒸気機関およびその他の原動機』　54, 113
蒸気ジャケット(steam jacket)　112, 113
蒸気除去方式　6
蒸気ハンマー　150
蒸発器　194
蒸発量　6, 231
蒸留器　185
初期復水　112
ジョージ・トンプソン社(Messrs. George Thompson & Co.)　207
ショートリッジ・ハウエル・ジェショッ

プ社(Messrs. Shortridge, Howell & Jessop)　200
ジョン・プラット社　163
ジョン・ペン父子会社(Messrs. John Penn and Sons)　101
ジョン・ホール父子会社(John Hall & Sons)　186
シリウス号　104, 186
シルベスター，チャールズ　81
シーワード，ジョン(John Seaward, 1786-1858)　105
水管ボイラ　36, 127, 172, 179, 191, 195, 196, 198, 208, 213, 226
水車　58, 223
水柱機関　62, 63, 64, 90
スエズ運河　211
スクリュー　32, 44, 96, 102, 103, 105, 225
スコッチ・ボイラ　116, 179, 206, 207, 213, 218
スコット，ジョン(John Scott)　191, 195
スチーブンソン，ジョージ(George Stephenson, 1781-1848)　40, 41
スチーブンソン，ロバート(Robert Stephenson, 1803-1859)　89
スプラット　187
スペンサー，ジョン・フレデリック (John Frederick Spenser, 1825-1915)　189
スミス，エドガー　179
スミス，ジュニアス(Junius Smith, 1780-?)　185
スミス，フランシス・ペティット (Francis Petit Smith, 1808-1874)　103
スミス，ロバート　152
スミートン，ジョン(John Smeaton, 1724-1797)　35, 58, 64, 130

セネット，リチャード 118
セーバリー，トーマス(Thomas Savery, 1650?-1715) 16,18,19,20
セント・デイ 22
潜熱 73
全熱量(total heat)の原理 79,82,92

【タ行】
ダイアー，ヘンリー(Henry Dyer) 188
大気圧機関 11
高山 55,85,98
多段膨張機関 217
タムペート号(Tempête) 202
チェスウォーター 23
鋳鋼(cast steel) 159,160
鋳鉄 134,139,140,145,227
ディキンソン 10,19,20,53,56,113,178
ディクソン(W. H. Dixon) 198,229
ディー号(H. M. S. Dee) 112
ティトレー 72
デイライト号(Daylight) 101
デザギュリエ 129
テティス号(Thetis) 191,195
テート(Tate) 89
デバステーション号(H. M. S. Devastation) 210
デービー，ハンフリー(Humphry Davy, 1778-1829) 69,70,71,91,223
デモロゴス(Demologos) 37
テーラー，ジェームズ(James Taylor) 33
テリブル号(H. M. S. Terrible) 209
テルフォード，トーマス(Thomas Telford, 1757-1834) 87
伝達機構 21
転炉法 158,218
動力と制御の矛盾 6,231
ドゾルム 79,92,98
トッド(A. C. Todd) 72
トネル号(Tonnerre) 202
ド・パルシュー(1752) 58
ド・パンブール(François Marie Guyonneau, le Comte de Pambour, 1775-?) 54,85,89,93,224
トムソン，ウィリアム(William Thomson, 1824-1907. 後のケルビン卿，Baron Kelvin of Largs) 4,97,188,226
ドラローシュ(François Delaroche) 79
トリチェリ 60,90
トリチェリの定理 61
ドルトン，ジョン 79
ドレッドノート号(H. M. S. Dreadnought，設計年1872) 116
トレビシック，フランシス 72
トレビシック，リチャード(Richard Trevithick, 1771-1833) 4,40,52,62,64,75,134,143,144

【ナ行】
ナイト，デビッド(David Knight) 69
ナズミス，ジェームズ(James Nasmyth, 1808-1890) 150,151
ナビエ 89
ニューコメン機関 20,22,46
ニューコメン，トーマス(Thomas Newcomen, 1663-1729) 16,20,21,35
ニュービー 179
ネイピア社(Messrs. R. Napier & Sons) 207
ネイピア，デビッド(David Napier,

1790-1869) 39,181,182
熱運動説 68,223
熱素 65,68,84
熱素説 54,65,68,79,84,91,96,105,111,121,223,224
熱物質説 68
熱力学 4,5,10,54,58,67,111,226
熱力学第1法則 113
熱力学第2法則 53
ネメシス号 103
ノベルティ号 103

【ハ行】
パーカー(W. Parker) 206
鋼(steel) 158,159,161
パーキンス(A. M. Perkins) 107
パーキンス, ロフタス(Loftus Perkins) 208
舶用ボイラ 178,229
箱形ボイラ 100,114,118
パーソンズ, チャールズ・アルジャーノン(Charles Algernon Parsons, 1854-1931) 21
バターレー社(Butterley Company) 183
バートリップ(Bartrip) 126
パドル法 131
パドル錬鉄 133,137,145,158,159,169
バーナビー, ナサニエル(Nathaniel Barnaby) 202
パラン, アントワーヌ(1709) 58
バルパライソ号(*Valparaiso*) 111
パロット, スタニア(Stanier Parrot) 130
パワフル号(H. M. S. *Powerful*) 209
ハンツマン, ベンジャミン(Benjamin Huntsman, 1704-1776) 159
ハンフリー, エドワード(Edward Humphrys, 1808-1867) 92,111,189
ハンフリー・テナント会社(Humphrys, Tennant and Company) 120
ハンフリー, フランシス(Francis Humphrys) 186
ピカード, ジェームズ 24
ビクトリア号(H. M. S. *Victoria*) 211
ビクトリア号(*Victoria*) 180,181
火の動力についての考察 92,170
ビビアン, アンドリュー(Andrew Vivian) 70
表面復水器 116,184,185,191,193,195,196,213,226
ヒルズ 4,44,67,98
広重 83
ファイヤーブランド号(the *Firebrand*) 101
ファラデー, マイケル(Michael Faraday, 1791-1867) 108
ファーレー, ジョン(John Farey, 1791-1851) 66,79,80,86,107
フィッチ, ジョン 25,29
フィールド, ジョシュア(Joshua Field, 1786-1839) 87,107
フェアベアン, ウィリアム(William Fairbairn, 1789-1874) 43,89,103,145,147,150,152,154,167,168,228
フォックス, サムソン 179
フォークト, ヘンリー(Henry Voight) 29
復水器 41,48
フライホイール 24
ブラック・イーグル号(H. M. S. *Black Eagle*) 112
ブラック, ジョセフ(Joseph Black, 1728-1799) 65,73,97

ブラムウェル(Frederick J. Bramwell) 188
フランクリン，ベンジャミン(Benjamin Franklin, 1706-90) 28
ブランドン号(*Brandon*) 110
ブリッジノース鋳造所(Brigdenorth) 134
プリンストン号(*Princeton*) 103
フルトン一世(*Fulton the First*) 37
フルトン，ロバート(Robert Fulton, 1765-1815) 35
ブルネル，イサンバード・キングダム(Isambard Kingdom Brunel, 1806-1859) 89,103,105,185
プールハーフェ 97
フレンチ・ボイラ 140
プロポンティス号(S.S. *Propontis*) 197,198,199,229
分離凝縮器 22
ベアード 85
平行運動機構 24
ヘイスタック・ボイラ(Haystack Boiler) 130,172
平炉鋼 205,230
平炉法 218
ヘザリトン，ジョン(John Hetherinton) 148
ベック 19
ベッセマー鋼 159,162
ベッセマー，ヘンリー(Henry Bessemer, 1813-1898) 158,161,203
ヘッペル(Heppel) 89
ベドーズ，トーマス(Thomas Beddoes, 1760-1808) 69,70
ペニンスラー・オリエンタル蒸気船会社(Peninsular and Oriental Steam Navigation Company) 111,189,192

ペネロープ号(the *Penelope*) 101
ヘラパス，ジョン(John Herapath, 1790-1868) 71
ベラール(Jacques-Étinne Bérard) 79
ベリキンド 5
ベルヌーイ，ダニエル(Daniel Bernoulli, 1700-1782) 28,61,62,71,74,78,90
ベルヌーイの定理 61,64
ベルビール・ボイラ 210
ベルビール(Julien Belleville) 208
ベル，ヘンリー(Henry Bell, 1767-1830) 39
ヘルムホルツ 98
ボイラ 6,8,10,18,19,35,96
ボイル＝シャルルの法則 90
ボイルの法則 57,74,107
膨張作動原理 56
膨張の潜熱 73,80,84,111,225
ボゴタ号(*Bogotá*) 115
ポール，ウィリアム(William Pole, 1814-1900) 88
ホール，サミュエル(Samuel Hall, 1781-1863) 184
ホルト，アルフレッド(Alfred Holt) 116
ホールトン，トーマス(Thomas R. Horton) 191,195
ボールトン・ワット社 86,87,100
ボルン，ジョン(John Bourne) 108
ホワイトヘッド，C. 209
ポンプ 17,20,21,24
ホーンブロワー，ジョナサン(Jonathan Carter Hornblower, 1753-1815) 52,75

【マ行】
マイヤー 98

マーキュリー号　205
マクグレゴア・レアード号（McGregor Laird）　116
マクノート，ウィリアム（William McNaught）　45
マッシー，アンドリュー（Andrew Massey）　149
まるボイラ　6
マンネスマン　210
道家達将　98
三輪修三　45
ミラー（David Phillip Millar）　86
ミラー，パトリック（Patrick Miller, 1731-1815）　32
モーズレー・フィールド社　186
モールタン号（Mooltan）　189

【ヤ行】
山口歩　8
山本義隆　58, 79, 97, 99
揚水　16

【ラ行】
ライリー，ジェームズ（James Riley）　204
ラッセル，スコット（Scott Russell）　90, 107
ラッセル，T. H.　209
ラトラー号（Rattler）　103
ラボアジエ　97
ラムゼー，ジェームズ（James Ramsey, 1743-92）　25, 26, 27, 28
ランカシャー・ボイラ　127, 148, 172
ランキン，ウィリアム・ジョン・マックウォーン（William John Macquorn Rankine, 1820-1872）　4, 54, 98, 113, 195, 226
ランドルフ，チャールズ（Charles Randolph, 1809-1878）　110, 213

ランフォード伯（Benjamin Thompson, Count Rumford, 1753-1814）　68, 70, 91, 98, 223
リースの百科事典　30, 66
リチャードソン，ウィリアム　162, 163
リバプール＝マンチェスター鉄道　41
リビングストン，ロバート（Robert R. Livingston）　35
リマ号（Lima）　115
流率（fluxions）　73
るつぼ鋳鋼法　159
ルドゥタブル号（Redoubtable）　202
レイノルズ，T. S.　62
レンニー（Rennie）　107
ロイズ保険会社　201, 207
ロビソン，ジョン（John Robison, 1739-1805）　66, 75, 223
ロルト　102, 104
ローワン，ジョン・マーチン（John Martin Rowan）　189, 191, 195
ローワン，フレデリック（Frederick J. Rowan）　197

【ワ行】
ワゴン・ボイラ　100, 131, 136, 145, 171, 172
ワット，ジェームズ（James Watt, 1736-1819）　3, 4, 47, 52, 56, 65, 223
ワットの法則　55, 66, 79, 81, 82, 83, 92, 105, 111, 113, 121, 224, 225

【記号】
2段膨張機関　52, 110, 111, 113, 114, 117, 138, 195, 213, 225, 226
3段膨張機関　199

【A】
Alexander Tilloch　146

ASME Boiler and Pressure Vessel
　Code　　128

【B】
Babcock & Wilcox 社　　8

【J】
John Hall　　146

【P】
pv 線図　　58

【R】
Royal Institution of Cornwall　　76

【T】
Thomas Lean　　146

小林　学(こばやし　まなぶ)
　1975年　福島県大熊町に生まれる
　2007年　東京工業大学大学院社会理工学研究科経営工学専攻博士
　　　　　後期課程修了　博士(学術)
　2007～2012年　東京工業大学特別研究員
　2008～2009年　東京工業大学21世紀COE研究員
　現　在　千葉工業大学工学部教育センター助教
　主論文　「19世紀後半の舶用ボイラ発達における鋼の重要性につ
　　　　　いて」『科学史研究』第49巻254号(2010年), 46-77頁.；
　　　　　「19世紀舶用ボイラ発達過程―ボイラ史の研究方法によ
　　　　　せて―」『科学史研究』第44巻236号(2005年), 191-202
　　　　　頁.；「ガリレオの材料強度学における研究方法について
　　　　　―『新科学対話』「第一日」「第二日」の詳細検討」日本
　　　　　科学史学会技術史分科会『技術史』第5号(2004年), 41-
　　　　　60頁.；「蒸気機関用ボイラの発達と材料技術との関係に
　　　　　関する研究」『科学史研究』第41巻221号(2002年),
　　　　　14-25頁.

19世紀における高圧蒸気原動機の発展に関する研究
―水蒸気と鋼の時代
2013年2月28日　第1刷発行

　　　　　著　者　小　林　　　学
　　　　　発 行 者　櫻　井　義　秀
───────────────────────────
　　　　　発 行 所　北海道大学出版会
　　　　札幌市北区北9条西8丁目 北海道大学構内(〒060-0809)
　　　　Tel. 011(747)2308・Fax. 011(736)8605・http://www.hup.gr.jp/

㈱アイワード・石田製本㈱　　　　　　　　Ⓒ 2013　小林　学

ISBN978-4-8329-8207-9

書名	著訳者	体裁・価格
熱輻射実験と量子概念の誕生	小長谷 大介 著	A5・364頁 価格12000円
メンデレーエフの周期律発見	梶 雅範 著	A5・422頁 価格7000円
鈴木 章 ノーベル化学賞への道	北海道大学 CoSTEP 著	四六・90頁 価格477円
男装の科学者たち —ヒュパティアからマリー・キュリーへ—	M.アーリック 著 上平初穂 訳 上平恒 訳 荒川泓 訳	四六・328頁 価格2400円
雪と氷の科学者・中谷宇吉郎	東 晃 著	四六・272頁 価格2800円
壊血病とビタミンCの歴史 —「権威主義」と「思いこみ」の科学史—	K.J.カーペンター 著 北村二朗 訳 川上倫子 訳	四六・396頁 価格2800円
北の科学者群像 —[理学モノグラフ] 1947-1950—	杉山滋郎 著	四六・240頁 価格1800円
Organoboranes in Organic Syntheses	鈴木 章 著	B5変・238頁 価格2800円
4 ℃ の 謎 —水の本質を探る—	荒川 泓 著	四六・256頁 価格2400円
[新版] 氷の科学	前野紀一 著	四六・260頁 価格1800円

――――――北海道大学出版会――――――

価格は税別